Spark 3.x

大数据分析实战

视频教学版

张伟洋 ◎著

清華大學出版社
北 京

内 容 简 介

本书基于 Spark 3.2.x 版本，从 Spark 核心编程语言 Scala 讲起，涵盖了当前整个 Spark 生态系统主流的大数据开发技术。全书共 9 章，第 1 章讲解了 Scala 语言的基础知识，包括 IDEA 工具的使用等；第 2 章讲解了 Spark 的主要组件、集群架构原理、集群环境搭建以及 Spark 应用程序的提交和运行；第 3～9 章讲解了离线计算框架 Spark RDD、Spark SQL 和实时计算框架 Kafka、Spark Streaming、Structured Streaming 以及图计算框架 GraphX 等的基础知识、架构原理，同时包括常用 Shell 命令、API 操作、内核源码剖析，并通过多个实际案例讲解各个框架的具体应用以及与 Hadoop 生态系统框架 Hive、HBase、Kafka 的整合操作。

本书通俗易懂，案例丰富，注重实操，适合 Spark 新手和大数据开发人员阅读，也可作为培训机构和高校大数据及相关专业的教学用书。

图书在版编目（CIP）数据

Spark 3.x 大数据分析实战：视频教学版/张伟洋著. —北京：清华大学出版社，2022.8（2023.9 重印）
ISBN 978-7-302-61450-0

Ⅰ. ①S… Ⅱ. ①张… Ⅲ. ①数据处理软件 Ⅳ. ①TP274

中国版本图书馆 CIP 数据核字（2022）第 136055 号

责任编辑：王金柱
封面设计：王　翔
责任校对：闫秀华
责任印制：从怀宇

出版发行：清华大学出版社
网　　址：http://www.tup.com.cn，http://www.wqbook.com
地　　址：北京清华大学学研大厦 A 座　　**邮　　编：**100084
社 总 机：010-83470000　　**邮　　购：**010-62786544
投稿与读者服务：010-62776969，c-service@tup.tsinghua.edu.cn
质量反馈：010-62772015，zhiliang@tup.tsinghua.edu.cn
印 装 者：三河市龙大印装有限公司
经　　销：全国新华书店
开　　本：190mm×260mm　　**印　　张：**20　　**字　　数：**539 千字
版　　次：2022 年 9 月第 1 版　　**印　　次：**2023 年 9 月第 3 次印刷
定　　价：89.00 元

产品编号：097963-01

前　　言

当今互联网已进入大数据时代，大数据技术已广泛应用于金融、医疗、教育、电信、政府等领域。各行各业每天都在产生大量的数据，数据计量单位已从 Byte、KB、MB、GB、TB 发展到 PB、EB、ZB、YB 甚至 BB、NB、DB 级。预计未来几年，全球数据将呈爆炸式增长。谷歌、阿里巴巴、百度、京东等互联网公司都急需掌握大数据技术的人才，大数据相关人才出现了供不应求的局面。

Spark 作为下一代大数据处理引擎，现已成为当今大数据领域极为活跃和高效的大数据计算平台，是大数据产业中的一股不可或缺的力量。Spark 提供了 Java、Scala、Python 和 R 的高级 API，支持一组丰富的高级工具，包括使用 SQL 进行结构化数据处理的 Spark SQL、用于机器学习的 MLlib、用于图处理的 GraphX，以及用于实时流处理的 Spark Streaming。这些高级工具可以在同一个应用程序中无缝地组合，大大提高了开发效率，降低了开发难度。

很多互联网公司都使用 Spark 来实现公司的核心业务，例如阿里的云计算平台、京东的推荐系统等。只要和海量数据相关的领域，都有 Spark 的身影。

本书主要内容

本书基于 Spark 3.2.x 版本，涵盖了当前整个 Spark 生态系统主流的大数据开发技术。全书共 9 章，第 1 章讲解了 Scala 语言的基础知识，包括 IDEA 工具的使用等；第 2 章讲解了 Spark 的主要组件、集群架构原理、集群环境搭建以及 Spark 应用程序的提交和运行；第 3~9 章讲解了离线计算框架 Spark RDD、Spark SQL 和实时计算框架 Kafka、Spark Streaming、Structured Streaming 以及图计算框架 GraphX 等的基础知识、架构原理，同时包括常用 Shell 命令、API 操作、内核源码剖析，并通过多个实际案例讲解各个框架的具体应用以及与 Hadoop 生态系统框架 Hive、HBase、Kafka 的整合操作。

本书以实操为主，理论为辅，大量案例均采用一步一步手把手的讲解方式，易于理解，很适合读者快速上手。通过对本书的学习，读者能够对 Spark 相关框架迅速理解并掌握，可以熟练使用 Spark 集成环境进行大数据项目的开发。

如何学习本书

本书推荐的阅读方式是按照章节顺序从头到尾完成阅读，因为后面的很多章节是以前面的章节为基础，而且这种一步一个脚印、由浅入深的方式将使你更加顺利地掌握 Spark 的开发技能。

学习本书时，首先学习第 1 章的 Scala 语言基础，在 IDEA 中编写 Scala 程序；然后学习第 2 章，掌握 Spark 的集群架构并搭建好 Spark 集群环境；最后依次学习第 3~9 章，学习每一章时先了解该章的基础知识和框架的架构原理，然后再进行 Shell 命令、API 操作等实操练习，这样学习效果会更好。当书中的理论和实操知识都掌握后，可以进行举一反三，自己开发一个 Spark 应用程序，或者将所学知识运用到自己的编程项目上，也可以到各种在线论坛与其他 Spark 爱好者进行交流，互帮互助。

本书适合的读者

本书主要适合下述人员学习：

- Spark 新手
- 大数据开发和运维人员
- 培训机构和各类院校的学生

配书资源

为方便读者掌握本书内容，本书提供了下述资源：

- 教学视频：本书提供了 60 多个教学视频，读者可以扫描本书提供的二维码即时观看。
- 源代码：免费提供本书所有案例的代码，读者可扫描下述二维码下载。
- PPT 课件：读者可以扫描本书的二维码下载 PPT 课件。

如果下载有问题，请发送邮件到booksaga@126.com，邮件主题为“Spark 3.x大数据分析实战（视频教学版）”。

虽然笔者已尽心竭力，但限于水平和时间原因，仍然难免存在谬误，恳请广大读者和业界专家不吝指正。读者若对书中讲解的知识有任何疑问，可关注微信公众号“奋斗在 IT”获得解答。

张伟洋

2022 年 6 月 2 日

目　录

第 1 章 Spark 开发准备——Scala 基础

由于 Spark 主要是由 Scala 语言编写的，为了后续更好地学习 Spark 以及使用 Scala 编写 Spark 应用程序，需要首先学习 Scala 语言。

本章首先介绍 Scala 的基本概念、Scala 在 Windows 和 Linux 中的安装，然后介绍 Scala 的基础知识、集合、类和对象等，最后讲解在两大开发工具 Eclipse 和 IntelliJ IDEA 中编写 Scala 程序的方法。

本章学习目标

- 掌握 Scala 的基础知识
- 掌握 Scala 在 Windows 和 Linux 中的安装步骤
- 掌握 Scala 中的集合、类和对象等的使用
- 掌握在 Eclipse 和 IntelliJ IDEA 中进行 Scala 程序的编写

1.1 什么是 Scala

Scala 是一种将面向对象和函数式编程结合在一起的高级语言，旨在以简洁、优雅和类型安全的方式表达通用编程模式。Scala 功能强大，不仅可以编写简单脚本，还可以构建大型系统。

Scala 运行于 Java 平台，Scala 程序会通过 JVM（Java 虚拟机）被编译成 class 字节码文件，然后在操作系统上运行。其运行时候的性能通常与 Java 程序不分上下，并且 Scala 代码可以调用 Java 方法、继承 Java 类、实现 Java 接口等，几乎所有 Scala 代码都大量使用了 Java 类库。

1.2 安装 Scala

由于 Scala 运行于 Java 平台，因此安装 Scala 之前需要确保系统安装了 JDK。本书使用的 Scala 版本为 2.12.7，要求 JDK 版本为 1.8，JDK 的安装此处不做讲解。

本节主要讲解 Scala 的两种安装方式：在 Windows 中安装和在 CentOS 中安装。

1.2.1 在 Windows 中安装 Scala

1. 下载并安装 Scala

到 Scala 官网（https://www.scala-lang.org/download/）下载 Windows 安装包 scala-2.12.7.msi，然后双击打开并将其安装到指定目录（一直单击 Next 按钮安装即可），此处安装到默认目录 C:\Program Files (x86)\scala，安装界面如图 1-1 所示。

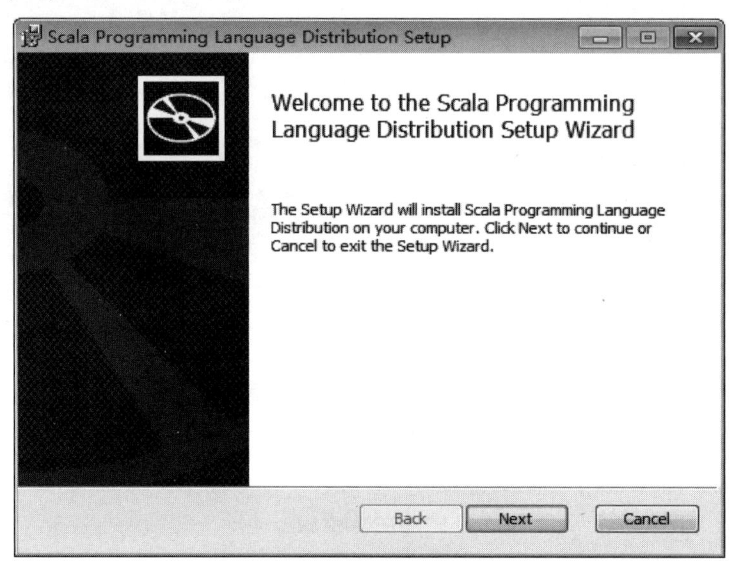

图 1-1　Scala 安装界面

2. 配置环境变量

设置 Windows 系统的环境变量，修改内容如下：

```
变量名: SCALA_HOME
变量值: C:\Program Files (x86)\scala
变量名: Path
变量值: %SCALA_HOME%\bin
```

通常 Scala 安装完成后会自动将 Scala 的 bin 目录的路径添加到系统 Path 变量中，若 Path 变量中无该路径，则需要手动添加。

3. 测试

启动系统命令行界面，执行 scala -version 命令，若能正确输出当前 Scala 版本的信息，则说明安装成功，如图 1-2 所示。

```
C:\Users\Administrator>scala -version
Scala code runner version 2.12.7 -- Copyright 2002-2018, LAMP/EPFL and Lightbend
, Inc.
```

图 1-2　输出 Scala 版本的信息

此时执行 scala 命令，则会进入 Scala 的命令行模式，在此可以编写 Scala 表达式和程序，如图 1-3 所示。

```
C:\Users\Administrator>scala
Welcome to Scala 2.12.7 (Java HotSpot(TM) 64-Bit Server VM, Java 1.8.0_131).
Type in expressions for evaluation. Or try :help.

scala>
```

图 1-3　Scala 命令行模式

1.2.2　在 CentOS 7 中安装 Scala

1. 下载安装

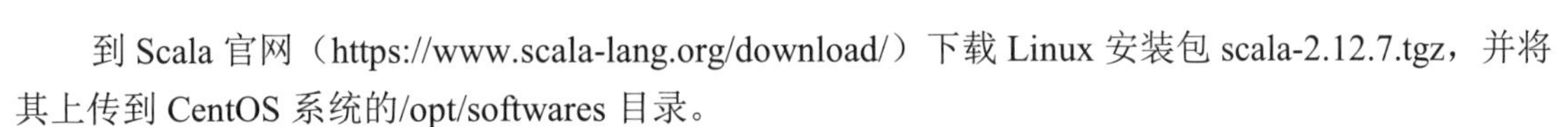

到 Scala 官网（https://www.scala-lang.org/download/）下载 Linux 安装包 scala-2.12.7.tgz，并将其上传到 CentOS 系统的/opt/softwares 目录。

然后执行以下命令，解压安装文件到/opt/modules 目录：

```
$ tar -zxvf scala-2.12.7.tgz -C /opt/modules/
```

2. 配置环境变量

修改环境变量文件/etc/profile：

```
$ sudo vi /etc/profile
```

添加以下内容：

```
export SCALA_HOME=/opt/modules/scala-2.12.7/
export PATH=$PATH:$SCALA_HOME/bin
```

然后刷新环境变量文件使其生效：

```
$ source /etc/profile
```

3. 测试

在任意目录执行 scala -version 命令，若能成功输出以下版本信息，则说明 Scala 安装成功：

```
Scala code runner version 2.12.7 -- Copyright 2002-2018, LAMP/EPFL and Lightbend, Inc.
```

此时执行 scala 命令，则会进入 Scala 的命令行模式，在此可以编写 Scala 表达式和程序：

```
$ scala
Welcome to Scala 2.12.7 (Java HotSpot(TM) 64-Bit Server VM, Java 1.8.0_144).
Type in expressions for evaluation. Or try :help.
scala>
```

1.3　Scala 基础

建议读者在最初学习 Scala 的时候，在 Scala 命令行模式中操作，最终程序的编写可以在 IDE

中进行。在 Windows 的 CMD 窗口中或 CentOS 的 Shell 命令中执行 scala 命令，即可进入 Scala 的命令行操作模式。

本节将在 Scala 的命令行操作模式中讲解 Scala 的基础知识。

1.3.1 变量声明

Scala 中变量的声明使用关键字 val 和 var。val 类似 Java 中的 final 变量，也就是常量，一旦初始化则不可修改；var 类似 Java 中的非 final 变量，可以被多次赋值，多次修改。

例如，声明一个 val 字符串变量 str：

```
scala> val str="hello scala"
str: String = hello scala
```

上述代码中的第二行为执行第一行的输出信息，从输出信息中可以看出，该变量在 Scala 中的类型是 String。

当然也可以在声明变量时指定数据类型，与 Java 不同的是，数据类型需要放到变量名的后面，这使得读者面对复杂的数据类型时更易阅读：

```
scala> val str:String="hello scala"
str: String = hello scala
```

由于 val 声明的变量是不可修改的，若对上方声明的变量 str 进行修改，则会报以下错误：

```
scala> str="hello scala2"
<console>:12: error: reassignment to val
       str="hello scala2"
          ^
```

因此，如果希望变量可以被修改，就需要使用 var 声明：

```
scala> var str="my scala"
str: String = my scala
scala> str="my scala2"
str: String = my scala2
```

如果需要换行输入语句，那么只需要在换行的地方按回车键，解析器会自动在下一行以竖线进行分割：

```
scala> val str=
     | "hello everyone"
str: String = hello everyone
```

此外，还可以将多个变量放在一起进行声明：

```
scala> val x,y="hello scala"
x: String = hello scala
y: String = hello scala
```

Scala 变量的声明，需要注意的地方总结如下：

- 定义变量需要初始化，否则会报错。
- 定义变量时可以不指定数据类型，系统会根据初始化值推断变量的类型。

- Scala 中鼓励优先使用 val（常量），除非确实需要对其进行修改。
- Scala 语句不需要写结束符，只有同一行代码使用多条语句时才需要使用分号隔开。

1.3.2 数据类型

在 Scala 中，所有的值都有一个类型，包括数值和函数。Scala 的类型层次结构，如图 1-4 所示。

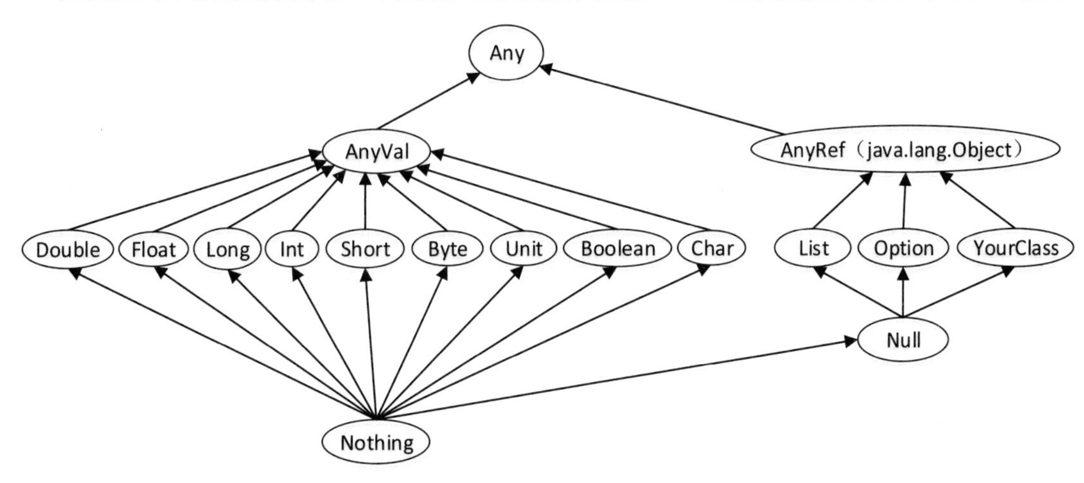

图 1-4　Scala 的类型层次结构

Any 是 Scala 类层次结构的根，也称为超类或顶级类。Scala 执行环境中的每个类都直接或间接地从该类继承。该类中定义了一些通用的方法，例如 equals()、hashCode()和 toString()。Any 有两个直接子类：AnyVal 和 AnyRef。

AnyVal 表示值类型，有 9 种预定义的值类型，分别是非空的 Double、Float、Long、Int、Short、Byte、Char、Unit 和 Boolean。Unit 是一个不包含任何信息的值类型，和 Java 语言中的 Void 等同，用作不返回任何结果的方法的结果类型。Unit 只有一个实例值，写成()。

AnyRef 表示引用类型，所有非值类型都被定义为引用类型。Scala 中的每个用户定义类型都是 AnyRef 的子类型，AnyRef 对应于 Java 中的 Java.lang.Object。

例如，下面的例子定义了一个类型为 List[Any]的变量 list，list 中包括字符串、整数、字符、布尔值和函数，由于这些元素都属于对象 Any 的实例，因此可以将它们添加到 list 中，代码如下：

```
val list: List[Any] = List(
  "a string",
  732,  //an integer
  'c',  //a character
  true, //a boolean value
  () => "an anonymous function returning a string"
)
list.foreach(element => println(element))
```

上述代码的输出结果如下：

```
a string
732
```

```
c
true
<function>
```

Scala 中的值类型可以按照图 1-5 的方式转换，且转换是单向的。

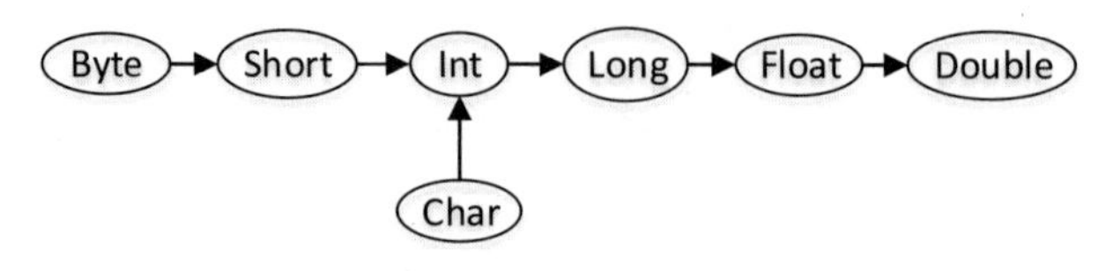

图 1-5　Scala 值类型转换

例如下面的例子，允许将 Long 型转换为 Float 型，Char 型转换为 Int 型：

```
val x: Long = 987654321
val y: Float = x  //9.8765434E8 (注意在这种情况下会丢失一些精度)
val face: Char = '☺'
val number: Int = face  //9786
```

下面的转换是不允许的：

```
val x: Long = 987654321
val y: Float = x  //9.8765434E8
val z: Long = y  //不符合
```

此外，Scala 还可以将引用类型转换为其子类型。

Nothing 是所有类型的子类，在 Scala 类层级的最低端。Nothing 没有对象，因此没有具体值，但是可以用来定义一个空类型，类似于 Java 中的标示性接口（如 Serializable，用来标识该类可以进行序列化）。举个例子，如果一个方法抛出异常，异常的返回值类型就是 Nothing（虽然不会返回）。

Null 是所有引用类型的子类，所以 Null 可以赋值给所有的引用类型，但不能赋值给值类型，这个和 Java 的语义是相同的。Null 有一个唯一的单例值 null。

1.3.3　表达式

Scala 中常用的表达式主要有两种：条件表达式和块表达式。

1. 条件表达式

条件表达式主要是含有 if/else 的语句块，如以下代码所示：

```
scala> val i=1
i: Int = 1

scala> val result=if(i>0) 100 else -100
result: Int = 100
```

由于 if 和 else 的返回结果同为 Int 类型，因此变量 result 为 Int 类型。

若 if 与 else 的返回类型不一致，则变量 result 为 Any 类型，如下示例：

```
scala> val result=if(i>0) 100 else "hello"
result: Any = 100
```

当然也可以在一个表达式中进行多次判断，例如：

```
scala> val result=if(i>0) 100 else if(i==0) 50 else 10
result: Int = 100
```

2. 块表达式

块表达式为包含在符号“{}”中的语句块，例如以下代码：

```
scala> val result={
     | val a=10
     | val b=10
     | a+b
     | }
result: Int = 20
```

代码中的竖线表示 Scala 命令行中的换行，在实际程序中不需要编写。

需要注意的是，Scala 中的返回值是最后一条语句的执行结果，而不需要像 Java 一样单独写 return 关键字。

如果表达式中没有执行结果，就返回一个 Unit 对象，类似 Java 中的 void。例如以下代码：

```
scala> val result={
     | val a=10
     | }
result: Unit = ()
```

1.3.4 循环

Scala 中的循环主要有三种：for 循环、while 循环和 do while 循环。

1. for 循环

for 循环的语法如下：

```
for(变量<-集合或数组){
  方法体
}
```

表示将集合或数组中的每一个值循环赋给一个变量。

例如，循环从 1 到 5 输出变量 i 的值，代码如下：

```
scala> for(i<- 1 to 5) println(i)
1
2
3
4
5
```

1 to 5 表示将 1 到 5 的所有值组成一个集合，且包括 5。若不想包括 5，则可使用关键字 until，代码如下：

```
scala> for(i<- 1 until 5) println(i)
1
```

```
2
3
4
```

使用这种方式可以循环输出字符串。例如，将字符串“hello”中的字符循环输出，代码如下：

```
scala> val str="hello"
str: String = hello

scala> for(i<-0 until str.length) println(str(i))
h
e
l
l
o
```

还可以将字符串看作一个由多个字符组成的集合，因此上面的 for 循环写法可以简化，代码如下：

```
scala> for(i<-str) println(i)
h
e
l
l
o
```

Scala 的嵌套循环比较简洁，例如以下代码，外层循环为 i<–1 to 3，内层循环为 j<–1 to 3 if (i!=j)，中间使用分号隔开：

```
scala> for(i<-1 to 3;j<-1 to 3 if (i!=j)) println(j)
2
3
1
3
1
2
```

上述代码等同于以下 Java 代码：

```
for (int i = 1; i <= 3; i++) {
  for (int j = 1; j <= 3; j++) {
    if(i!=j){
      System.out.println(j);
    }
  }
}
```

2. while 循环

Scala 的 while 循环与 Java 类似，语法如下：

```
while(条件)
{
   循环体
}
```

例如以下代码：

```
scala> var i=1
i: Int = 1

scala> while(i<5){
     |  i=i+1
     |  println(i)
     | }
2
3
4
5
```

3. do while 循环

与 Java 语言一样，do while 循环与 while 循环类似，但是 do while 循环会确保至少执行一次循环。语法如下：

```
do {
   循环体
} while(条件)
```

例如以下代码：

```
scala> do{
     |     i=i+1
     |     println(i)
     | }while(i<5)
2
3
4
5
```

1.3.5　方法与函数

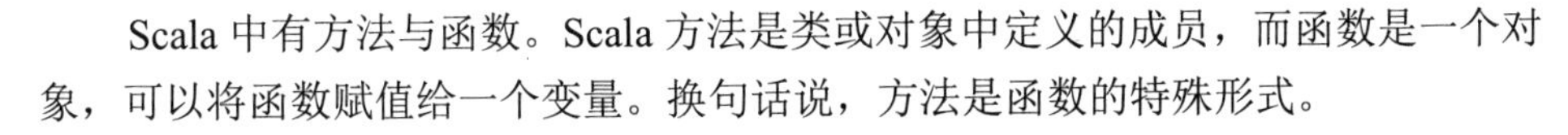

Scala 中有方法与函数。Scala 方法是类或对象中定义的成员，而函数是一个对象，可以将函数赋值给一个变量。换句话说，方法是函数的特殊形式。

1. 方法

Scala 中的方法跟 Java 的类似，方法是组成类的一部分。Scala 中方法的定义使用 def 关键字，语法如下：

```
def 方法名 (参数列表):返回类型={
   方法体
}
```

例如以下代码，将两个数字求和然后返回，返回类型为 Int：

```
def addNum( a:Int, b:Int ) : Int = {
    var sum = 0
    sum = a + b
```

```
    return sum
}
```

只要方法不是递归的，可以省略返回类型，系统会自动推断返回类型，并且返回值默认是方法体的最后一行表达式的值。当然也可以用 return 来执行返回值，但 Scala 并不推荐。

因此，可以对上面的代码进行简写，去掉返回类型和 return 关键字，代码如下：

```
def addNum( a:Int, b:Int ) = {
    var sum = 0
    sum = a + b
    sum
}
```

方法的调用与 Java 相同，代码如下：

```
addNum(1,2)
```

如果方法没有返回结果，那么可以将返回类型设置为 Unit，类似 Java 中的 void，代码如下：

```
def addNum( a:Int, b:Int ) : Unit = {
    var sum = 0
    sum = a + b
    println(sum)
}
```

在定义方法参数时，可以为某个参数指定默认值，在方法被调用时可以不为带有默认值的参数传入实参。例如以下方法，指定参数 a 的默认值为 5：

```
def addNum( a:Int=5, b:Int ) = {
    var sum = 0
    sum = a + b
    sum
}
```

上述方法可以用如下代码调用，通过指定参数名称，只传入参数 b：

```
addNum(b=2)
```

也可以将 a、b 两个参数都传入：

```
addNum(1,2)
```

需要注意的是，当未被指定默认值的参数不是第一个时，参数名称不能省略。例如下面的调用是错误的：

```
addNum(2)//错误调用
```

当方法需要多个相同类型的参数时，可以指定最后一个参数为可变长度的参数列表，只需要在最后一个参数的类型之后加一个星号即可。例如以下方法，参数 b 可以是 0 到多个 Int 类型的参数：

```
def addData( a:String,b:Int* ) = {
    var res=0
    for (i <- b)
      res=res+i
    a+res
}
```

在方法内部，重复参数的类型实际上是一个数组。因此，上述方法中的参数 b 的类型实际上是一个 Int 类型的数组，即 Array[Int]。可以使用如下代码对上述方法进行调用：

```
val res=addData("hello",3,4,5)
println(res)
```

输出结果为：hello12。

但是如果直接向方法 addData()传入一个 Int 类型的数组，编译器反而会报错：

```
val arr=Array(3,4,5)
val res=addData("hello",arr)//此写法不正确
println(res)
```

此时需要在数组参数后添加一个冒号和一个_*符号，以告诉编译器分别把数组 arr 的每个元素当作参数，而不是将数组当作单一的参数传入，代码如下：

```
val arr=Array(3,4,5)
val res=addData("hello",arr:_*)
println(res)
```

输出结果同样为：hello12。

2. 函数

函数的定义与方法不一样，语法如下：

```
(参数列表)=>函数体
```

例如以下代码定义了一个匿名函数，参数为 a 和 b，且都是 Int 类型，函数体为 a+b，返回类型由系统自动推断，推断方式与方法相同：

```
( a:Int, b:Int ) =>a+b
```

如果函数体有多行，就可以将函数体放入一对{}中，并且可以通过一个变量来引用函数，变量相当于函数名称，代码如下：

```
val f1=( a:Int, b:Int ) =>{ a+b }
```

此时可以通过如下代码对其进行调用：

```
f1(1,2)
```

当然，函数也可以没有参数，代码如下：

```
val f2=( ) =>println("hello scala")
```

此时可以通过如下代码对其进行调用：

```
f2()
```

3. 方法与函数的区别

方法与函数的区别有以下三点：

（1）方法是类的一部分，而函数是一个对象并且可以赋值给一个变量。

（2）函数可以作为参数传入方法中。

例如，定义一个方法 m1，参数 f 要求是一个函数，该函数有两个 Int 类型的参数，且函数的返回类型为 Int，在方法体中直接调用该函数，代码如下：

```
def m1(f: (Int, Int) => Int): Int = {
  f(2, 6)
}
```

定义一个函数 f1，代码如下：

```
val f1 = (x: Int, y: Int) => x + y
```

调用方法 m1，并传入函数 f1：

```
val res = m1(f1)
println(res)
```

此时输出结果为 8。

（3）方法可以转换为函数。当把一个方法作为参数传递给其他的方法或者函数时，系统会自动将该方法转换为函数。

例如，有一个方法 m2，代码如下：

```
def m2(x:Int,y:Int) = x+y
```

调用上面的 m1 方法，并将 m2 作为参数传入，此时系统会自动将 m2 方法转为函数：

```
val res = m1(m2)
println(res)
```

此时输出结果为 8。

除了系统自动转换外，也可以手动进行转换。在方法名称后加一个空格和一个下划线，即可将方法转换为函数。代码如下：

```
//将方法 m2 转换为函数
val f2=m2 _
val res=m1(f2)
println(res)
```

此时输出结果仍然为 8。

1.4　集　　合

Scala 集合分为可变集合和不可变集合。可变集合可以对其中的元素进行修改、添加、移除；而不可变集合永远不会改变，但是仍然可以模拟进行添加、移除或更新操作。这些操作都会返回一个新的集合，原集合的内容不发生改变。

1.4.1　数组

Scala 中的数组分为定长数组和变长数组，定长数组初始化后不可对数组长度进行修改，而变长数组则可以修改。

1. 定长数组

（1）数组定义

定义数组的同时可以初始化数据，代码如下：

```
val arr=Array(1,2,3)          //自动推断数组类型
```

或者

```
val arr=Array[Int](1,2,3)     //手动指定数据类型
```

也可以在定义时指定数组长度，稍后对其添加数据，代码如下：

```
val arr=new Array[Int](3)
arr(0)=1
arr(1)=2
arr(2)=3
```

（2）数组遍历

可以使用 for 循环对数组进行遍历，输出数组所有的元素，代码如下：

```
val arr=Array(1,2,3)
for(i<-arr){
  println(i)
}
```

（3）常用方法

Scala 对数组提供了很多常用的方法，使用起来非常方便，代码如下：

```
val arr=Array(1,2,3)
//求数组中所有数值的和
val arrSum=arr.sum
//求数组中的最大值
val arrmAx=arr.max
//求数组中的最小值
val arrMin=arr.min
//对数组进行升序排序
val arrSorted=arr.sorted
//对数组进行降序排序
val arrReverse=arr.sorted.reverse
```

2. 变长数组

（1）数组定义

变长数组使用类 scala.collection.mutable.ArrayBuffer 进行定义，例如以下代码：

```
//定义一个变长 Int 类型数组
val arr=new ArrayBuffer[Int]()
//向其中添加 3 个元素
arr+=1
arr+=2
arr+=3
println(arr)
```

上述代码输出结果为：

```
ArrayBuffer(1, 2, 3)
```

也可以使用-=符号对变长数组中的元素进行删减，例如，去掉数组 arr 中值为 3 的元素：

```
arr-=3
```

若数组中有多个值为 3 的元素，则从前向后删除第一个匹配的值。

（2）数组合并

Scala 支持使用++=符号将两个变长数组进行合并，例如，将数组 a2 的所有元素追加到数组 a1 中，代码如下：

```
val a1=ArrayBuffer(1,2,3,4,5)
val a2=ArrayBuffer(6,7)
println(a1++=a2)
```

输出结果如下：

```
ArrayBuffer(1, 2, 3, 4, 5, 6, 7)
```

（3）在固定位置插入元素

使用 insert()方法可以在数组指定的位置插入任意多个元素，例如，在数组 arr 的下标为 0 的位置插入两个元素 1 和 2，代码如下：

```
arr.insert(0,1,2)
```

（4）在固定位置移除元素

使用 remove()方法可以在数组的固定位置移除指定数量的元素，例如，从数组 arr 的下标为 1 的位置开始移除两个元素，代码如下：

```
val arr=ArrayBuffer[Int](1,2,3,4,5)
arr.remove(1, 2)
println(arr)
```

输出结果如下：

```
ArrayBuffer(1, 4, 5)
```

1.4.2　List

Scala 中的 List 分为不可变 List 和可变 List，默认为不可变 List。不可变 List 也可以增加元素，但实际上生成了一个新的 List，原 List 不变。

1. 不可变 List

例如，创建一个 Int 类型的 List，名为 nums，代码如下：

```
val nums: List[Int] = List(1, 2, 3, 4)
```

在该 List 的头部追加一个元素 1，生成一个新的 List，代码如下：

```
val nums2=nums.+:(1)
```

在该 List 的尾部追加一个元素 5，生成一个新的 List，代码如下：

```
val nums3=nums:+5
```

List 也支持合并操作，例如，将两个 List 合并为一个新的 List，代码如下：

```
val nums1: List[Int] = List(1, 2, 3)
val nums2: List[Int] = List(4, 5, 6)
val nums3=nums1++:nums2
println(nums3)
```

输出结果如下：

```
List(1, 2, 3, 4, 5, 6)
```

此外，常用的还有二维 List：

```
//二维 List
val dim: List[List[Int]] =
  List(
    List(1, 0, 0),
    List(0, 1, 0),
    List(0, 0, 1)
  )
```

2. 可变 List

可变 List 需要使用 scala.collection.mutable.ListBuffer 类。
例如，创建一个可变 List 并初始化数据：

```
val listBuffer= ListBuffer(1, 2, 3)
```

或者创建时不初始化数据，而是通过后面添加元素：

```
val listBuffer= new ListBuffer[Int]()
listBuffer+=1
listBuffer+=2
listBuffer+=3
```

也可以将两个 List 进行合并：

```
val listBuffer= ListBuffer(1, 2, 3)
val listBuffer3= ListBuffer(4, 5, 6)
println(listBuffer++listBuffer3)
```

输出结果为：

```
ListBuffer(1, 2, 3, 4, 5, 6)
```

1.4.3　Map 映射

Scala 中的 Map 也分不可变 Map 和可变 Map，默认为不可变 Map。

1. 不可变 Map

创建一个不可变 Map 的代码如下：

```
val mp = Map(
   "key1" -> "value1",
   "key2" -> "value2",
   "key3" -> "value3"
)
```

也可以使用以下写法：

```
val mp = Map(
   ("key1" , "value1"),
   ("key2" , "value2"),
   ("key3" , "value3")
)
```

循环输出上述 Map 中的键值数据的代码如下：

```
mp.keys.foreach {
   i =>
      print("Key = "+i)
      println(" Value = "+mp(i))
}
```

也可以使用 for 循环代替：

```
for((k,v)<-mp){
   println(k+":"+v)
}
```

2. 可变 Map

创建可变 Map 需要引入类 scala.collection.mutable.Map，创建方式与上述不可变 Map 相同。

如果要访问 Map 中 key1 的值，代码如下：

```
val mp = Map(
   ("key1" , "value1"),
   ("key2" , "value2")
)
println(mp("key1"))
```

若键 key1 不存在则返回–1：

```
if(mp.contains("key1"))
    mp("key1")
else
    -1
```

上述代码也可以使用 getOrElse()方法代替，该方法第一个参数表示访问的键，第二个参数表示若值不存在，则返回的默认值：

```
mp.getOrElse("key1", -1)
```

若要修改键 key1 的值为 value2，代码如下：

```
mp("key1")="value2"
```

上述代码中，当 key1 存在时执行修改操作，若 key1 不存在，则执行添加操作。

当然，向 Map 中添加元素也可以使用+=符号，代码如下：

```
mp+=("key3" -> "value3")
```

或者

```
mp+=(("key3","value3"))
```

相对应的，从 Map 中删除一个元素可以使用-=符号，代码如下：

```
mp-="key3"
```

1.4.4　元组

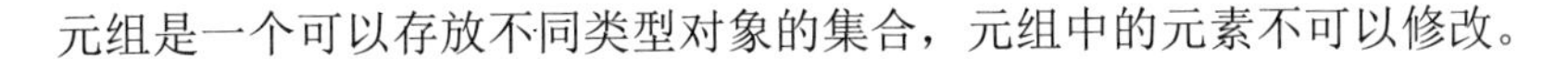

元组是一个可以存放不同类型对象的集合，元组中的元素不可以修改。

1. 定义元组

例如，定义一个元组 t：

```
val t=(1,"scala",2.6)
```

也可以使用以下方式定义元组，其中 Tuple3 是一个元组类，代表元组的长度为 3：

```
val t2 = new Tuple3(1,"scala",2.6)
```

目前，Scala 支持的元组最大长度为 22，即可以使用 Tuple1 到 Tuple22。元组的实际类型取决于元素数量和元素的类型。例如，(20,"shanghai")的类型是 Tuple2[Int,String]，(10,20,"beijing","shanghai","guangzhou")的类型是 Tuple5[Int,Int,String,String,String]。

2. 访问元组

可以使用方法_1、_2、_3 访问其中的元素。例如，取出元组中第一个元素：

```
println(t._1)
```

与数组和字符串的位置不同，元组的元素下标从 1 开始。

3. 迭代元组

使用 Tuple.productIterator()方法可以迭代输出元组的所有元素：

```
val t = (4,3,2,1)
t.productIterator.foreach{ i =>println("Value = " + i )}
```

4. 元组转为字符串

使用 Tuple.toString()方法可以将元组的所有元素组合成一个字符串：

```
val t = new Tuple3(1, "hello", "Scala")
println("连接后的字符串为： " + t.toString() )
```

上述代码输出结果为：

```
连接后的字符串为：(1,hello,Scala)
```

1.4.5 Set

Scala Set 集合存储的对象不可重复。Set 集合分为可变集合和不可变集合，默认情况下，Scala 使用的是不可变集合，如果要使用可变集合，就需要引用 scala.collection.mutable.Set 包。

1. 集合定义

可以使用如下方式定义一个不可变集合：

```
val set = Set(1,2,3)
```

2. 元素增减

与 List 集合一样，对于不可变 Set 进行元素的增加和删除实际上会产生一个新的 Set，原来的 Set 并没有改变，代码如下：

```
//定义一个不可变 Set 集合
val set = Set(1,2,3)
//增加一个元素
val set1=set+4
//减少一个元素
val set2=set-3
println(set)
println(set1)
println(set2)
```

上述代码输出结果如下：

```
Set(1, 2, 3)
Set(1, 2, 3, 4)
Set(1, 2)
```

3. 集合方法

常用的集合方法如下：

```
val site = Set("Ali", "Google", "Baidu")
//输出第一个元素
println(site.head)
//取得除了第一个元素外所有元素的集合
val set2=site.tail
println(set2)
//查看元素是否为空
println(site.isEmpty)
```

使用++运算符可以连接两个集合：

```
val site1 = Set("Ali", "Google", "Baidu")
val site2 = Set("Faceboook", "Taobao")
val site=site1++site2
println(site)
```

上述代码输出结果为：

```
Set(Faceboook, Taobao, Google, Ali, Baidu)
```

使用 Set.min 方法可以查找集合中的最小元素，使用 Set.max 方法可以查找集合中最大的元素，代码如下：

```
val num = Set(5,8,7,20,10,66)
//输出集合中的最小元素
println(num.min)
//输出集合中的最大元素
println(num.max)
```

可以使用 Set.&方法或 Set.intersect 方法查看两个集合的交集元素，代码如下：

```
val num1 = Set(5,2,9,10,3,15)
val num2 = Set(5,6,10,20,35,65)
//输出两个集合的交集元素
println(num1.&(num2))
//输出两个集合的交集元素
println(num1.intersect(num2))
```

上述代码输出结果为：

```
Set(5, 10)
Set(5, 10)
```

1.5　类 和 对 象

1.5.1　类的定义

我们已经知道，对象是类的具体实例，类是抽象的，不占用内存；而对象是具体的，占用存储空间。

Scala 中一个简单的类定义是使用关键字 class，类名必须大写。类中的方法用关键字 def 定义，例如以下代码：

```
class User{
  private var age=20
  def count(){
    age+=1
  }
}
```

如果一个类不写访问修饰符，那么默认访问级别为 Public，这与 Java 是不同的。

关键字 new 用于创建类的实例。例如，调用上述代码中的 count()方法，可以使用以下代码：

```
new User().count()
```

1.5.2　单例对象

Scala 中没有静态方法或静态字段，但是可以使用关键字 object 定义一个单例对象。单例对象中的方法相当于 Java 中的静态方法，可以直接使用“单例对象名.方法名”的方式进行调用。单例对象除了没有构造器参数外，可以拥有类的所有特性。

例如以下代码定义了一个单例对象 Person，该对象中定义了一个方法 showInfo()：

```
object Person{
  private var name="zhangsan"
  private var age=20
  def showInfo():Unit={
    println("姓名："+name+"，年龄："+age)
  }
}
```

可以在任何类或对象中使用代码 Person.showInfo()对方法 showInfo()进行调用。

1.5.3　伴生对象

当单例对象的名称与某个类的名称一样时，该对象被称为这个类的伴生对象。类被称为该对象的伴生类。

类和它的伴生对象必须定义在同一个文件中，且两者可以互相访问其私有成员。例如以下代码：

```
class Person() {
  private var name="zhangsan"
  def showInfo(){
    //访问伴生对象的私有成员
    println("年龄："+Person.age)
  }
}
object Person{
  private var age=20
  def main(args: Array[String]): Unit = {
    var per=new Person()
    //访问伴生类的私有成员
    println("姓名："+per.name)
    per.showInfo()
  }
}
```

运行上述伴生对象 Person 的 main 方法，输出结果如下：

```
姓名：zhangsan
年龄：20
```

1.5.4　get 和 set 方法

Scala 默认会根据类的属性的修饰符生成不同的 get 和 set 方法，生成原则如下：

- val 修饰的属性，系统会自动生成一个私有常量属性和一个公有 get 方法。
- var 修饰的属性，系统会自动生成一个私有变量和一对公有 get/set 方法。
- private var 修饰的属性，系统会自动生成一对私有 get/set 方法，相当于类的私有属性，只能在类的内部和伴生对象中使用。
- private[this]修饰的属性，系统不会生成 get/set 方法，即只能在类的内部使用该属性。

例如有一个 Person 类，代码如下：

```
class Person {
  val id:Int=10
  var name="zhangsan"
  private var gender:Int=0
  private[this] var age:Int=20
}
```

将该类编译为 class 文件后，再使用 Java 反编译工具将其反编译为 Java 代码，代码如下：

```
public class Person{
  private final int id = 10;
  public int id()
  {
    return this.id;
  }
  private String name = "zhangsan";
  public String name()
  {
    return this.name;
  }
  public void name_$eq(String x$1)
  {
    this.name = x$1;
  }
  private int gender = 0;
  private int gender()
  {
    return this.gender;
  }
  private void gender_$eq(int x$1)
  {
    this.gender = x$1;
  }
  private int age = 20;
}
```

使用 name 属性举例，在 Scala 中，get 和 set 方法并非被命名为 getName 和 setName，而是被命名为 name 和 name_=，由于 JVM 不允许在方法名中出现=，因此=被翻译成$eq。

从上述代码可以看出，由于属性 id 使用 val 修饰，因此不可修改，只生成了与 get 方法对应的 id()；属性 name 使用 var 修饰，因此生成了与 get 和 set 方法对应的 name()和 name_$eq()方法，且都为 public；属性 gender 由于使用 private var 修饰，因此生成了 private 修饰的 get 和 set 方法；属性 age 由于使用 private[this]修饰，因此没有生成 get 和 set 方法，只能在类的内部使用。

此时可以使用如下代码对 Person 类中的属性进行访问：

```
object test{
  def main(args: Array[String]): Unit = {
    var per:Person=new Person()

    per.name="lisi"
    println(per.id)
    println(per.name)          //将调用方法 per.name()

    per.id=20                  //错误，不允许修改
  }
}
```

除了系统自动生成 get 和 set 方法外，也可以手动进行编写，例如以下代码：

```
class Person {
  //声明私有变量
  private var privateName="zhangsan"
  //定义 get 方法
  def name=privateName
  //定义 set 方法
  def name_=(name:String): Unit ={
    this.privateName=name
  }

}
object test{
  def main(args: Array[String]): Unit = {
    var per:Person=new Person()
    //访问变量
    per.name="lisi"            //修改
    println(per.name)          //读取
  }
}
```

当然也可以使用如下 Java 风格定义 get 和 set 方法：

```
class Person {
  //声明私有变量
  private var name="zhangsan"
  //定义 get 方法
  def getName(): String ={
    this.name
  }
  //定义 set 方法
  def setName(name:String): Unit ={
    this.name=name
  }

}
object test{
  def main(args: Array[String]): Unit = {
    var per:Person=new Person()
```

```
    //访问属性
    per.setName("wangwu")
    println(per.getName())
  }
}
```

1.5.5 构造器

Scala 中的构造器分为两种：主构造器和辅助构造器。

1. 主构造器

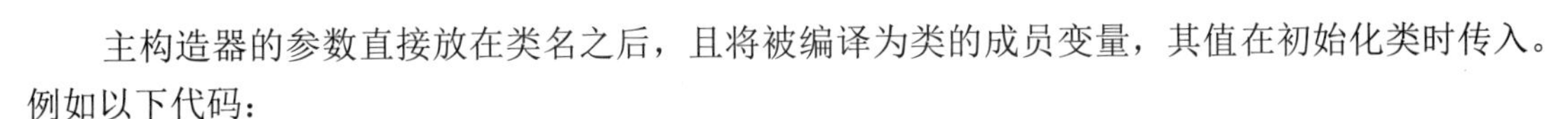

主构造器的参数直接放在类名之后，且将被编译为类的成员变量，其值在初始化类时传入。例如以下代码：

```
//定义主构造器，age 默认为 18
class Person(val name:String,var age:Int=18) {

}
object Person{
  def main(args: Array[String]): Unit = {
    //调用构造器并设置 name 和 age 字段
    var per=new Person("zhangsan",20)
    println(per.age)
    println(per.name)
    per.name="lisi"//错误，val 修饰的变量不可修改
  }
}
```

可以通过对主构造器的参数添加访问修饰符来控制参数的访问权限。例如以下代码，将参数 age 设置为私有的，参数 name 设置为不可修改的（val）：

```
class Person(val name:String, private var age:Int) {
}
```

构造参数也可以不带 val 或 var，此时默认为 private[this] val，代码如下：

```
class Person(name:String,age:Int) {
}
```

在主构造器被执行时，类定义中的所有语句同样会被执行。例如以下代码中的 println 语句是主构造器的一部分，每当主构造器被执行时，该部分代码同样会被执行，可以在这里做一些类的初始化工作：

```
class Person(var name:String,var age:Int) {
  println(name)
  println(age)
  //初始化语句
}
```

如果需要将整个主构造器设置为私有的，那么只需要添加 private 关键字即可，例如以下代码：

```
class Person private(var name:String,var age:Int) {
}
```

注意　主构造器也可以没有参数，一个类中如果没有显式地定义主构造器，就默认有一个无参构造器。

2. 辅助构造器

Scala 类除了可以有主构造器外，还可以有任意多个辅助构造器。辅助构造器的定义需要注意以下几点：

- 辅助构造器的方法名称为 this。
- 每一个辅助构造器的方法体中必须首先调用其他已定义的构造器。
- 辅助构造器的参数不能使用 var 或 val 进行修饰。

例如以下代码定义了两个辅助构造器：

```
class Person {
  private var name="zhangsan"
  private var age=20
  //定义辅助构造器一
  def this(name:String){
    this()              //调用主构造器
    this.name=name
  }
  //定义辅助构造器二
  def this(name:String,age:Int){
    this(name)          //调用辅助构造器一
    this.age=age
  }
}
```

上述构造器可以使用如下三种方式进行调用：

```
var per1=new Person                //调用无参主构造器
var per2=new Person("lisi")        //调用辅助构造器一
var per3=new Person("lisi",28)     //调用辅助构造器二
```

除此之外，主构造器还可以与辅助构造器同时使用，在这种情况下，一般辅助构造器的参数要多于主构造器，代码如下：

```
//定义主构造器
class Person(var name:String,var age:Int) {
  private var gender=""
  //定义辅助构造器
  def this(name:String,age:Int,gender:String){
    this(name,age)         //调用主构造器
    this.gender=gender
  }
}
object Person{
  def main(args: Array[String]): Unit = {
```

```
    //调用辅助构造器
    var per=new Person("zhangsan",20,"male")
    println(per.name)
    println(per.age)
    println(per.gender)
  }
}
```

上述代码运行的输出结果为：

```
zhangsan
20
male
```

1.6　抽象类和特质

1.6.1　抽象类

Scala 的抽象类使用关键字 abstract 定义，具有以下特征：

- 抽象类不能被实例化。
- 抽象类中可以定义抽象字段（没有初始化的字段）和抽象方法（没有被实现的方法），也可以定义被初始化的字段和被实现的方法。
- 若某个子类继承了一个抽象类，则必须实现抽象类中的抽象字段和抽象方法，且实现的过程中可以添加 override 关键字，也可以省略。若重写了抽象类中已经实现的方法，则必须添加 override 关键字。

例如，定义一个抽象类 Person，代码如下：

```
//定义抽象类 Person
abstract class Person {
  //抽象字段
  var name:String
  var age:Int
  //普通字段
  var address:String="北京"
  //抽象方法
  def speak()
  //普通方法
  def eat():Unit={
   println("吃东西")
  }
}
```

定义一个普通类 Teacher，并继承抽象类 Person，实现 Person 中的抽象字段和抽象方法，并重写方法 eat()，代码如下：

```
//继承了抽象类 Person
class Teacher extends Person{
  //实现抽象字段
  var name: String = "王丽"
  var age: Int = 28
  //实现抽象方法
  def speak(): Unit = {
    println("姓名: "+this.name)
    println("年龄: "+this.age)
    println("地址: "+this.address)//继承而来
    println("擅长讲课")
  }
  //重写非抽象方法，必须添加 override 关键字
  override def eat():Unit={
    println("爱吃中餐")
  }
}
```

定义一个测试对象，调用 Teacher 类中的方法，代码如下：

```
object AppTest{
  def main(args: Array[String]): Unit = {
    val teacher=new Teacher()
    //调用方法
    teacher.speak()
    teacher.eat()
  }
}
输出结果如下:
姓名: 王丽
年龄: 28
地址: 北京
擅长讲课
爱吃中餐
```

需要注意的是，上述 Teacher 类中 speak()方法的地址字段（address）是从父类（抽象类 Person）中继承而来的。由于该字段在 Person 中有初始化值，不是抽象字段，若需要在 Teacher 类中修改该字段的值，则可以在 Teacher 类的构造函数或其他方法中使用 this.address 对其重新赋值。例如，将地址改为“上海”，可以使用以下代码：

```
this.address="上海"
```

由于 Person 类中的 address 字段使用 var 修饰，而 Scala 不允许对抽象类中 var 修饰的非抽象字段进行重写，因此在 Teacher 类中对 address 字段进行重写将报编译错误，除非该字段在 Person 类中的声明是不可变的，即使用 val 修饰。

1.6.2　特质

Scala 特质使用关键字 trait 定义，类似 Java 8 中使用 interface 定义的接口。特质除了有 Java 接口的功能外，还有一些特殊的功能。下面分别进行讲解。

Scala 特质中，字段和方法的定义与 Scala 抽象类一样，可以定义抽象字段和抽象方法、非抽象字段和非抽象方法。例如以下代码定义了一个特质 Pet：

```
//定义特质（宠物）
trait Pet {
  //抽象字段
  var name:String
  var age:Int
  //抽象方法
  def run
  //非抽象方法
  def eat: Unit ={
    println("吃东西")
  }
}
```

类可以使用关键字 extends 实现特质，但必须实现特质中未实现的字段和方法（抽象字段和抽象方法），这一点与继承抽象类是一致的。例如以下代码定义了一个普通类 Cat，实现了上述特质 Pet：

```
//定义类（猫）继承特质（宠物）
class Cat extends Pet{
  //实现抽象字段
  var name:String="john"
  var age:Int=3
  //实现抽象方法
  def run: Unit = {
    println("会跑")
  }
  //重写非抽象方法
 override def eat: Unit ={
    println("吃鱼")
  }
}
```

如果需要实现的特质不止一个，那么可以通过 with 关键字添加额外特质，但位于最左侧的特质必须使用 extends 关键字。例如，类 Dog 同时实现了特质 Pet、Animal 和 Runable，代码如下：

```
trait Animal{
}
trait Runable{
}
//类 Dog 实现了 3 个特质
class Dog extends Pet with Animal with Runable{
  //省略
}
```

在类实例化的时候，也可以通过 with 关键字混入多个特质，从而使用特质中的方法。例如以下代码定义了两个特质 Runable、Flyable 和一个类 Bird：

```
//定义两个特质
trait Runable{
  def run=println("会跑")
}
trait Flyable{
```

```
  def fly=println("会飞")
}
//定义一个类
class Bird{
}
```

在类 Bird 实例化时混入特质 Runable 和 Flyable，代码如下：

```
val bird=new Bird() with Runable with Flyable
bird.run //输出结果“会跑”
bird.fly //输出结果“会飞”
```

1.7　使用 Eclipse 创建 Scala 项目

本节讲解在 Windows 中使用 Scala for Eclipse IDE 编写 Scala 程序的方法。

1.7.1　安装 Scala for Eclipse IDE

Scala for Eclipse IDE 为纯 Scala 和混合 Scala 与 Java 应用程序的开发提供了高级编辑功能，并且有非常好用的 Scala 调试器、语义突出显示、更可靠的 JUnit 测试查找器等。

Scala for Eclipse IDE 的安装有两种方式：一种是在 Eclipse 中单击 Help 菜单，然后选择 Install new Software...在线安装 Scala 插件；另一种是直接下载已经集成好 Scala IDE 的 Eclipse。此处讲解第二种安装方式，步骤如下：

步骤 01　访问官网（http://scala-ide.org/）下载 Scala for Eclipse IDE 最新版，本例为 4.7.0，该版本基于 Eclipse 4.7 (Oxygen)，适用于 Scala 2.12、Scala 2.10 和 Scala 2.11 项目，要求 JDK 的版本在 1.8 以上。下载界面如图 1-6 所示。

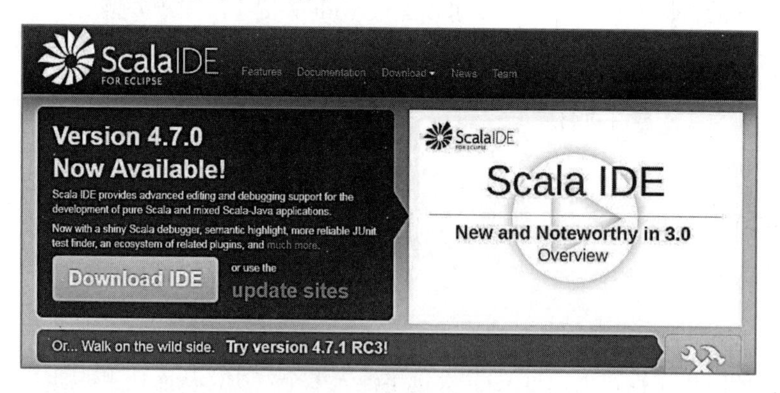

图 1-6　Scala for Eclipse IDE 下载界面

步骤 02　单击下载界面中的 Download IDE 按钮，进入操作系统版本选择页面，此处选择 Windows-64 bit 进行下载，如图 1-7 所示。

步骤 03　下载完成后，将安装文件解压到指定目录，然后双击目录中的 eclipse.exe 启动即可。启动成功后的主界面如图 1-8 所示，其中左上角的 scala-workspace 为当前工作空间的名称。

图 1-7　Scala IDE 操作系统版本选择

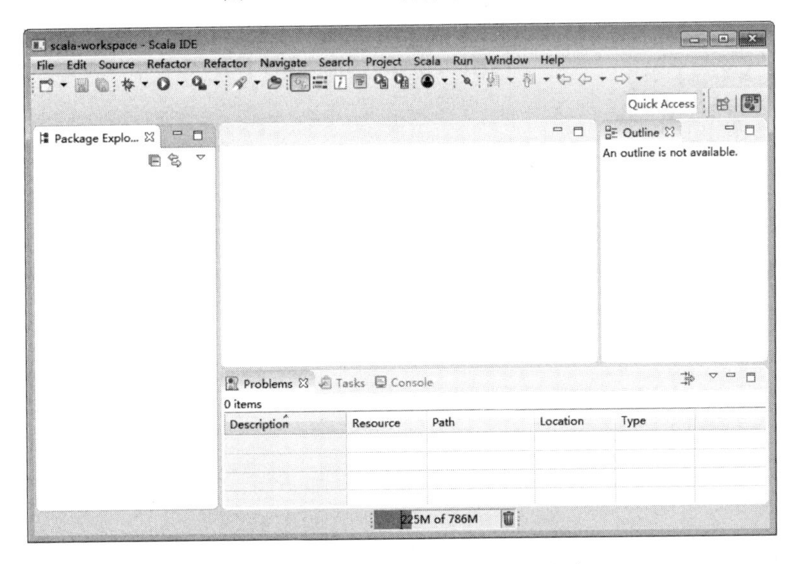

图 1-8　Scala for Eclipse IDE 主界面

1.7.2　创建 Scala 项目

在 Scala IDE 菜单栏中选择 File→New→Scala Project，创建一个 Scala 项目，如图 1-9 所示。在弹出的 New Scala Project 窗口中填写项目名称，然后单击 Finish 按钮即可创建一个 Scala 项目。

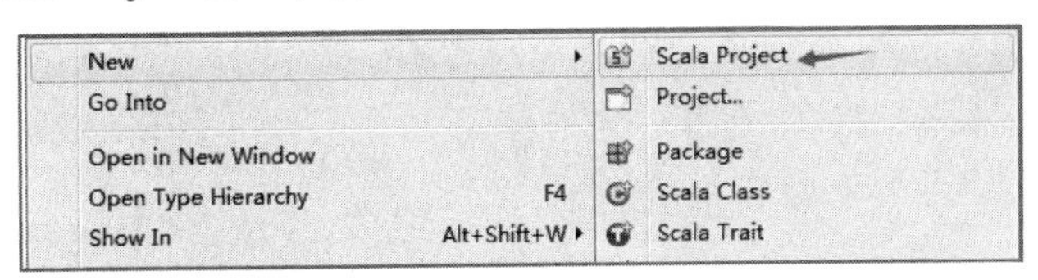

图 1-9　创建 Scala 项目

Scala 项目创建完成后，即可在该项目中创建相应的包及 Scala 类，编写 Scala 程序。Scala 项目的包和类的创建方法与 Java 项目一样，此处不再赘述。

1.8　使用 IntelliJ IDEA 创建 Scala 项目

IntelliJ IDEA（简称 IDEA）是一款支持 Java、Scala 和 Groovy 等语言的开发工具，主要用于企业应用、移动应用和 Web 应用的开发。IDEA 在业界被公认为是很好的 Java 开发工具，尤其是智能代码助手、代码自动提示、重构、J2EE 支持等功能非常强大。

1.8.1　在 IDEA 中安装 Scala 插件

在 IDEA 中安装 Scala 插件的步骤如下：

步骤 01　下载安装 IDEA。访问 IDEA 官网（https://www.jetbrains.com/idea/download），选择开源免费的 Windows 版进行下载，如图 1-10 所示（本例版本为 2021.3.3）。

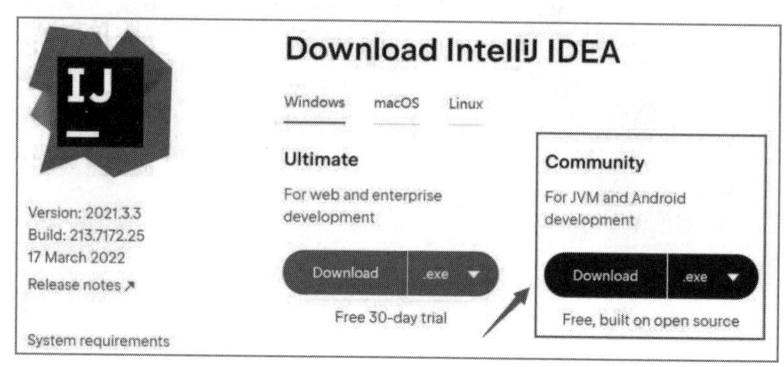

图 1-10　下载 IDEA

下载完成后，双击下载的安装文件，安装过程与一般 Windows 软件安装过程相同，根据提示安装到指定的路径即可。

步骤 02　安装 Scala 插件。Scala 插件的安装有两种方式：在线和离线。此处讲解在线安装方式。启动 IDEA，在欢迎界面中单击 Plugins 菜单，在右侧出现的插件列表中选择 Scala 插件（或者在上方的搜索框中搜索"Scala"关键字，然后选择搜索结果中的 Scala 插件），最后单击 Install 按钮进行安装，如图 1-11 所示。

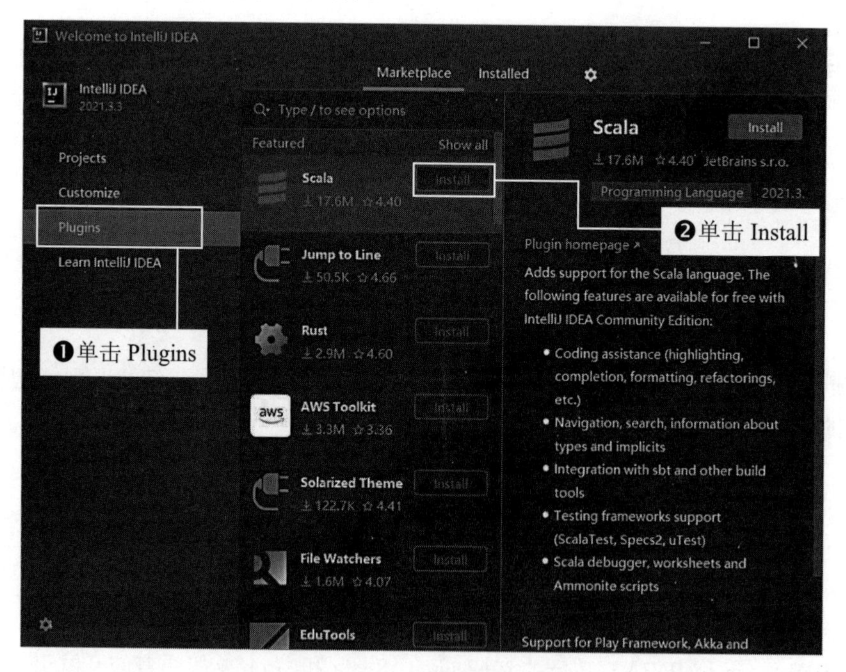

图 1-11　IDEA 在线安装 Scala 插件

安装成功后，重启 IDEA 使其生效。

1.8.2　创建 Scala 项目

1. 创建 Scala 项目

创建 Scala 项目的步骤如下：

步骤 01　在 IDEA 的欢迎界面中单击 New Project 按钮，在弹出的窗口中选择左侧的 Scala 选项，然后单击选择右侧的 IDEA 选项，最后单击 Next 按钮，如图 1-12 所示。

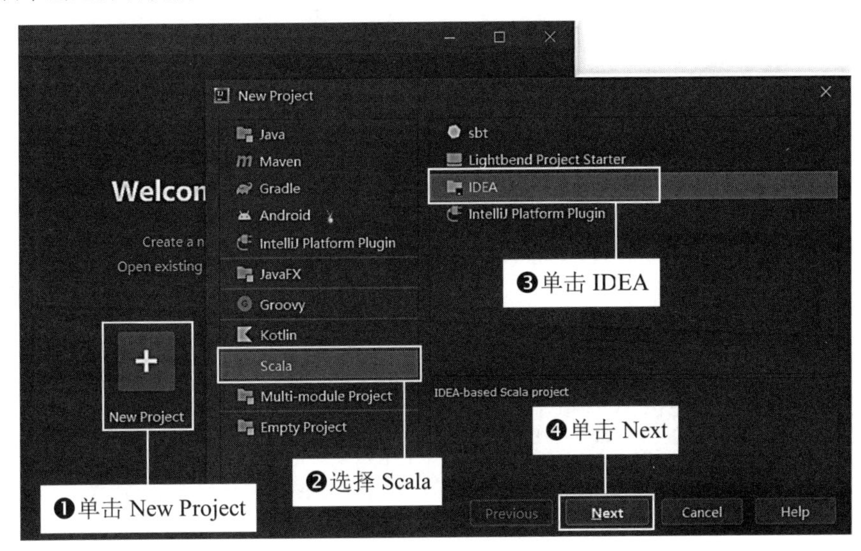

图 1-12　创建 Scala 项目

步骤 02　在弹出的窗口中填写项目名称，选择项目存放路径。若 Scala SDK 选项显示为"No library selected"，则单击其右侧的 Create 按钮，选择本地安装的 Scala SDK。确保 JDK、Scala SDK 都关联成功后，单击 Finish 按钮，如图 1-13 所示。

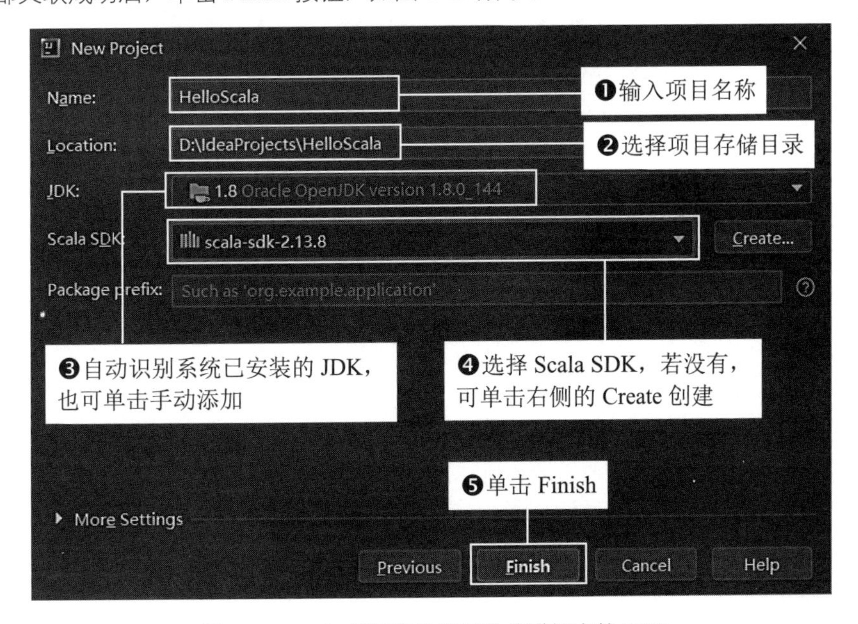

图 1-13　Scala 项目信息填写并关联相应的 SDK

到此，Scala 项目“HelloScala”创建成功。

2. 创建 Scala 类

创建 Scala 类的步骤如下：

步骤 01 在项目的 src 目录上右击，选择 New→Package，创建一个包 scala.demo，如图 1-14 所示。

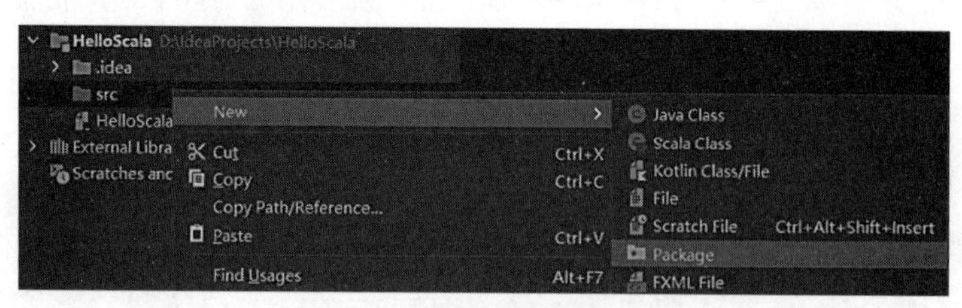

图 1-14　给项目创建一个包

步骤 02 在包 scala.demo 上右击，选择 New→Scala Class，创建一个 Scala 类 MyScala.scala，如图 1-15 所示。

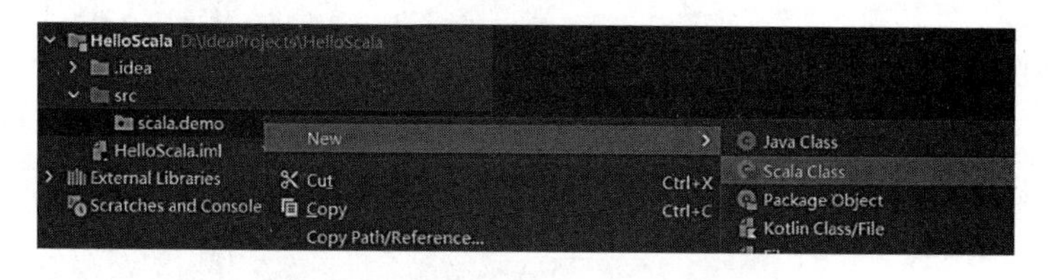

图 1-15　在包上创建一个 Scala 类

创建完成后的项目结构如图 1-16 所示。

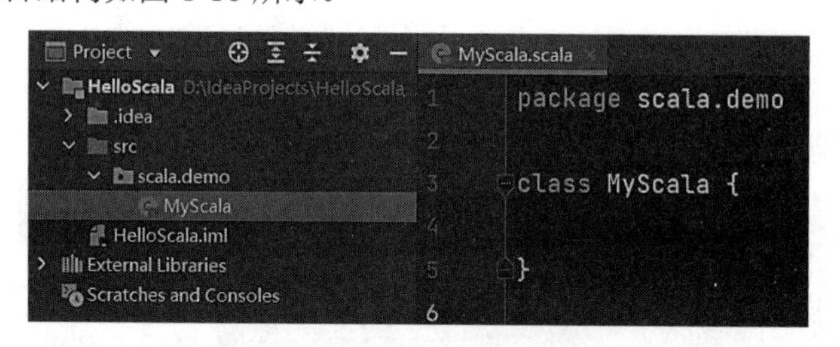

图 1-16　Scala 项目结构

Scala 类创建成功后，即可编写 Scala 程序。

1.9　动手练习

1. 使用 Scala 语言输出一个 9×9 乘法口诀表。

2. 利用 Scala 条件表达式的嵌套，将学习成绩在 90 分以上的同学用 A 表示，60～89 分之间的用 B 表示，60 分以下的用 C 表示。

3. 使用 Scala 语言编写程序。输入一个整数，将这个整数的所有约数放入一个数组，并打印数组。

第 2 章 初识 Spark

本章首先讲解大数据开发的总体架构，然后介绍 Spark 的概念主要组件、运行时架构、集群的搭建与测试，最后讲解向 Spark 集群中提交应用程序的步骤以及 Spark Shell 命令的使用。

本章学习目标

- 了解大数据开发的总体架构
- 了解 Spark 的概念、主要构成组件
- 掌握 Spark 运行架构、集群环境搭建与 Spark HA 的搭建
- 掌握 Spark 任务的提交和 Spark Shell 的使用

2.1 大数据开发的总体架构

在正式讲解 Spark 之前，首先需要了解大数据开发的总体架构，如图 2-1 所示。

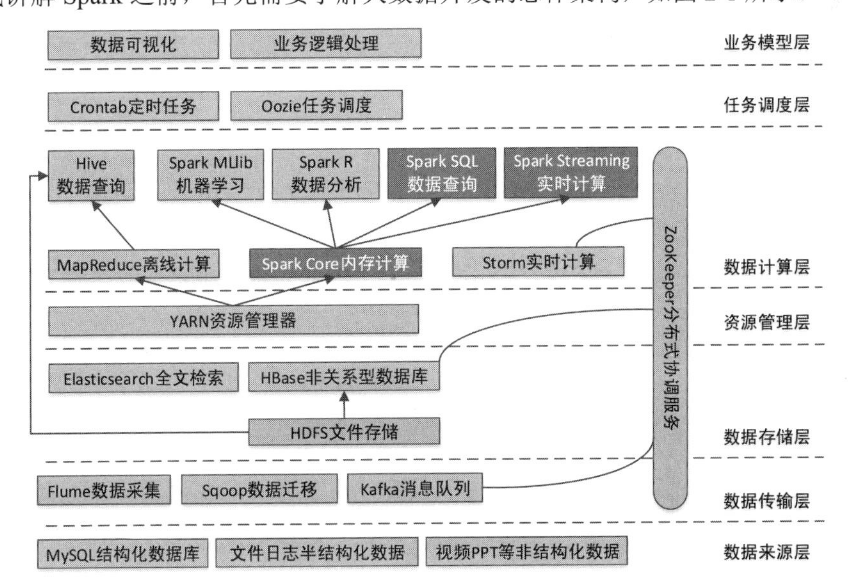

图 2-1　大数据开发总体架构

（1）数据来源层

在大数据领域，数据的来源往往是关系型数据库、日志文件（用户在 Web 网站和手机 App 中浏览相关内容时，服务器端会生成大量的日志文件）和其他非结构化数据等。要想对这些大量的数据进行离线或实时分析，需要使用数据传输工具将其导入 Hadoop 平台或其他大数据集群中。

（2）数据传输层

数据传输工具常用的有 Flume、Sqoop、Kafka。Flume 是一个日志收集系统，用于将大量日志数据从许多不同的源进行收集、聚合，最终移动到一个集中的数据中心进行存储；Sqoop 主要用于将数据在关系型数据库和 Hadoop 平台之间进行相互转移；Kafka 是一个发布与订阅消息系统，它可以实时处理大量消息数据以满足各种需求，相当于数据中转站。

（3）数据存储层

数据可以存储于分布式文件系统 HDFS 中，也可以存储于分布式数据库 HBase 中，而 HBase 的底层实际上还是将数据存储于 HDFS 中。此外，为了满足对大量数据的快速检索与统计，可以使用 Elasticsearch 作为全文检索引擎。

（4）资源管理层

YARN 是大数据开发中常用的资源管理器，它是一个通用资源（内存、CPU）管理系统，不仅可以集成于 Hadoop 中，也可以集成于 Spark 等其他大数据框架中。

（5）数据计算层

MapReduce 是 Hadoop 的核心组成，可以结合 Hive 通过 SQL 的方式进行数据的离线计算，当然也可以单独编写 MapReduce 应用程序进行计算；Storm 用于进行数据的实时计算，可以非常容易地实时处理无限的流数据；而 Spark 既可以做离线计算（Spark SQL），又可以做实时计算（Spark Streaming），它们底层都使用的是 Spark 的核心（Spark Core）。

（6）任务调度层

Oozie 是一个用于 Hadoop 平台的工作流调度引擎，可以使用工作流的方式对编写好的大数据任务进行调度。若任务不复杂，则可以使用 Linux 系统自带的 Crontab 定时任务进行调度。

（7）业务模型层

对大量数据的处理结果，最终需要通过可视化的方式进行展示，可以使用 Java、PHP 等处理业务逻辑，查询结果数据库，最终结合 ECharts 等前端可视化框架展示处理结果。

2.2 什么是 Spark

Apache Spark 是一个快速通用的集群计算系统，是一种与 Hadoop 相似的开源集群计算环境，但是 Spark 在一些工作负载方面表现得更加优越。它提供了 Java、Scala、Python 和 R 的高级 API，以及一个支持通用的执行图计算的优化引擎。它还支持高级工具，包括使用 SQL 进行结构化数据处理的 Spark SQL、用于机器学习的 MLlib、用于图处理的 GraphX，以及用于实时流处理的 Spark Streaming。

下面介绍 Spark 的主要特点。

1. 快速

我们已经知道，MapReduce 主要包括 Map 和 Reduce 两种操作，且将多个任务的中间结果存储于 HDFS 中。与 MapReduce 相比，Spark 可以支持包括 Map 和 Reduce 在内的多种操作，这些操作相互连接形成一个有向无环图（Directed Acyclic Graph，DAG），各个操作的中间数据会被保存在内存中。因此，Spark 处理速度比 MapReduce 更快。

Spark 通过使用先进的 DAG 调度器、查询优化器和物理执行引擎，从而能够高性能地实现批处理和流数据处理。如图 2-2 所示为逻辑回归算法在 Hadoop 和 Spark 上的处理时间的比较，图表左边是 Hadoop 的处理时间，为 110s（秒）；图表右边是 Spark 的处理时间，为 0.9s。

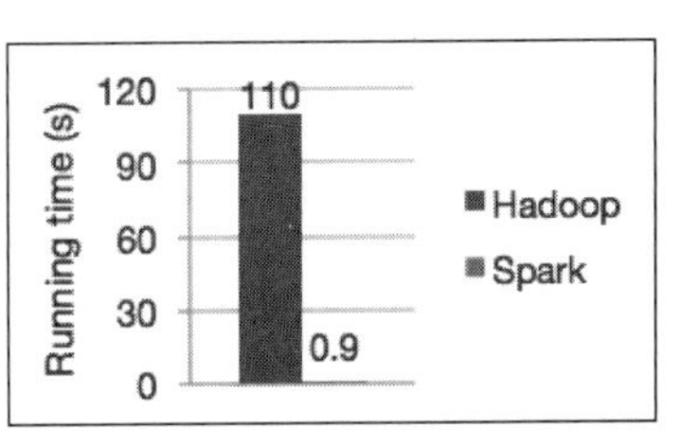

图 2-2　逻辑回归算法在 Hadoop 和 Spark 上的处理时间的比较

2. 易用

Spark 可以使用 Java、Scala、Python、R 和 SQL 快速编写应用程序。

Spark 提供了超过 80 个高级算子（关于算子，在第 3 章将详细讲解），使用这些算子可以轻松构建并行应用程序，并且可以从 Scala、Python、R 和 SQL 的 Shell 中交互式地使用它们。

3. 通用

Spark 拥有一系列库，包括 SQL 和 DataFrame、用于机器学习的 MLlib、用于图计算的 GraphX、用于实时计算的 Spark Streaming，可以在同一个应用程序中无缝地组合这些库。

4. 到处运行

Spark 可以使用独立集群模式运行（使用自带的独立资源调度器，称为 Standalone 模式），也可以运行在 Amazon EC2、Hadoop YARN、Mesos（Apache 下的一个开源分布式资源管理框架）、Kubernetes 之上，并且可以访问 HDFS、Cassandra、HBase、Hive 等数百个数据源中的数据。

2.3　Spark 的主要组件

如图 2-3 所示，Spark 是由多个组件构成的软件栈，Spark 的核心是一个由很多计算任务组成的、运行在多个工作机器或者一个计算集群上的应用进行调度、分发以及监控的计算引擎。

在 Spark Core 的基础上，Spark 提供了一系列面向不同应用需求的组件，例如 Spark SQL 结构化处理和 MLlib 机器学习等。这些组件关系密切并且可以相互调用，这样可以方便地在同一应用程序中组合使用。

Spark 自带一个简易的资源调度器，称为独立调度器。若集群中没有任何资源管理器，则可以使用自带的独立调度器。当然，Spark 也支持在其他的集群管理器上运行，包括 Hadoop YARN、Apache Mesos 等。

Spark 本身并没有提供分布式文件系统，因此 Spark 的分析大多依赖于 HDFS，也可以从 HBase 和 Amazon S3 等持久层读取数据。

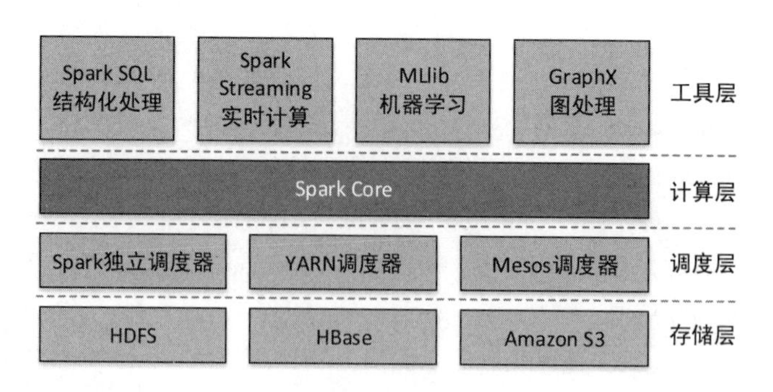

图 2-3　Spark 的主要组件

下面分别对 Spark 的各个核心组件进行讲解。

1. Spark Core

Spark Core 是 Spark 的核心模块，主要包含两部分功能：一是负责任务调度、内存管理、错误恢复、与存储系统交互等；二是对弹性分布式数据集（Resilient Distributed Dataset，RDD）的 API 定义。RDD（关于 RDD，将在第 3 章详细讲解）表示分布在多个计算节点上可以并行操作的元素集合，是 Spark 主要的编程抽象。Spark Core 提供了创建和操作这些集合的多个 API。

2. Spark SQL

Spark SQL 是一个用于结构化数据处理的 Spark 工具包，提供了面向结构化数据的 SQL 查询接口，使用户可以通过编写 SQL 或基于 Apache Hive 的 HiveQL 来方便地处理数据。当然，Spark SQL 也可以查询数据仓库 Hive 中的数据，相当于数据仓库的查询引擎，提供了强大的计算速度。

Spark SQL 还支持开发者将 SQL 语句融入 Spark 应用程序开发过程中，使用户可以在单个应用中同时进行 SQL 查询和复杂的数据分析。

3. Spark Streaming

Spark Streaming 是 Spark 提供的对实时数据进行流式计算的组件（比如生产环境中的网页服务器日志，以及网络服务中用户提交的状态更新组成的消息队列，都是数据流），它是将流式的计算分解成一系列短小的批处理作业，支持对实时数据流进行可伸缩、高吞吐量、容错的流处理。数据可以从 Kafka、Flume、Kinesis 和 TCP 套接字等多个来源获取，可以对数据使用 map、reduce、join 和 window 等高级函数表示的复杂算法进行处理。最后，可以将处理后的数据发送到文件系统、数据库和实时仪表盘。事实上，也可以将 Spark 的机器学习和图形处理算法应用于数据流。

Spark Streaming 提供了用来操作数据流的 API，并且与 Spark Core 中的 RDD API 高度对应，可以帮助开发人员高效地处理数据流中的数据。从底层设计来看，Spark Streaming 支持与 Spark Core 同级别的容错性、吞吐量以及可伸缩性。

Spark Streaming 通过将流数据按指定时间片累积为 RDD，然后将每个 RDD 进行批处理，进而实现大规模的流数据处理。

4. MLlib

MLlib 是 Spark 的机器学习（Machine Learning，ML）库，它的目标是使机器学习具有可扩展性和易用性，其中提供了分类、回归、聚类、协同过滤等常用机器学习算法，以及一些更加底层的机器学习原语。

5. GraphX

GraphX 是 Spark 中图形和图形并行计算的一个新组件，可以用其创建一个顶点和边都包含任意属性的有向多重图。此外，GraphX 还包含越来越多的图算法和构建器，以简化图形分析任务。

2.4　Spark 运行架构

Spark 有多种运行模式，可以运行在一台机器上，称为本地（单机）模式；也可以以 YARN 或 Mesos 作为底层资源调度系统以分布式的方式在集群中运行，称为 Spark On YARN 模式；还可以使用 Spark 自带的资源调度系统，称为 Spark Standalone 模式。

本地模式通过多线程模拟分布式计算，通常用于对应用程序的简单测试。本地模式在提交应用程序后，将会在本地生成一个名为 SparkSubmit 的进程，该进程既负责程序的提交，又负责任务的分配、执行和监控等。

接下来将重点讲解其他几种常用集群模式的运行架构。

2.4.1　YARN 集群架构

在讲解 Spark 集群架构之前，首先需要了解 YARN 集群的架构。YARN 集群总体上是经典的主/从（Master/Slave）架构，主要由 ResourceManager、NodeManager、ApplicationMaster 和 Container 等几个组件构成。YARN 集群架构如图 2-4 所示。

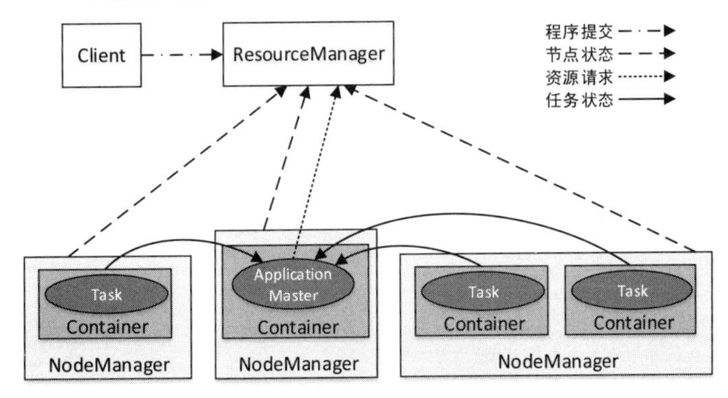

图 2-4　YARN 集群架构

下面对各个组件进行解析。

1. ResourceManager

以后台进程的形式运行，负责对集群资源进行统一管理和任务调度。ResourceManager 的主要职责如下：

- 接收来自客户端的请求。
- 启动和管理各个应用程序的 ApplicationMaster。
- 接收来自 ApplicationMaster 的资源申请，并为其分配 Container。

- 管理 NodeManager，并接收来自 NodeManager 的资源和节点健康情况的汇报。

2. NodeManager

集群中每个节点上的资源和任务管理器，以后台进程的形式运行。它会定时向 ResourceManager 汇报本节点上的资源（内存、CPU）使用情况和各个 Container 的运行状态，同时会接收并处理来自 ApplicationMaster 的 Container 启动/停止等请求。NodeManager 不会监视任务，而仅监视 Container 中的资源使用情况，例如，如果一个 Container 消耗的内存比最初分配得更多，则会结束该 Container。

3. Task

应用程序的具体执行任务。一个应用程序可能有多个任务，例如，一个 MapReduce 程序可以有多个 Map 任务和多个 Reduce 任务（第 5 章会对 MapReduce 进行详细讲解）。

4. Container

YARN 中资源分配的基本单位，封装了 CPU 和内存资源的一个容器，相当于是一个 Task 运行环境的抽象。从实现上看，Container 是一个 Java 抽象类，定义了资源信息。应用程序的 Task 将会被发布到 Container 中运行，从而限定 Task 使用的资源量。Container 类的部分源码如下：

```
public abstract class Container implements Comparable<Container> {
  public Container() {
  }

  public static Container newInstance(ContainerId containerId, NodeId nodeId,
String nodeHttpAddress, Resource resource, Priority priority, Token containerToken) {
    Container container = (Container)Records.newRecord(Container.class);
    container.setId(containerId);
    container.setNodeId(nodeId);
    container.setNodeHttpAddress(nodeHttpAddress);
    container.setResource(resource);
    container.setPriority(priority);
    container.setContainerToken(containerToken);
    return container;
  }
}
```

从上述代码中可以看出，Resource 是 Container 类中定义的一个重要属性类型，内存和 CPU 的资源信息正是存储在 Resource 类中。Resource 类也是一个抽象类，其中定义了内存和 CPU 核心数，该类的部分源码如下：

```
public abstract class Resource implements Comparable<Resource> {
  public Resource() {
  }

  public static Resource newInstance(long memory, int vCores) {
    Resource resource = (Resource)Records.newRecord(Resource.class);
    resource.setMemorySize(memory);
    resource.setVirtualCores(vCores);
    return resource;
  }
}
```

Container 的大小取决于它所包含的资源量。一个节点上的 Container 数量由节点空闲资源总量（总 CPU 数和总内存）决定。

在 YARN 的 NodeManager 节点上有许多动态创建的 Container。NodeManager 会将机器的 CPU 和内存的一定值抽离成虚拟的值，然后将这些虚拟的值根据配置组成多个 Container，当应用程序提出申请时，就会对其分配相应的 Container。

此外，一个应用程序所需的 Container 分为两类：运行 ApplicationMaster 的 Container 和运行各类 Task 的 Container。前者是由 ResourceManager 向内部的资源调度器申请和启动的；后者是由 ApplicationMaster 向 ResourceManager 申请的，并由 ApplicationMaster 请求 NodeManager 进行启动。

我们可以将 Container 类比成数据库连接池中的连接，需要的时候进行申请，使用完毕后进行释放，而不需要每次独自创建。

5. ApplicationMaster

应用程序管理者主要负责应用程序的管理，以后台进程的形式运行。为应用程序向 ResourceManager 申请资源（CPU、内存），并将资源分配给所管理的应用程序的 Task。

一个应用程序对应一个 ApplicationMaster。例如，一个 MapReduce 应用程序会对应一个 ApplicationMaster（MapReduce 应用程序运行时会在 NodeManager 节点上启动一个名为 MRAppMaster 的进程，该进程是 MapReduce 的 ApplicationMaster 实现），一个 Spark 应用程序也会对应一个 ApplicationMaster。

在用户提交一个应用程序时，会启动一个 ApplicationMaster 实例，ApplicationMaster 会启动所有需要的 Task 来完成它负责的应用程序，并且监视 Task 的运行状态和运行进度，重新启动失败的 Task，等等。应用程序运行完成后，ApplicationMaster 会关闭并释放自己的 Container，以便其他应用程序的 ApplicationMaster 或 Task 转移至该 Container 中运行，提高资源利用率。

ApplicationMaster 自身和应用程序的 Task 都在 Container 中运行。

ApplicationMaster 可在 Container 内运行任何类型的 Task。例如，MapReduce ApplicationMaster 请求一个容器来启动 Map Task 或 Reduce Task。也可以实现一个自定义的 ApplicationMaster 来运行特定的 Task，以便任何分布式框架都可以受到 YARN 的支持，只要实现了相应的 ApplicationMaster 即可。

总结来说，我们可以这样认为：ResourceManager 管理整个集群；NodeManager 管理集群中单个节点；ApplicationMaster 管理单个应用程序（集群中可能同时有多个应用程序在运行，每个应用程序都有各自的 ApplicationMaster）。

YARN 集群中应用程序的执行流程如图 2-5 所示。

执行步骤如下：

步骤 01 客户端提交应用程序（可以是 MapReduce 程序、Spark 程序等）到 ResourceManager。

步骤 02 ResourceManager 分配用于运行 ApplicationMaster 的 Container，然后与 NodeManager 通信，要求它在该 Container 中启动 ApplicationMaster。ApplicationMaster 启动后，它将负责此应用程序的整个生命周期。

步骤 03 ApplicationMaster 向 ResourceManager 注册（注册后可以通过 ResourceManager 查看应用程序的运行状态）并请求运行应用程序各个 Task 所需的 Container（资源请求是对一些 Container 的请求）。如果符合条件，ResourceManager 就会分配给 ApplicationMaster 所需的 Container（表达为 Container ID 和主机名）。

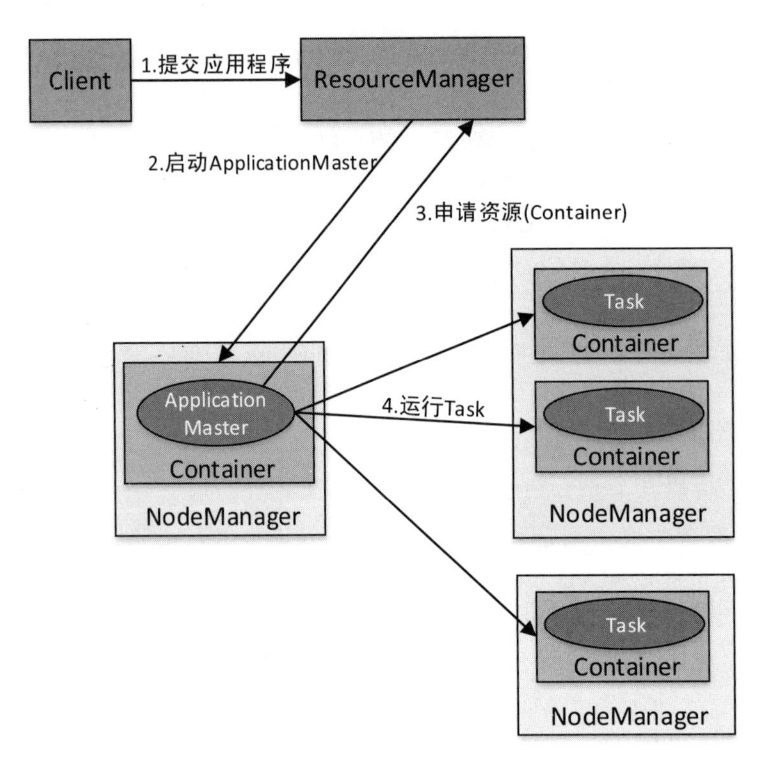

图 2-5　YARN 集群中应用程序的执行流程

步骤 04　ApplicationMaster 请求 NodeManager 使用这些 Container 来运行应用程序的相应 Task（将 Task 发布到指定的 Container 中运行）。

此外，各个运行中的 Task 会通过 RPC 协议向 ApplicationMaster 汇报自己的状态和进度，这样即使某个 Task 运行失败，ApplicationMaster 也可以对其重新启动。当应用程序运行完成时，ApplicationMaster 会向 ResourceManager 申请注销自己。

2.4.2　Spark Standalone 架构

Spark Standalone 模式为经典的 Master/Slave 架构，资源调度是 Spark 自己实现的。在 Standalone 模式中，根据应用程序提交的方式不同，Driver（主控进程）在集群中的位置也有所不同。应用程序的提交方式主要有两种：client 和 cluster，默认是 client。可以在向 Spark 集群提交应用程序时使用--deploy-mode 参数指定提交方式。

1. client 提交方式

当提交方式为 client 时，运行架构如图 2-6 所示。

集群的主节点称为 Master 节点，在集群启动时会在主节点启动一个名为 Master 的守护进程，类似 YARN 集群的 ResourceManager；从节点称为 Worker 节点，在集群启动时会在各个从节点上启动一个名为 Worker 的守护进程，类似 YARN 集群的 NodeManager。

Spark 在执行应用程序的过程中会启动 Driver 和 Executor 两种 JVM 进程。

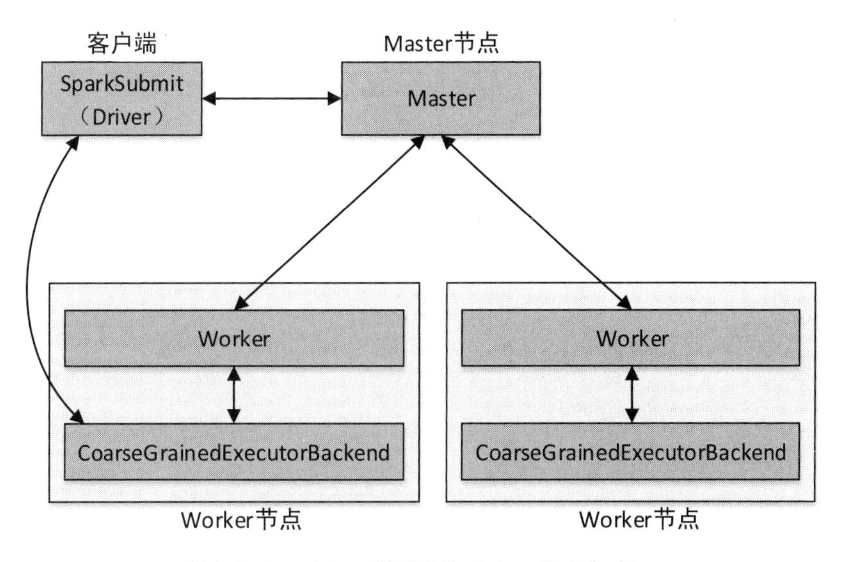

图 2-6 Standalone 模式架构（client 提交方式）

Driver 为主控进程，负责执行应用程序的 main()方法，创建 SparkContext 对象（负责与 Spark 集群进行交互），提交 Spark 作业，并将作业转化为 Task（一个作业由多个 Task 任务组成），然后在各个 Executor 进程间对 Task 进行调度和监控。通常用 SparkContext 代表 Driver。如图 2-6 所示的架构中，Spark 会在客户端启动一个名为 SparkSubmit 的进程，Driver 程序则运行于该进程。

Executor 为应用程序运行在 Worker 节点上的一个进程，由 Worker 进程启动，负责执行具体的 Task，并存储数据在内存或磁盘上。每个应用程序都有各自独立的一个或多个 Executor 进程。在 Spark Standalone 模式和 Spark On YARN 模式中，Executor 进程的名称为 CoarseGrainedExecutorBackend，类似运行 MapReduce 程序所产生的 YarnChild 进程，并且同时与 Worker、Driver 都有通信。

2. cluster 提交方式

当提交方式为 cluster 时，运行架构如图 2-7 所示。

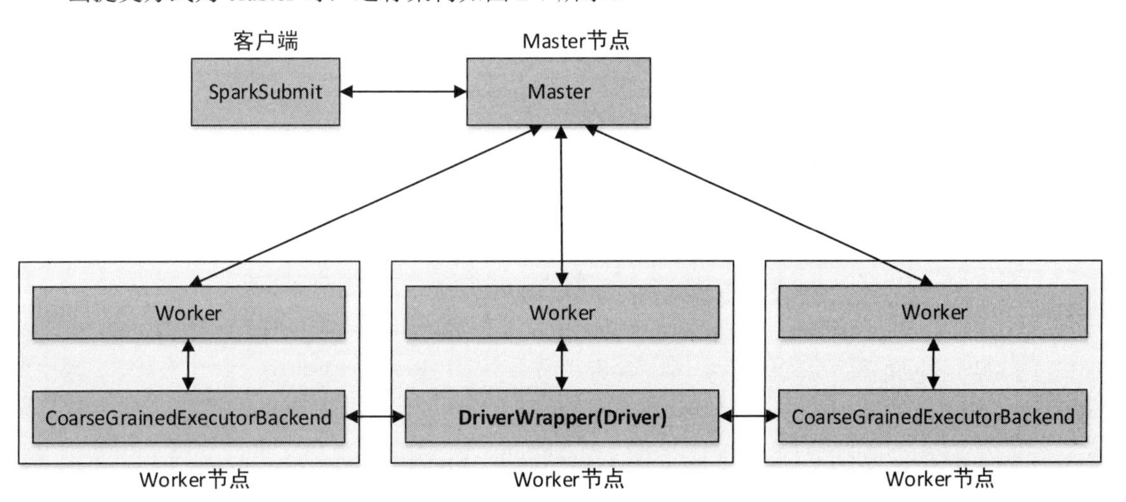

图 2-7 Standalone 模式架构（cluster 提交方式）

Standalone 以 cluster 提交方式提交应用程序后，客户端仍然会产生一个名为 SparkSubmit 的进程，但是该进程会在应用程序提交给集群之后就立即退出。当应用程序运行时，Master 会在集群中选择一个 Worker 进程启动一个名为 DriverWrapper 的子进程，该子进程即为 Driver 进程，所起的作用相当于 YARN 集群的 ApplicationMaster 角色，类似 MapReduce 程序运行时所产生的 MRAppMaster 进程。

具体 Spark 应用程序的提交及参数的设置将在 2.6 节详细讲解。

2.4.3 Spark On YARN 架构

Spark On YARN 模式遵循 YARN 的官方规范，YARN 只负责资源的管理和调度，运行哪种应用程序由用户自己决定，因此可能在 YARN 上同时运行 MapReduce 程序和 Spark 程序，YARN 对每一个程序很好地实现了资源的隔离。这使得 Spark 与 MapReduce 可以运行于同一个集群中，共享集群存储资源与计算资源。

Spark On YARN 模式与 Standalone 模式一样，也分为 client 和 cluster 两种提交方式。

1. client 提交方式

Spark On YARN 以 client 提交方式提交应用程序后的主要进程有：SparkSubmit、ResourceManager、NodeManager、CoarseGrainedExecutorBackend、ExecutorLauncher，运行架构如图 2-8 所示。

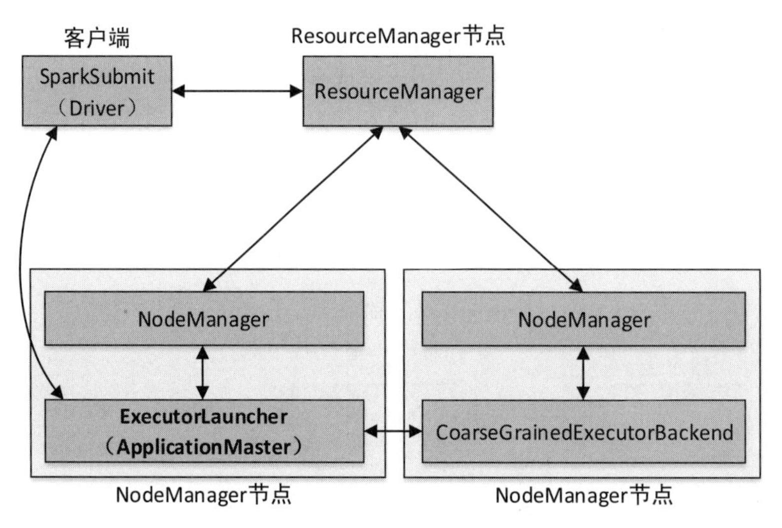

图 2-8 Spark On YARN 模式架构（client 提交方式）

与 Standalone 模式的 client 提交方式类似，客户端会产生一个名为 SparkSubmit 的进程，Driver 程序则运行于该进程中，且 ResourceManager 的功能类似于 Standalone 模式的 Master；NodeManager 的功能类似于 Standalone 模式的 Worker。当 Spark 程序运行时，ResourceManager 会在集群中选择一个 NodeManager 进程启动一个名为 ExecutorLauncher 的子进程，该子进程是 Spark 的自定义实现，承担 YARN 中的 ApplicationMaster 角色，类似 MapReduce 的 MRAppMaster 进程。

使用 Spark On YARN 的 client 提交方式提交 Spark 应用程序的执行步骤如下：

步骤 01 客户端向 YARN 的 ResourceManager 提交 Spark 应用程序。客户端本地启动 Driver。

步骤02 ResourceManager 收到请求后，选择一个 NodeManager 节点向其分配一个 Container，并在该 Container 中启动 ApplicationMaster（指 ExecutorLauncher 进程），该 ApplicationMaster 中不包含 Driver 程序，只负责启动和监控 Executor（指 CoarseGrainedExecutorBackend 进程），并与客户端的 Driver 进行通信。

步骤03 ApplicationMaster 向 ResourceManager 申请 Container。ResourceManager 收到请求后，向 ApplicationMaster 分配 Container。

步骤04 ApplicationMaster 请求 NodeManager，NodeManager 在获得的 Container 中启动 CoarseGrainedExecutorBackend。

步骤05 CoarseGrainedExecutorBackend 启动后，向客户端的 Driver 中的 SparkContext 注册并申请 Task。

步骤06 CoarseGrainedExecutorBackend 得到 Task 后，开始执行 Task，并向 SparkContext 汇报执行状态和进度等信息。

2. cluster 提交方式

Spark On YARN 以 cluster 提交方式提交应用程序后的主要进程有：SparkSubmit、ResourceManager、NodeManager、CoarseGrainedExecutorBackend、ApplicationMaster，运行架构如图 2-9 所示。

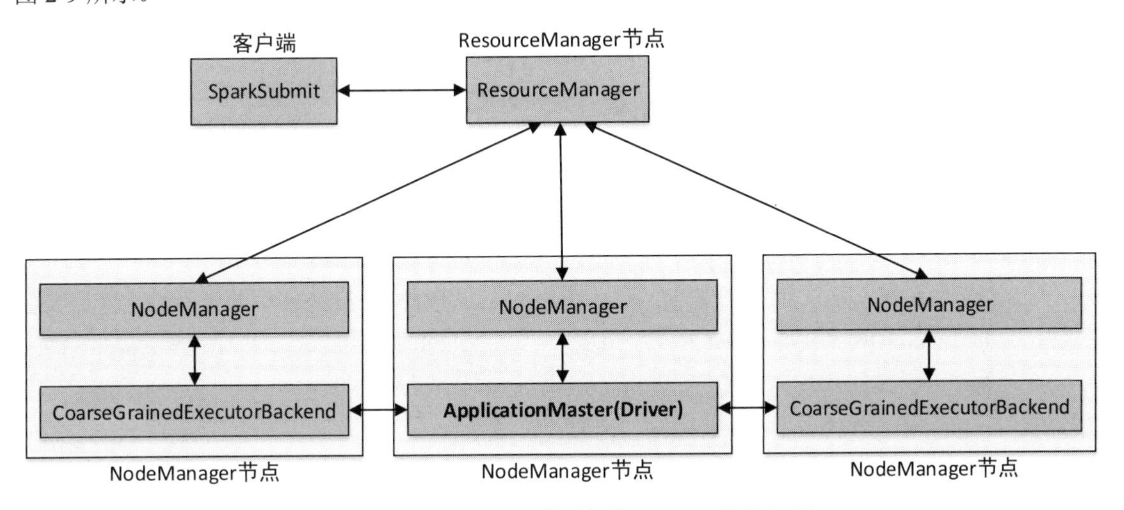

图 2-9　Spark On YARN 模式架构（cluster 提交方式）

与 Standalone 模式的 cluster 提交方式类似，客户端仍然会产生一个名为 SparkSubmit 的进程，且 ResourceManager 的功能类似于 Standalone 模式的 Master；NodeManager 的功能类似于 Standalone 模式的 Worker。ResourceManager 会在集群中选择一个 NodeManager 进程启动一个名为 ApplicationMaster 的子进程，该子进程即为 Driver 进程（Driver 程序运行在其中），同时作为一个 YARN 中的 ApplicationMaster 向 ResourceManager 申请资源，进一步启动 Executor（这里指 CoarseGrainedExecutorBackend）以运行 Task。

使用 Spark On YARN 的 cluster 提交方式提交 Spark 应用程序的执行步骤如下：

步骤01 客户端向 YARN 的 ResourceManager 提交 Spark 应用程序。

步骤02 ResourceManager 收到请求后，选择一个 NodeManager 节点向其分配一个 Container，并在该 Container 中启动 ApplicationMaster，ApplicationMaster 中包含 SparkContext 的初始化。

步骤03 ApplicationMaster 向 ResourceManager 申请 Container。ResourceManager 收到请求后，向 ApplicationMaster 分配 Container。

步骤04 ApplicationMaster 请求 NodeManager，NodeManager 在获得的 Container 中启动 CoarseGrainedExecutorBackend。

步骤05 CoarseGrainedExecutorBackend 启动后，向 ApplicationMaster 的 Driver 中的 SparkContext 注册并申请 Task（这一点与 Spark On YARN 的 client 方式不同）。

步骤06 CoarseGrainedExecutorBackend 得到 Task 后，开始执行 Task，并向 SparkContext 汇报执行状态和进度等信息。

无论是 Spark On YARN 的 client 提交方式还是 Standalone 的 client 提交方式，由于 Driver 运行在客户端本地，因此适合需要与本地进行交互的场合，例如 Spark Shell。这种方式下，优点是，客户端可以直接获取运行结果，监控运行进度，常用于开发测试与调试；缺点是，客户端存在于整个应用程序的生命周期，一旦客户端断开连接，应用程序的执行将关闭。

Spark On YARN 的 cluster 提交方式和 Standalone 的 cluster 提交方式，Driver 都运行于服务端的 ApplicationMaster 角色中，客户端断开并不影响应用程序的执行，这种方式适用于生产环境。

2.5 Spark 集群搭建与测试

本节使用 centos01、centos02 和 centos03 这三个节点讲解 Spark 的两种集群运行模式：Spark Standalone 模式和 Spark On YARN 模式的集群搭建。Standalone 模式需要启动 Spark 集群，而 Spark On YARN 模式不需要启动 Spark 集群，只需要启动 YARN 集群即可。

由于 Spark 本身是用 Scala 语言写的，运行在 JVM 上，因此在搭建 Spark 集群环境之前需要先安装好 JDK，建议 JDK 的版本在 1.8 以上。JDK 的安装此处不做讲解。

2.5.1 Spark Standalone 模式的集群搭建

Spark Standalone 模式的集群搭建需要在集群的每个节点都安装 Spark，集群角色分配如表 2-1 所示。

表 2-1　Spark 集群角色分配

节　点	角　色
centos01	Master
centos02	Worker
centos03	Worker

集群搭建的操作步骤如下：

1. 下载解压安装包

访问 Spark 官网（http://spark.apache.org/downloads.html）下载预编译的 Spark 安装包，选择 Spark 版本为 3.2.1，包类型为 Pre-built for Apache Hadoop 3.3 and later（Hadoop 3.3 及以后的预编译版本）。

将下载的安装包 spark-3.2.1-bin-hadoop3.2.tgz 上传到 centos01 节点的/opt/softwares 目录，然后

进入该目录，执行以下命令，将其解压到目录/opt/modules 中：

```
$ tar -zxvf spark-3.2.1-bin-hadoop3.2.tgz -C /opt/modules/
```

然后进入目录/opt/modules/中，重命名 Spark 安装目录：

```
$ mv spark-3.2.1-bin-hadoop3.2/ spark
```

2. 修改配置文件

Spark 的配置文件都存放于安装目录下的 conf 目录，进入该目录，执行以下操作：

（1）修改 workers 文件

workers 文件必须包含所有需要启动的 Worker 节点的主机名，且每个主机名占一行。

执行以下命令，复制 workers.template 文件为 workers 文件：

```
$ cp workers.template workers
```

然后修改 workers 文件，将其中默认的 localhost 改为以下内容：

```
centos02
centos03
```

上述配置表示将 centos02 和 centos03 节点设置为集群的从节点（Worker 节点）。

（2）修改 spark-env.sh 文件

执行以下命令，复制 spark-env.sh.template 文件为 spark-env.sh 文件：

```
$ cp spark-env.sh.template spark-env.sh
```

然后修改 spark-env.sh 文件，添加以下内容：

```
export JAVA_HOME=/opt/modules/jdk1.8.0_144
export SPARK_MASTER_HOST=centos01
export SPARK_MASTER_PORT=7077
```

上述配置属性解析如下：

- JAVA_HOME：指定 JAVA_HOME 的路径。若集群中每个节点在/etc/profile 文件中都配置了 JAVA_HOME，则该选项可以省略，Spark 集群启动时会自动读取。为了防止出错，建议此处将该选项配置上。
- SPARK_MASTER_HOST：指定集群主节点（Master）的主机名，此处为 centos01。
- SPARK_MASTER_PORT：指定 Master 节点的访问端口，默认为 7077。

3. 复制 Spark 安装文件到其他节点

在 centos01 节点中执行以下命令，将 Spark 安装文件复制到其他节点：

```
$ scp -r /opt/modules/spark/ hadoop@centos02:/opt/modules/
$ scp -r /opt/modules/spark/ hadoop@centos03:/opt/modules/
```

4. 启动 Spark 集群

在 centos01 节点上进入 Spark 安装目录，执行以下命令，启动 Spark 集群：

```
$ sbin/start-all.sh
```

查看 start-all.sh 的源码，其中有以下两条命令：

```
# Start Master
"${SPARK_HOME}/sbin"/start-master.sh

# Start Workers
"${SPARK_HOME}/sbin"/start-workers.sh
```

可以看到，当执行 start-all.sh 命令时，会分别执行 start-master.sh 命令启动 Master，执行 start-workers.sh 命令启动 Worker。

注意，若 spark-evn.sh 中配置了 SPARK_MASTER_HOST 属性，则必须在该属性指定的主机上启动 Spark 集群，否则会启动不成功；若没有配置 SPARK_MASTER_HOST 属性，则可以在任意节点上启动 Spark 集群，当前执行启动命令的节点即为 Master 节点。

启动完毕后，分别在各节点执行 jps 命令，查看启动的 Java 进程。若在 centos01 节点存在 Master 进程，centos02 节点存在 Worker 进程，centos03 节点存在 Worker 进程，则说明集群启动成功。

此时可以在浏览器中访问网址 http://centos01:8080，查看 Spark 的 WebUI，如图 2-10 所示。

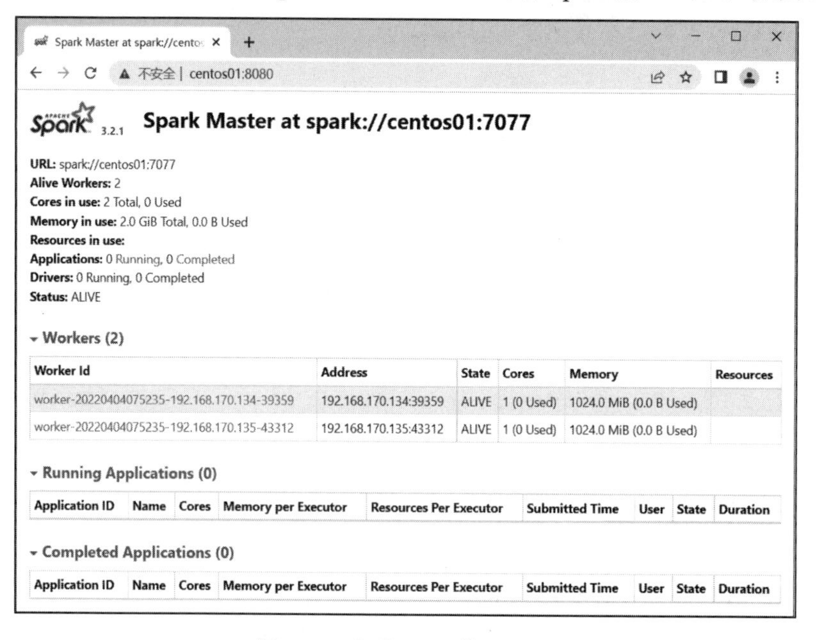

图 2-10　查看 Spark 的 WebUI

2.5.2 Spark On YARN 模式的集群搭建

Spark On YARN 模式的搭建比较简单，仅需要在 YARN 集群的一个节点上安装 Spark 即可，该节点可作为提交 Spark 应用程序到 YARN 集群的客户端。Spark 本身的 Master 节点和 Worker 节点不需要启动。

使用此模式需要修改 Spark 配置文件$SPARK_HOME/conf/spark-env.sh，添加 Hadoop 相关属性，指定 Hadoop 与配置文件所在目录，内容如下：

```
export HADOOP_HOME=/opt/modules/hadoop-3.3.1
export HADOOP_CONF_DIR=$HADOOP_HOME/etc/hadoop
```

修改完毕后，即可运行 Spark 应用程序。例如，运行 Spark 自带的求圆周率的例子（注意提前将

Hadoop HDFS 和 YARN 启动），并且以 Spark On YARN 的 cluster 模式运行，命令如下：

```
$ bin/spark-submit \
--class org.apache.spark.examples.SparkPi \
--master yarn \
--deploy-mode cluster \
/opt/modules/spark/examples/jars/spark-examples_2.12-3.2.1.jar
```

程序执行过程中，可在 YARN 的 ResourceManager 对应的 WebUI 中查看应用程序执行的详细信息，如图 2-11 所示。

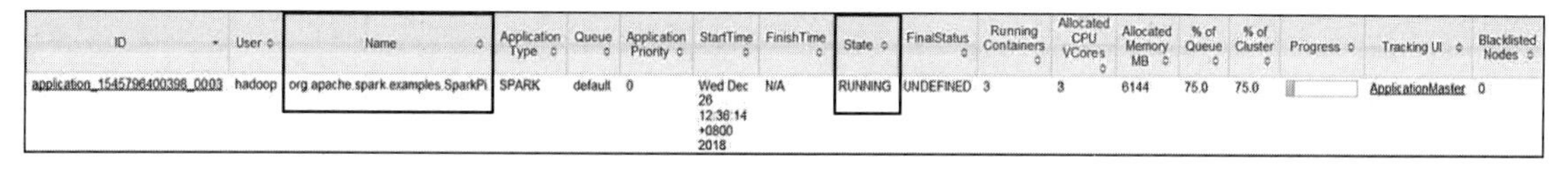

ID	User	Name	Application Type	Queue	Application Priority	StartTime	FinishTime	State	FinalStatus	Running Containers	Allocated CPU VCores	Allocated Memory MB	% of Queue	% of Cluster	Progress	Tracking UI	Blacklisted Nodes
application_1545796400398_0003	hadoop	org.apache.spark.examples.SparkPi	SPARK	default	0	Wed Dec 26 12:38:14 +0800 2018	N/A	RUNNING	UNDEFINED	3	3	6144	75.0	75.0		ApplicationMaster	0

图 2-11　查看应用程序运行状态

Spark On YARN 的 cluster 模式运行该例子的输出结果不会打印到控制台中，可以在图 2-11 的 WebUI 中单击 ID 列中的超链接，在 Application 详情页面的最下方单击 Logs 超链接，然后在新页面中单击 stdout 所属超链接，即可显示输出日志，而运行结果则在日志中，整个查看日志的过程如图 2-12、图 2-13 所示。

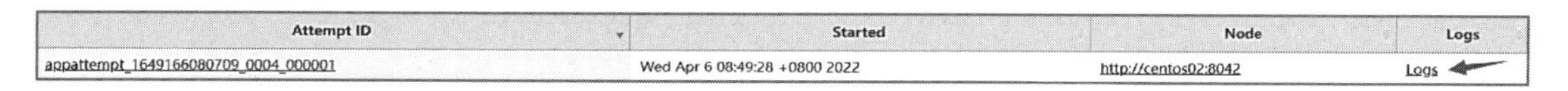

Attempt ID	Started	Node	Logs
appattempt_1649166080709_0004_000001	Wed Apr 6 08:49:28 +0800 2022	http://centos02:8042	Logs

图 2-12　查看应用程序输出日志步骤 1

可看到输出结果如下：

```
Pi is roughly 3.144715723578618
```

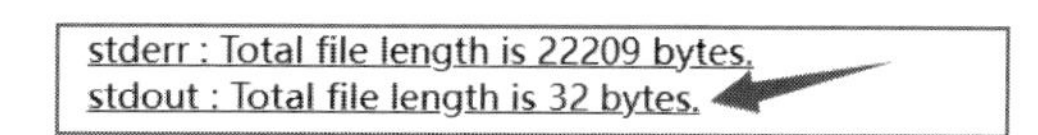

图 2-13　查看应用程序输出日志步骤 2

2.5.3　Spark HA 的搭建

Spark Standalone 和大部分 Master/Slave 模式一样，都存在 Master 单点故障问题，其解决方式是基于 ZooKeeper 实现两个 Master 无缝切换，类似 HDFS 的 NameNode HA（High Availability，高可用）或 YARN 的 ResourceManager HA。

Spark 可以在集群中启动多个 Master，并使它们都向 ZooKeeper 注册，ZooKeeper 利用自身的选举机制保证同一时间只有一个 Master 是活动状态（Active）的，其他的都是备用状态（Standby）的。

当活动状态的 Master 出现故障时，ZooKeeper 会从其他备用状态的 Master 选出一台成为活动 Master，整个恢复过程大约在 1 分钟之内。对于恢复期间正在运行的应用程序，由于应用程序在运行前已经向 Master 申请了资源，运行时 Driver 负责与 Executor 进行通信，管理整个应用程序，因此 Master 的故障对应用程序的运行不会产生影响，但是会影响新应用程序的提交。

以 Spark Standalone 模式的 client 提交方式为例，其 HA 的架构如图 2-14 所示。

下面接着 2.5.1 节搭建好的 Spark Standalone 集群继续进行 Spark HA 的搭建，搭建前的角色分配如表 2-2 所示。

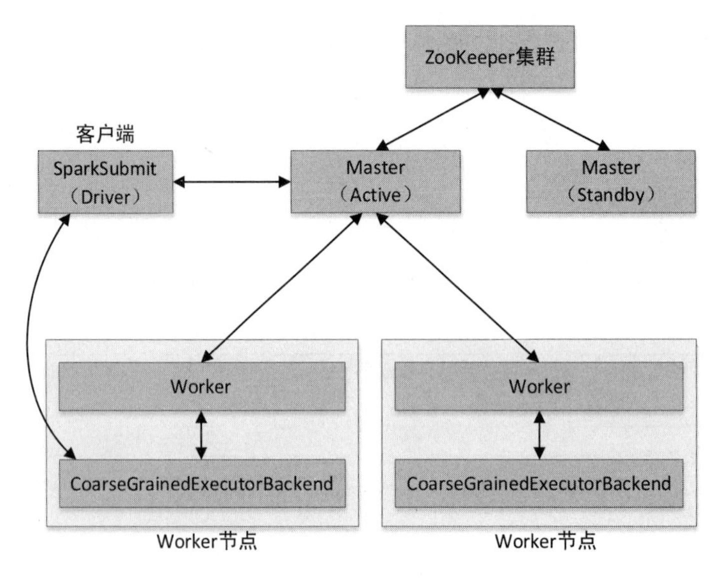

图 2-14　Spark HA 架构图

表 2-2　Spark HA 集群角色分配

节　　点	角　　色
centos01	Master QuorumPeerMain
centos02	Master Worker QuorumPeerMain
centos03	Worker QuorumPeerMain

具体搭建步骤如下：

步骤 01　停止 Spark 集群。命令如下：

```
$ sbin/stop-all.sh
```

步骤 02　修改配置文件。在 centos01 节点中修改 Spark 配置文件 spark-env.sh，删除其中的 SPARK_MASTER_IP 属性配置，添加以下配置：

```
export SPARK_DAEMON_JAVA_OPTS="-Dspark.deploy.recoveryMode=ZOOKEEPER
-Dspark.deploy.zookeeper.url=centos01:2181,centos02:2181,centos03:2181
-Dspark.deploy.zookeeper.dir=/spark"
```

上述配置参数解析如下：

- spark.deploy.zookeeper.url：指定 ZooKeeper 集群各节点的主机名与端口。
- spark.deploy.zookeeper.dir：指定 Spark 在 ZooKeeper 中注册的 znode 节点名称。

然后同步修改后的配置文件到集群其他节点，命令如下：

```
$ scp conf/spark-env.sh hadoop@centos02:/opt/modules/spark/conf/
$ scp conf/spark-env.sh hadoop@centos03:/opt/modules/spark/conf/
```

步骤 03　启动 ZooKeeper 集群。

步骤04 启动 Spark 集群。在 centos01 节点上进入 Spark 安装目录，启动 Spark 集群，命令如下：

```
$ sbin/start-all.sh
```

需要注意的是，在哪个节点上启动的 Spark 集群，活动状态的 Master 就存在于哪个节点上。

在 centos02 节点上进入 Spark 安装目录，启动第二个 Master（备用状态 Master），命令如下：

```
$ sbin/start-master.sh
```

步骤05 查看各节点的进程。在各节点执行 jps 命令查看启动的 Java 进程。

centos01 节点：

```
$ jps
5825 QuorumPeerMain
6105 Master
6185 Jps
```

centos02 节点：

```
$ jps
6115 Jps
5701 QuorumPeerMain
5974 Worker
6056 Master
```

centos03 节点：

```
$ jps
5990 Jps
5913 Worker
5645 QuorumPeerMain
```

步骤06 测试 Spark HA。可以进入 Spark Web 界面查看两个 Master 的状态。默认 Master 的 Web 界面访问端口为 8080，若与其他程序端口冲突（例如 8080 端口可能与 ZooKeeper 冲突），可以在 Spark 的配置文件 spark-env.sh 中添加以下内容，更改 Master 的 Web 界面访问端口（例如更改为 8070）：

```
SPARK_MASTER_WEBUI_PORT=8070
```

若更改了 Web 界面的访问端口，需重新启动 Spark 集群。

此时 centos01 节点 Master 的状态为 ALIVE（即 Active，活动状态），如图 2-15 所示。

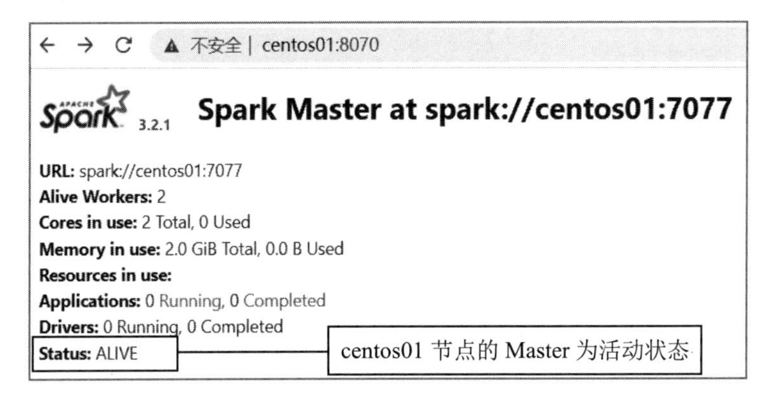

图 2-15　centos01 节点的 Master 状态

centos02 节点 Master 的状态为 STANDBY（备用状态），如图 2-16 所示。

图 2-16　centos02 节点的 Master 状态

使用 kill -9 命令杀掉 centos01 节点的 Master 进程，稍等几秒后多次刷新 centos02 节点的 Web 界面，发现 Master 的状态由 STANDBY 首先变为 RECOVERING（恢复，该状态持续时间非常短暂），最后变为 ALIVE，如图 2-17 和图 2-18 所示。

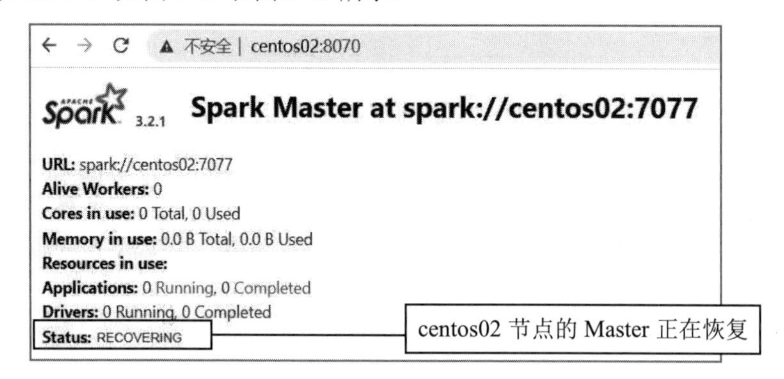

图 2-17　RECOVERING 状态的 Master

图 2-18　ALIVE 状态的 Master

到此，Spark HA 搭建完成。

此时，若需要连接 Spark 集群执行操作，--master 参数的连接地址需改为 spark://centos02:7077，例如以下代码：

```
$ bin/spark-shell \
--master spark://centos02:7077
```

2.6　Spark 应用程序的提交

Spark 提供了一个客户端应用程序提交工具 spark-submit，使用该工具可以将编写好的 Spark 应用程序提交到 Spark 集群。

spark-submit 的使用格式如下：

```
$ bin/spark-submit [options] <app jar> [app options]
```

格式中的 options 表示传递给 spark-submit 的控制参数；app jar 表示提交的程序 JAR 包（或 Python 脚本文件）所在位置；app options 表示 jar 程序需要传递的参数，如 main()方法中需要传递的参数。

例如，在 Standalone 模式下，将 Spark 自带的求圆周率的程序提交到集群。进入 Spark 安装目录，执行以下命令：

```
$ bin/spark-submit \
--master spark://centos01:7077 \
--class org.apache.spark.examples.SparkPi \
./examples/jars/spark-examples_2.12-3.2.1.jar
```

上述命令中的--master 参数指定了 Master 节点的连接地址，该参数根据不同的 Spark 集群模式，其取值也有所不同，常用取值如表 2-3 所示。

表 2-3　spark-submit 的--master 参数取值介绍

取　值	介　绍
spark://host:port	Standalone模式下的Master节点的连接地址，默认端口为7077
YARN	连接到YARN集群。若YARN中没有指定ResourceManager的启动地址，则需要在ResourceManager所在的节点上进行应用程序的提交，否则将因找不到ResourceManager而提交失败
Local	运行本地模式，使用1个CPU核心
local[N]	运行本地模式，使用N个CPU核心。例如，local[2]表示使用两个CPU核心运行程序
local[*]	运行本地模式，尽可能使用最多的CPU核心

若不添加--master 参数，则默认使用本地模式 local[*]运行。

除了--master 参数外，spark-submit 还提供了一些控制资源使用和运行时环境的参数。在 Spark 安装目录中执行以下命令，可列出所有可以使用的参数：

```
$ bin/spark-submit --help
```

spark-submit 常用参数解析如表 2-4 所示。

表 2-4　spark-submit 的常用参数介绍

参　数	介　绍
--master	Master节点的连接地址，取值为spark://host:port、mesos://host:port、yarn、k8s://https://host:port或local（默认为 local[*]）

（续表）

参　数	介　绍
--deploy-mode	提交方式，取值为client或cluster。client表示在本地客户端启动Driver程序，cluster表示在集群内部的工作节点上启动Driver程序，默认为client
--class	应用程序的主类（Java或Scala程序）
--name	应用程序名称，会在Spark Web UI中显示
--jars	应用依赖的第三方JAR包列表，以逗号分隔
--conf	设置任意的SparkConf配置属性，格式为“属性名=属性值”
--files	需要放到应用工作目录中的文件列表，以逗号分隔。此参数一般用来放需要分发到各节点的数据文件
--properties-file	加载外部包含键值对的属性文件。如果不指定，就默认读取Spark安装目录下的conf/spark-defaults.conf文件中的配置
--driver-memory	Driver进程使用的内存量，例如512MB或1GB，单位不区分大小写，默认为1024MB
--executor-memory	每个Executor进程所使用的内存量。例如512MB或1GB，单位不区分大小写，默认为1GB
--driver-cores	Driver进程使用的CPU核心数，仅在集群模式中使用，默认为1
--executor-cores	每个Executor进程所使用的CPU核心数，默认为1
--num-executors	Executor进程数量，默认为2。如果开启动态分配，那么初始Executor的数量至少是此参数配置的数量。需要注意的是，此参数仅在Spark On YARN模式中使用

例如，在 Standalone 模式下，将 Spark 自带的求圆周率的程序提交到集群，并且设置 Driver 进程使用内存为 512MB，每个 Executor 进程使用内存为 1GB，每个 Executor 进程所使用的 CPU 核心数为 2，提交方式为 cluster（Driver 进程运行在集群的工作节点中），执行命令如下：

```
$ bin/spark-submit \
--master spark://centos01:7077 \
--deploy-mode cluster \
--class org.apache.spark.examples.SparkPi \
--driver-memory 512m \
--executor-memory 1g \
--executor-cores 2 \
./examples/jars/spark-examples_2.12-3.2.1.jar
```

在 Spark On YARN 模式下，以同样的应用配置运行上述例子，只需将参数--master 的值改为 yarn 即可，命令如下：

```
$ bin/spark-submit \
--master yarn \
--deploy-mode cluster \
--class org.apache.spark.examples.SparkPi \
--driver-memory 512m \
--executor-memory 1g \
--executor-cores 2 \
./examples/jars/spark-examples_2.12-3.2.1.jar
```

注意，Spark 不同集群模式下应用程序的提交提交命令，主要是参数--master 的取值不同，其他参数的取值一样。

2.7 Spark Shell 的使用

Spark 带有交互式的 Shell，可在 Spark Shell 中直接编写 Spark 任务，然后提交到集群与分布式数据进行交互，并且可以立即查看输出结果。Spark Shell 提供了一种学习 Spark API 的简单方式，可以使用 Scala 或 Python 语言进行程序的编写（本书使用 Scala 语言进行讲解）。

进入 Spark 安装目录，执行以下命令，可以查看 Spark Shell 的相关使用参数：

```
$ bin/spark-shell --help
```

Spark Shell 在 Spark Standalone 模式和 Spark On YARN 模式下都可以执行，与 2.6 节中使用 spark-submit 进行任务提交时可以指定的参数及取值相同。唯一不同的是，Spark Shell 本身为集群的 client 提交方式运行，不支持 cluster 提交方式，即使用 Spark Shell 时，Driver 运行于本地客户端，而不能运行于集群中。

1. Spark Standalone 模式下 Spark Shell 的启动

在任意节点进入 Spark 安装目录，执行以下命令，启动 Spark Shell 终端：

```
$ bin/spark-shell --master spark://centos01:7077
```

上述命令中的--master 参数指定了 Master 节点的访问地址，其中的 centos01 为 Master 所在节点的主机名。

Spark Shell 的启动过程如图 2-19 所示。

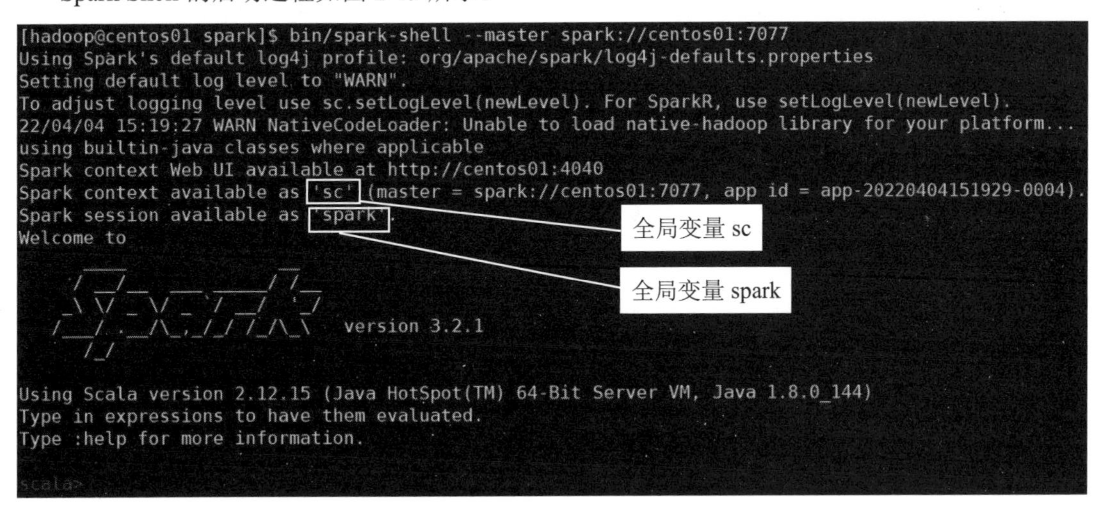

图 2-19 Spark Shell 的启动过程

从启动过程的输出信息可以看出，Spark Shell 启动时创建了一个名为 sc 的变量，该变量为类 SparkContext 的实例，可以在 Spark Shell 中直接使用。SparkContext 存储 Spark 上下文环境，是提交 Spark 应用程序的入口，负责与 Spark 集群进行交互。除了创建 sc 变量外，还创建了一个 spark 变量，该变量是类 SparkSession 的实例，也可以在 Spark Shell 中直接使用（spark 变量的使用参考 5.3 节 Spark SQL 的基本使用）。

若启动命令不添加--master 参数，则默认是以本地（单机）模式启动的，即所有操作任务只是在当前节点，而不会分发到整个集群。

启动完成后，访问 Spark WebUI http://centos01:8080/查看运行的 Spark 应用程序，如图 2-20 所示。

Application ID	Name	Cores	Memory per Executor	Resources Per Executor	Submitted Time	User	State	Duration
app-20220404151929-0004 (kill)	Spark shell	2	1024.0 MiB		2022/04/04 15:19:29	hadoop	RUNNING	16 min

图 2-20　查看 Spark Shell 启动的应用程序

可以看到，Spark 启动了一个名为 Spark shell 的应用程序（如果 Spark Shell 不退出，该应用程序就一直存在）。这说明，实际上 Spark Shell 底层调用了 spark-submit 进行应用程序的提交。与 spark-submit 不同的是，Spark Shell 在运行时会先进行一些初始参数的设置，并且 Spark Shell 是交互式的。

若需退出 Spark Shell，则可以执行以下命令：

```
scala>:quit
```

2. Spark On YARN 模式下 Spark Shell 的启动

Spark On YARN 模式下，Spark Shell 的启动与 Standalone 模式不同的是，--master 的参数值为 yarn。例如以下启动命令：

```
$ bin/spark-shell --master yarn
```

若启动过程中报错如图 2-21 所示，则说明 Spark 任务的内存分配过小，YARN 直接将相关进程杀掉了。

```
Container killed on request. Exit code is 143
Container exited with a non-zero exit code 143
For more detailed output, check the application tracking page: http://centos02:8088/cluster/app/application_1546562405718_0011 Then click on links to logs of each attempt.
. Failing the application.
        at org.apache.spark.scheduler.cluster.YarnClientSchedulerBackend.waitForApplication(YarnClientSchedulerBackend.scala:94)
        at org.apache.spark.scheduler.cluster.YarnClientSchedulerBackend.start(YarnClientSchedulerBackend.scala:63)
        at org.apache.spark.scheduler.TaskSchedulerImpl.start(TaskSchedulerImpl.scala:178)
        at org.apache.spark.SparkContext.<init>(SparkContext.scala:501)
        at org.apache.spark.SparkContext$.getOrCreate(SparkContext.scala:2520)
```

图 2-21　Spark On YARN 模式下 Spark Shell 的启动报错

此时只需要在 Hadoop 的配置文件 yarn-site.xml 中加入以下内容即可：

```
<!--关闭物理内存检查-->
<property>
    <name>yarn.nodemanager.pmem-check-enabled</name>
    <value>false</value>
</property>
<!--关闭虚拟内存检查-->
<property>
    <name>yarn.nodemanager.vmem-check-enabled</name>
    <value>false</value>
</property>
```

上述配置属性解析如下：

- yarn.nodemanager.pmem-check-enabled：是否开启物理内存检查，默认为 true。若开启，则 NodeManager 会启动一个线程检查每个 Container 中的 Task 任务使用的物理内存量，如果超出分配值，就直接将其杀掉。

- yarn.nodemanager.vmem-check-enabled：是否开启虚拟内存检查，默认为 true。若开启，则 NodeManager 会启动一个线程检查每个 Container 中的 Task 任务使用的虚拟内存量，如果超出分配值，就直接将其杀掉。

需要注意的是，yarn-site.xml 文件修改完毕后，记得将该文件同步到集群其他节点，然后重启 YARN 集群。

2.8 动手练习

1. 依照本章介绍的操作步骤，搭建一个 Spark Standalone 模式的分布式集群。
2. 在 Spark Standalone 模式下，将 Spark 自带的求圆周率的程序提交到集群。

第 3 章 Spark RDD 弹性分布式数据集

本章首先讲解 Spark RDD 的创建以及 RDD 算子的使用，然后讲解 Spark RDD 的分区、依赖关系、持久化以及检查点和共享变量的概念和使用；最后通过几个实际案例讲解使用 Spark RDD 编写计算任务的操作步骤。

本章学习目标

- 了解 Spark RDD 的概念
- 掌握 Spark RDD 的创建方法
- 掌握 Spark RDD 算子的使用、分区规则与依赖关系
- 掌握 Spark RDD 的持久化操作和检查点的设置
- 掌握 Spark RDD 共享变量的使用及 Spark RDD 编写计算任务

3.1 什么是 RDD

Spark 提供了一种对数据的核心抽象，称为弹性分布式数据集（Resilient Distributed Dataset，RDD）。这个数据集的全部或部分可以缓存在内存中，并且可以在多次计算时重用。RDD 其实就是一个分布在多个节点上的数据集合。

RDD 的弹性主要是指当内存不够时，数据可以持久化到磁盘，并且 RDD 具有高效的容错能力。分布式数据集是指一个数据集存储在不同的节点上，每个节点存储数据集的一部分。例如，将数据集（hello,world,scala,spark,love,spark,happy）存储在三个节点上，节点一存储（hello,world），节点二存储（scala,spark,love），节点三存储（spark,happy），这样对三个节点的数据可以并行计算，并且三个节点的数据共同组成了一个 RDD，如图 3-1 所示。

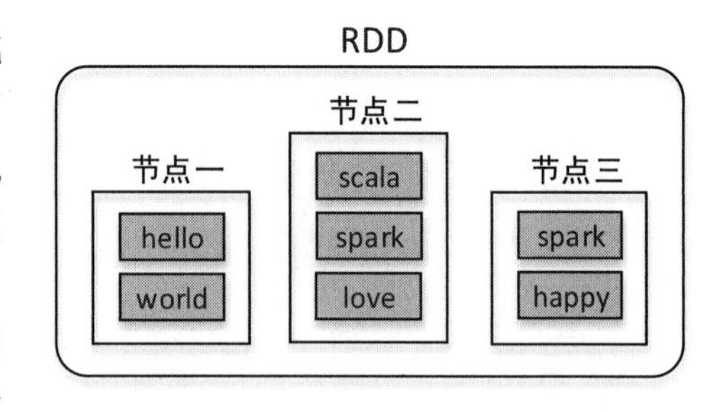

图 3-1　RDD 分布式数据集

分布式数据集类似于 HDFS 中的文件分块，不同的块存储在不同的节点上；而并行计算类似于使用 MapReduce 读取 HDFS 中的数据并进行 Map 和 Reduce 操作。Spark 则包含这两种功能，并且计算更加灵活。

RDD 的主要特征如下：

- RDD 是不可变的，但可以将 RDD 转换成新的 RDD 进行操作。
- RDD 是可分区的。RDD 由很多分区组成，每个分区对应一个 Task 任务来执行（关于分区将在 3.4 节详细讲解）。
- 对 RDD 进行操作，相当于对 RDD 的每个分区进行操作。
- RDD 拥有一系列对分区进行计算的函数，称为算子（关于算子将在 3.3 节详细讲解）。
- RDD 之间存在依赖关系，可以实现管道化，避免了中间数据的存储。

在编程时，可以把 RDD 看作是一个数据操作的基本单位，而不必关心数据的分布式特性，Spark 会自动将 RDD 的数据分发到集群的各个节点。Spark 中对数据的操作主要是对 RDD 的操作（创建、转化、求值）。

接下来将对 RDD 进行深入地讲解。

3.2　创建 RDD

RDD 中的数据来源可以是程序中的对象集合，也可以是外部存储系统中的数据集，例如共享文件系统、HDFS、HBase 或任何提供 Hadoop InputFormat 的数据源。

下面使用 Spark Shell 讲解常用的创建 RDD 的两种方式。

3.2.1　从对象集合创建 RDD

Spark 可以通过 parallelize()或 makeRDD()方法将一个对象集合转化为 RDD。

例如，将一个 List 集合转化为 RDD，代码如下：

```
scala> val rdd=sc.parallelize(List(1,2,3,4,5,6))
rdd: org.apache.spark.rdd.RDD[Int] = ParallelCollectionRDD[0]
```

或者

```
scala> val rdd=sc.makeRDD(List(1,2,3,4,5,6))
rdd: org.apache.spark.rdd.RDD[Int] = ParallelCollectionRDD[1]
```

从返回信息可以看出，上述创建的 RDD 中存储的是 Int 类型的数据。实际上，RDD 也是一个集合，与常用的 List 集合不同的是，RDD 集合的数据分布于多台机器上。

3.2.2　从外部存储创建 RDD

Spark 的 textFile()方法可以读取本地文件系统或外部其他系统中的数据，并创建 RDD。不同的是，数据的来源路径不同。

1. 读取本地系统文件

读取本地系统文件需要以本地模式启动 Spark Shell，命令如下：

```
$ bin/spark-shell --master local
```

例如，本地 CentOS 系统中有一个文件/home /words.txt，该文件的内容如下：

```
hello hadoop
hello java
scala
```

使用 textFile()方法将上述文件内容转为一个 RDD，并使用 collect()方法（该方法是 RDD 的一个行动算子，在 3.3.1 节将会详细讲解）查看 RDD 中的内容，代码如下：

```
scala> val rdd=sc.textFile("/home/words.txt")
rdd: org.apache.spark.rdd.RDD[String] = /home/words.txt MapPartitionsRDD[1]

scala> rdd.collect
res1: Array[String] = Array("hello hadoop ", "hello java ", "scala ")
```

从上述 rdd.collect 的输出内容可以看出，textFile()方法将源文件中的内容按行拆分为 RDD 集合中的多个元素。

2. 读取 HDFS 系统文件

将本地系统文件/home/words.txt 上传到 HDFS 系统的/input 目录，然后读取文件/input/ words.txt 中的数据，代码如下：

```
scala> val rdd=sc.textFile("hdfs://centos01:9000/input/words.txt")
rdd: org.apache.spark.rdd.RDD[String] = hdfs://centos01:9000/input/words.txt
MapPartitionsRDD[2]

scala> rdd.collect
res2: Array[String] = Array("hello hadoop ", "hello java ", "scala ")
```

3.3　RDD 的算子

RDD 被创建后是只读的，不允许修改。Spark 提供了丰富的用于操作 RDD 的方法，这些方法被称为算子。一个创建完成的 RDD 只支持两种算子：转化（Transformation）算子和行动（Action）算子。

3.3.1　转化算子

转化算子负责对 RDD 中的数据进行计算并转化为新的 RDD。Spark 中的所有转化算子都是惰性的，因为它们不会立即计算结果，而只是记住对某个 RDD 的具体操作过程，直到遇到行动算子才会与其一起执行。

1. map()算子

map()是一种转化算子，它接收一个函数作为参数，并把这个函数应用于 RDD 的每个元素，最后将函数的返回结果作为结果 RDD 中对应元素的值。

如以下代码所示，对 rdd1 应用 map()算子，将 rdd1 中的每个元素加 1 并返回一个名为 rdd2 的新 RDD：

```
scala> val rdd1=sc.parallelize(List(1,2,3,4,5,6))
scala> val rdd2=rdd1.map(x => x+1)
```

在上述代码中，向算子 map()传入了一个函数 x=>x+1。其中，x 为函数的参数名称，也可以使用其他字符，例如 a=>a+1。Spark 会将 RDD 中的每个元素传入该函数的参数中。当然，也可以将参数使用下划线“_”代替。例如以下代码：

```
scala> val rdd1=sc.parallelize(List(1,2,3,4,5,6))
scala> val rdd2=rdd1.map(_+1)
```

上述代码中的下划线代表 rdd1 中的每个元素。实际上 rdd1 和 rdd2 中没有任何数据，因为 parallelize()和 map()都为转化算子，调用转化算子不会立即计算结果。

若需要查看计算结果，则可使用行动算子 collect()。例如以下代码中的 rdd2.collect 表示执行计算，并将结果以数组的形式收集到当前 Driver。因为 RDD 的元素为分布式的，可能分布在不同的节点上。

```
scala> rdd2.collect
res1: Array[Int] = Array(2, 3, 4, 5, 6, 7)
```

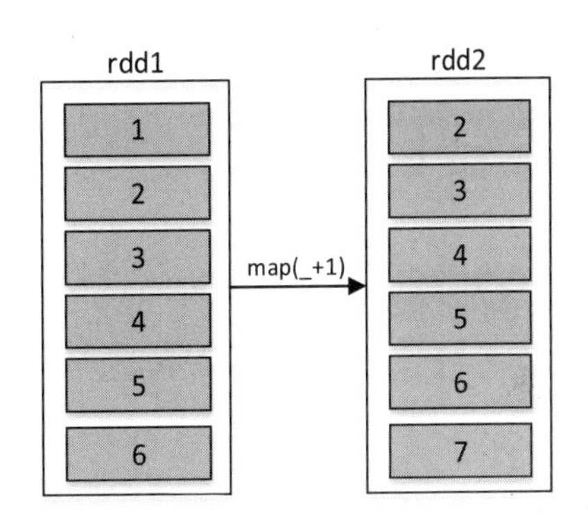

图 3-2　map()算子的运行过程

上述代码使用 map()算子的运行过程如图 3-2 所示。

2. filter(func)算子

通过函数 func 对源 RDD 的每个元素进行过滤，并返回一个新的 RDD。

例如以下代码，过滤出 rdd1 中大于 3 的所有元素，并输出结果。

```
scala> val rdd1=sc.parallelize(List(1,2,3,4,5,6))
scala> val rdd2=rdd1.filter(_>3)
scala> rdd2.collect
res1: Array[Int] = Array(4, 5, 6)
```

上述代码中的下划线“_”代表 rdd1 中的每个元素。

3. flatMap(func)算子

与 map()算子类似，但是每个传入函数 func 的 RDD 元素会返回 0 到多个元素，最终会将返回的所有元素合并到一个 RDD。

例如以下代码，将集合 List 转为 rdd1，然后调用 rdd1 的 flatMap()算子将 rdd1 的每个元素按照空格分割成多个元素，最终合并所有元素到一个新的 RDD。

```
scala> val rdd1=sc.parallelize(List("hadoop hello scala","spark hello"))
scala> val rdd2=rdd1.flatMap(_.split(" "))
scala> rdd2.collect
res3: Array[String] = Array(hadoop, hello, scala, spark, hello)
```

上述代码使用 flatMap()算子的运行过程如图 3-3 所示。

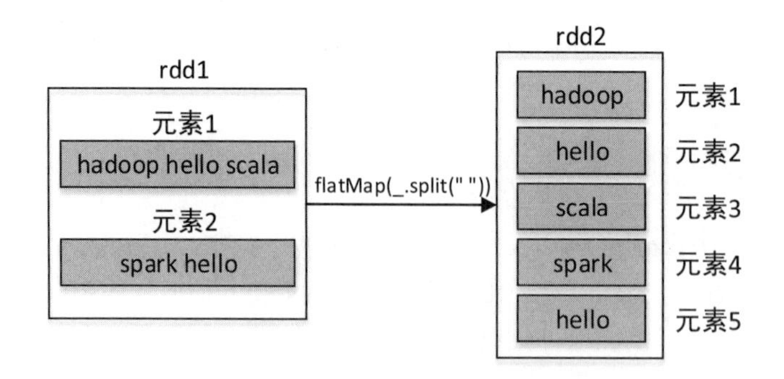

图 3-3　flatMap()算子的运行过程

4. reduceByKey()算子

reduceByKey()算子的作用对象是元素为(key,value)形式（Scala 元组）的 RDD，使用该算子可以将 key 相同的元素聚集到一起，最终把所有 key 相同的元素合并成一个元素。该元素的 key 不变，value 可以聚合成一个列表或者进行求和等操作。最终返回的 RDD 的元素类型和原有类型保持一致。

例如，有两个同学 zhangsan 和 lisi，zhangsan 的语文和数学成绩分别为 98、78，lisi 的语文和数学成绩分别为 88、79，现需要分别求 zhangsan 和 lisi 的总成绩，代码如下：

```
scala> val list=List(("zhangsan",98),("zhangsan",78),("lisi",88),("lisi",79))

scala> val rdd1=sc.parallelize(list)
rdd1: org.apache.spark.rdd.RDD[(String, Int)] = ParallelCollectionRDD[1]

scala> val rdd2=rdd1.reduceByKey((x,y)=>x+y)
rdd2: org.apache.spark.rdd.RDD[(String, Int)] = ShuffledRDD[2]

scala> rdd2.collect
res5: Array[(String, Int)] = Array((zhangsan,176), (lisi,167))
```

上述代码使用了 reduceByKey()算子，并传入了函数(x,y)=>x+y，其中 x 和 y 代表 key 相同的两个 value 值。该算子会寻找 key 相同的元素，当找到这样的元素时会对其 value 执行(x,y)=>x+y 处理，即只保留求和后的数据作为 value。

此外，上述代码中的 rdd1.reduceByKey((x,y)=>x+y)可以简化为以下代码：

```
rdd1.reduceByKey(_+_)
```

整个运行过程如图 3-4 所示。

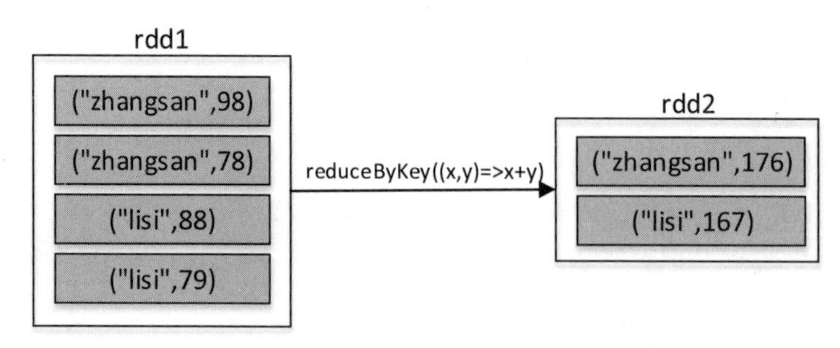

图 3-4　reduceByKey()算子的运行过程

5. groupByKey()算子

groupByKey()算子的作用对象是元素为(key,value)形式（Scala 元组）的 RDD，使用该算子可以将 key 相同的元素聚集到一起，最终把所有 key 相同的元素合并成为一个元素。该元素的 key 不变，value 则聚集到一个集合中。

仍然以上述求学生 zhangsan 和 lisi 的总成绩为例，使用 groupByKey()算子的代码如下：

```
scala> val list=List(("zhangsan",98),("zhangsan",78),("lisi",88),("lisi",79))
scala> val rdd1=sc.parallelize(list)
scala> val rdd2=rdd1.groupByKey()
rdd2: org.apache.spark.rdd.RDD[(String, Iterable[Int])] = ShuffledRDD[1]

scala> rdd2.map(x => (x._1,x._2.sum)).collect
res0: Array[(String, Int)] = Array((zhangsan,176), (lisi,167))
```

从上述代码可以看出，groupByKey()相当于 reduceByKey()算子的一部分。首先使用 groupByKey()算子对 RDD 数据进行分组后，返回了元素类型为(String, Iterable[Int])的 RDD，然后对该 RDD 使用 map()算子进行函数操作，对成绩集合进行求和。

整个运行过程如图 3-5 所示。

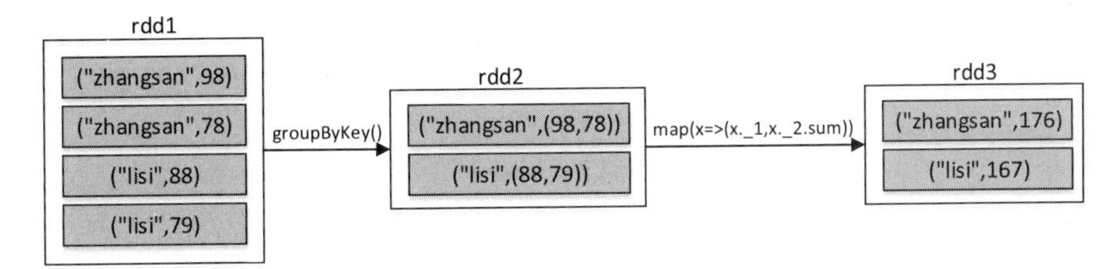

图 3-5 groupByKey()算子的运行过程

6. union()算子

union()算子将两个 RDD 合并为一个新的 RDD，主要用于对不同的数据来源进行合并，两个 RDD 中的数据类型要保持一致。

例如以下代码，通过集合创建了两个 RDD，然后将两个 RDD 合并成了一个 RDD：

```
scala> val rdd1=sc.parallelize(Array(1,2,3))
rdd1: org.apache.spark.rdd.RDD[Int] = ParallelCollectionRDD[1]

scala> val rdd2=sc.parallelize(Array(4,5,6))
rdd2: org.apache.spark.rdd.RDD[Int] = ParallelCollectionRDD[2]

scala> val rdd3=rdd1.union(rdd2)
rdd3: org.apache.spark.rdd.RDD[Int] = UnionRDD[3]

scala> rdd3.collect
res8: Array[Int] = Array(1, 2, 3, 4, 5, 6)
```

7. sortBy()算子

sortBy()算子将 RDD 中的元素按照某个规则进行排序。该算子的第一个参数为排序函数，第二个参数是一个布尔值，指定升序（默认）或降序。若需要降序排列，则需将第二个参数置为 false。

例如，一个数组中存放了三个元组，将该数组转为 RDD 集合，然后对该 RDD 按照每个元素中的第二个值进行降序排列，代码如下：

```
scala> val rdd1=sc.parallelize(Array(("hadoop",12),("java",32),("spark",22)))
scala> val rdd2=rdd1.sortBy(x=>x._2,false)
scala> rdd2.collect
res2: Array[(String, Int)] = Array((java,32),(spark,22),(hadoop,12))
```

上述代码 sortBy(x=>x._2,false)中的 x 代表 rdd1 中的每个元素。由于 rdd1 的每个元素是一个元组，因此使用 x._2 取得每个元素的第二个值。当然，sortBy(x=>x._2,false)也可以直接简化为 sortBy(_._2,false)。

8. sortByKey()算子

sortByKey()算子将(key,value)形式的 RDD 按照 key 进行排序。默认升序，若需降序排列，则可以传入参数 false，代码如下：

```
rdd.sortByKey(false)
```

9. join()算子

join()算子将两个(key,value)形式的 RDD 根据 key 进行连接操作，相当于数据库的内连接（Inner Join），只返回两个 RDD 都匹配的内容。例如，将 rdd1 和 rdd2 进行内连接，代码如下：

```
scala> val arr1=
Array(("A","a1"),("B","b1"),("C","c1"),("D","d1"),("E","e1")
scala> val rdd1 = sc.parallelize(arr1))
rdd1: org.apache.spark.rdd.RDD[(String, String)] = ParallelCollectionRDD[0]

scala> val arr2=
Array(("A","A1"),("B","B1"),("C","C1"),("C","C2"),("C","C3"),("E","E1"))
scala> val rdd2 = sc.parallelize(arr2)
rdd2: org.apache.spark.rdd.RDD[(String, String)] = ParallelCollectionRDD[1]

scala> rdd1.join(rdd2).collect
res0: Array[(String, (String, String))] = Array((B,(b1,B1)), (A,(a1,A1)),
(C,(c1,C1)), (C,(c1,C2)), (C,(c1,C3)), (E,(e1,E1)))

scala> rdd2.join(rdd1).collect
res1: Array[(String, (String, String))] = Array((B,(B1,b1)), (A,(A1,a1)),
(C,(C1,c1)), (C,(C2,c1)), (C,(C3,c1)), (E,(E1,e1)))
```

上述代码使用 join()算子的运行过程如图 3-6 所示。

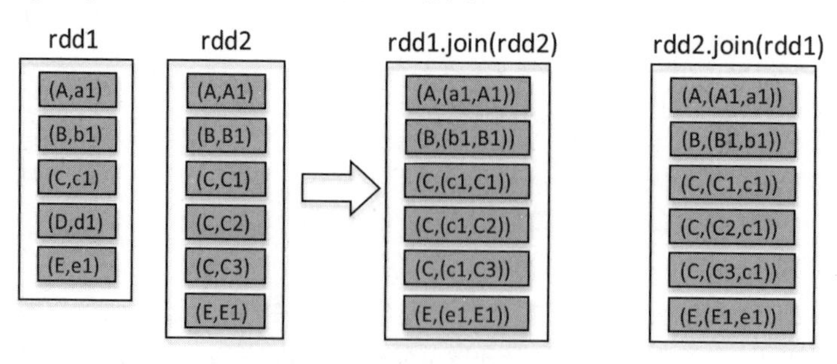

图 3-6　join()算子的运行过程

除了内连接 join()算子外，RDD 也支持左外连接 leftOuterJoin()算子、右外连接 rightOuterJoin()算子、全外连接 fullOuterJoin()算子。

leftOuterJoin()算子与数据库的左外连接类似，以左边的RDD为基准（例如rdd1.leftOuterJoin(rdd2)，以 rdd1 为基准），左边 RDD 的记录一定会存在。例如，rdd1 的元素以(k, v)表示，rdd2 的元素以(k, w)表示，进行左外连接时将以 rdd1 为基准，rdd2 与 rdd1 中的 k 相同的元素将连接到一起，生成的结果的形式为(k,(v,Some(w))。rdd1 中其余的元素仍然是结果的一部分，元素形式为(k,(v,None))。Some 和 None 都属于 Option 类型，Option 类型用于表示一个值是可选的（有值或无值）情况。若确定有值，则使用 Some（值）表示该值；若确定无值，则使用 None 表示该值。

对上述 rdd1 和 rdd2 进行左外连接，代码如下：

```
    scala> rdd1.leftOuterJoin(rdd2).collect
    res2: Array[(String, (String, Option[String]))] = Array((B,(b1,Some(B1))),
(D,(d1,None)), (A,(a1,Some(A1))), (C,(c1,Some(C1))), (C,(c1,Some(C2))),
(C,(c1,Some(C3))), (E,(e1,Some(E1))))

    scala> rdd2.leftOuterJoin(rdd1).collect
    res3: Array[(String, (String, Option[String]))] = Array((B,(B1,Some(b1))),
(A,(A1,Some(a1))), (C,(C1,Some(c1))), (C,(C2,Some(c1))), (C,(C3,Some(c1))),
(E,(E1,Some(e1))))
```

上述代码使用 leftOuterJoin()算子的运行过程如图 3-7 所示。

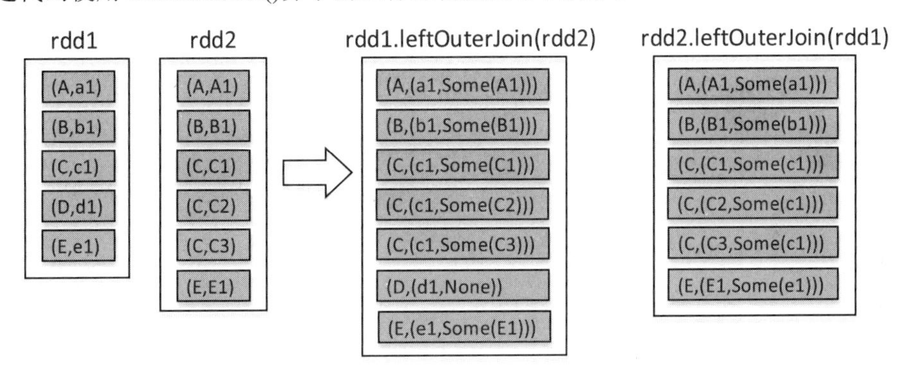

图 3-7　leftOuterJoin()算子的运行过程

rightOuterJoin()算子的使用方法与 leftOuterJoin()算子相反，其与数据库的右外连接类似，以右边的 RDD 为基准（例如 rdd1.rightOuterJoin(rdd2)，以 rdd2 为基准），右边 RDD 的记录一定会存在。

fullOuterJoin()算子与数据库的全外连接类似，相当于对两个 RDD 取并集，两个 RDD 的记录都会存在。

对上述 rdd1 和 rdd2 进行全外连接，代码如下：

```
    scala> rdd1.fullOuterJoin(rdd2).collect
    res4: Array[(String, (Option[String], Option[String]))] =
Array((B,(Some(b1),Some(B1))), (D,(Some(d1),None)), (A,(Some(a1),Some(A1))),
(C,(Some(c1),Some(C1))), (C,(Some(c1),Some(C2))), (C,(Some(c1),Some(C3))),
(E,(Some(e1),Some(E1))))

    scala> rdd2.fullOuterJoin(rdd1).collect
    res5: Array[(String, (Option[String], Option[String]))] =
Array((B,(Some(B1),Some(b1))), (D,(None,Some(d1))), (A,(Some(A1),Some(a1))),
```

```
(C,(Some(C2),Some(c1))), (C,(Some(C3),Some(c1))), (C,(Some(C1),Some(c1))),
(E,(Some(E1),Some(e1))))
```

上述代码使用 fullOuterJoin()算子的运行过程如图 3-8 所示。

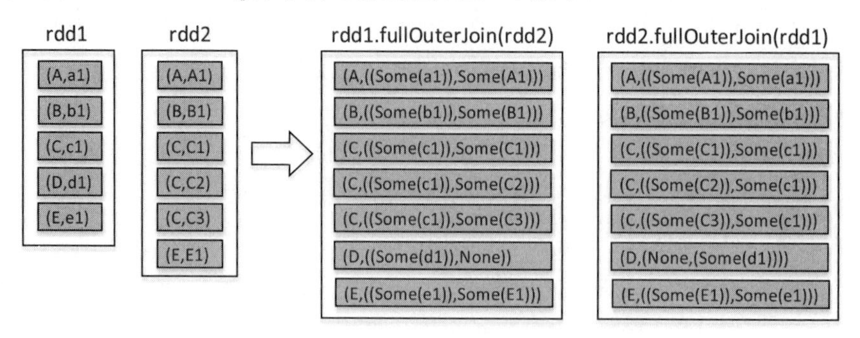

图 3-8　fullOuterJoin()算子的运行过程

10. intersection()算子

intersection()算子对两个 RDD 进行取交集操作，返回一个新的 RDD，代码如下：

```
scala> val rdd1 = sc.parallelize(1 to 5)
rdd1: org.apache.spark.rdd.RDD[Int] = ParallelCollectionRDD[20]

scala> val rdd2 = sc.parallelize(3 to 7)
rdd2: org.apache.spark.rdd.RDD[Int] = ParallelCollectionRDD[21]

scala> rdd1.intersection(rdd2).collect
res6: Array[Int] = Array(4, 3, 5)
```

11. distinct()算子

distinct()算子对 RDD 中的数据进行去重操作，返回一个新的 RDD，代码如下：

```
scala> val rdd = sc.parallelize(List(1,2,3,3,4,2,1))
rdd: org.apache.spark.rdd.RDD[Int] = ParallelCollectionRDD[28]

scala> rdd.distinct.collect
res7: Array[Int] = Array(4, 2, 1, 3)
```

12. cogroup()算子

cogroup()算子对两个(key,value)形式的 RDD 根据 key 进行组合，相当于根据 key 进行取并集操作。例如，rdd1 的元素以(k, v)表示，rdd2 的元素以(k, w)表示，执行 rdd1.cogroup(rdd2)生成的结果形式为(k, (Iterable<v>, Iterable<w>))，代码如下：

```
scala> val rdd1 = sc.parallelize(Array((1,"a"),(1,"b"),(3,"c")))
rdd1: org.apache.spark.rdd.RDD[(Int, String)] = ParallelCollectionRDD[32]

scala> val rdd2 = sc.parallelize(Array((2,"d"),(3,"e"),(3,"f")))
rdd2: org.apache.spark.rdd.RDD[(Int, String)] = ParallelCollectionRDD[33]

scala> rdd1.cogroup(rdd2).collect
res8: Array[(Int, (Iterable[String], Iterable[String]))] = Array((2,
(CompactBuffer(),CompactBuffer(d))), (1,(CompactBuffer(b, a),CompactBuffer())),
(3,(CompactBuffer(c),CompactBuffer(e, f))))
```

3.3.2　行动算子

Spark 中的转化算子并不会马上进行运算，而是在遇到行动算子时才会执行相应的语句，触发 Spark 的任务调度。Spark 常用的行动算子及其介绍如表 3-1 所示。

表 3-1　Spark 常用的行动算子及其介绍

行动算子	介　　绍
reduce(func)	将RDD中的元素进行聚合计算，func为传入的聚合函数
collect()	向Driver以数组形式返回数据集的所有元素。通常对于过滤操作或其他返回足够小的数据子集的操作非常有用
count()	返回数据集中元素的数量
first()	返回数据集中第一个元素
take(n)	返回包含数据集前n个元素组成的数组
takeOrdered(n, [ordering])	返回RDD中的前n个元素，并以自然顺序或自定义的比较器顺序进行排序
saveAsTextFile(path)	将数据集中的元素持久化为一个或一组文本文件，并将文件存储在本地文件系统、HDFS或其他Hadoop支持的文件系统的指定目录中。Spark会对每个元素调用toString()方法，将每个元素转化为文本文件中的一行
saveAsSequenceFile(path)	将数据集中的元素持久化为一个Hadoop SequenceFile文件，并将文件存储在本地文件系统、HDFS或其他Hadoop支持的文件系统的指定目录中。实现了Hadoop Writable接口的键值对形式的RDD可以使用该操作
saveAsObjectFile(path)	将数据集中的元素序列化成对象，存储到文件中。然后可以使用SparkContext.objectFile()对该文件进行加载
countByKey()	统计RDD中key相同的元素的数量，仅元素类型为键值对(key,value)的RDD可用，返回的结果类型为Map
foreach(func)	对RDD中的每一个元素运行给定的函数func

下面对其中的几个行动算子进行实例讲解。

1. reduce()算子

将数字 1~100 所组成的集合转为 RDD，然后对该 RDD 使用 reduce()算子进行计算，统计 RDD 中所有元素值的总和，代码如下：

```
scala> val rdd1 = sc.parallelize(1 to 100)
rdd1: org.apache.spark.rdd.RDD[Int] = ParallelCollectionRDD[1]

scala> rdd1.reduce(_+_)
res2: Int = 5050
```

上述代码中的下划线“_”代表 RDD 中的元素。

2. count()算子

统计 RDD 集合中元素的数量，代码如下：

```
scala> val rdd1 = sc.parallelize(1 to 100)
scala> rdd1.count
res3: Long = 100
```

3. countByKey()算子

List 集合中存储的是键值对形式的元组，使用该 List 集合创建一个 RDD，然后对其使用 countByKey()算子进行计算，代码如下：

```
scala> val rdd1 = sc.parallelize(List(("zhang",87),("zhang",79),("li",90)))
rdd1: org.apache.spark.rdd.RDD[(String, Int)] = ParallelCollectionRDD[1]

scala> rdd1.countByKey
res1: scala.collection.Map[String,Long] = Map(zhang -> 2, li -> 1)
```

4. take(n)算子

返回集合中前 5 个元素组成的数组，代码如下：

```
scala> val rdd1 = sc.parallelize(1 to 100)
scala> rdd1.take(5)
res4: Array[Int] = Array(1, 2, 3, 4, 5)
```

3.4　RDD 的分区

我们知道，RDD 是一个大的数据集合，该集合被划分成多个子集合并分布到不同的节点上，而每一个子集合就称为分区（Partition）。因此，也可以说，RDD 是由若干个分区组成的。RDD 与分区的关系如图 3-9 所示。

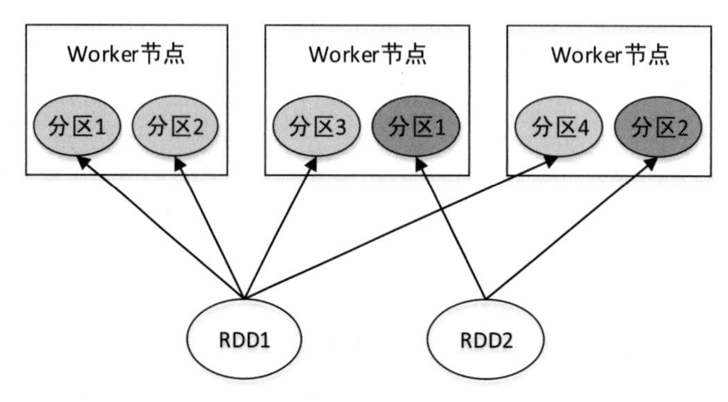

图 3-9　RDD 与分区的关系

3.4.1　分区数量

RDD 各个分区中的数据可以并行计算，因此分区的数量决定了并行计算的粒度。Spark 会给每一个分区分配一个单独的 Task 任务对其进行计算，因此并行 Task 的数量是由分区的数量决定的。RDD 分区的原则是，使得分区的数量尽量等于集群中 CPU 核心的数量。

RDD 的创建有两种方式：一种是使用 parallelize()方法从对象集合创建；另一种是使用 textFile()方法从外部存储系统创建。RDD 分区的数量与 RDD 的创建方式以及 Spark 集群的运行模式有关。下面分别进行讲解。

1. 使用 parallelize()方法创建 RDD 时的分区数量

（1）指定分区数量

使用 parallelize()方法创建 RDD 时，可以传入第二个参数，指定分区数量。例如指定分区数量为 3，代码如下：

```
scala> val rdd=sc.parallelize(1 to 100,3)
rdd: org.apache.spark.rdd.RDD[Int] = ParallelCollectionRDD[0]

scala> rdd.getNumPartitions
res0: Int = 3
```

分区的数量应尽量等于集群中所有 CPU 的核心总数，以便可以最大程度发挥 CPU 的性能。

（2）默认分区数量

若不指定分区数量，则默认分区数量为 Spark 配置文件 spark-defaults.conf 中的参数 spark.default.parallelism 的值。若没有配置该参数，则 Spark 会根据集群的运行模式自动确定分区数量。如果是本地模式，默认分区数量等于本机 CPU 核心总数，这样每个 CPU 核心处理一个分区的计算任务，可以最大程度发挥 CPU 的性能；如果是 Spark Standalone 或 Spark On YARN 模式，默认分区数量取集群中所有 CPU 的核心总数与 2 中的较大值，即最少分区数为 2。

（3）分区源码解析

parallelize()方法位于 SparkContext 类中，源码如下：

```
/** 将一个本地 Scala 集合转为 RDD
 * @param seq Scala 集合
 * @param numSlices 集合的分区数量
 * @return RDD
 */
def parallelize[T: ClassTag](
    seq: Seq[T],
    numSlices: Int = defaultParallelism): RDD[T] = withScope {
  assertNotStopped()
  new ParallelCollectionRDD[T](this, seq, numSlices, Map[Int, Seq[String]]())
}
```

上述代码中的 numSlices 参数为指定的分区数量，该参数有一个默认值 defaultParallelism，defaultParallelism 是一个在 SparkContext 类中定义的无参方法，该方法源码如下：

```
/**默认并行度，即默认分区数量*/
def defaultParallelism: Int = {
  assertNotStopped()
  taskScheduler.defaultParallelism
}
```

上述代码中的 taskScheduler 的类型为特质 TaskScheduler，通过调用该特质的 defaultParallelism 方法取得默认分区数量，而类 TaskSchedulerImpl 继承了特质 TaskScheduler 并实现了 defaultParallelism 方法。类 TaskSchedulerImpl 中的 defaultParallelism 方法的源码如下：

```
override def defaultParallelism(): Int = backend.defaultParallelism()
```

上述代码中的 backend 的类型为特质 SchedulerBackend，通过调用该特质的 defaultParallelism()

方法取得默认分区数量，特质 SchedulerBackend 主要用于申请资源和对 Task 任务的执行和管理；而类 LocalSchedulerBackend 和类 CoarseGrainedSchedulerBackend 则继承了特质 SchedulerBackend 并分别实现了其中的 defaultParallelism()方法。

类 LocalSchedulerBackend 用于 Spark 的本地运行模式（Executor 和 Master 等在同一个 JVM 中运行），其调用顺序在 TaskSchedulerImpl 类之后；类 CoarseGrainedSchedulerBackend 则用于 Spark 的集群运行模式。

类 LocalSchedulerBackend 中的 defaultParallelism()方法的源码如下：

```
override def defaultParallelism(): Int =
  scheduler.conf.getInt("spark.default.parallelism", totalCores)
```

上述代码中的字符串 spark.default.parallelism 为 Spark 配置文件 spark-defaults.conf 中的参数 spark.default.parallelism；totalCores 为本机 CPU 核心总数。

类 CoarseGrainedSchedulerBackend 中的 defaultParallelism()方法的源码如下：

```
override def defaultParallelism(): Int = {
 conf.getInt("spark.default.parallelism", math.max(totalCoreCount.get(), 2))
}
```

上述代码中，math.max(totalCoreCount.get(), 2)表示取集群中所有 CPU 核心总数与 2 两者中的较大值。

2. 使用 textFile()方法创建 RDD 时的分区数量

textFile()方法通常用于读取 HDFS 中的文本文件，使用该方法创建 RDD 时，Spark 会对文件进行分片操作（类似于 MapReduce 的分片，实际上调用的是 MapReduce 的分片接口），分片操作完成后，每个分区将存储一个分片（InputSplit）的数据，因此分区的数量等于分片的数量。Spark 分片与分区的关系如图 3-10 所示。

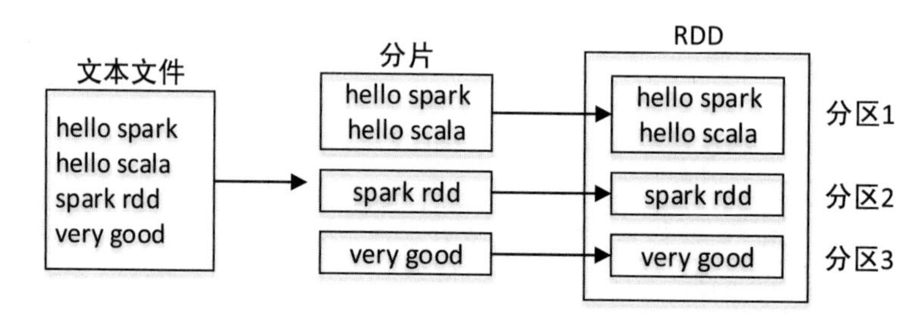

图 3-10　Spark 分片与分区的关系

（1）指定最小分区数量

使用 textFile()方法创建 RDD 时，可以传入第二个参数指定最小分区数量。最小分区数量只是期望的数量，Spark 会根据实际文件大小、文件块（Block）大小等情况确定最终分区数量。例如，在 HDFS 中有一个文件 file.txt，读取该文件，并指定最小分区数量为 10，代码如下：

```
scala> val rdd=sc.textFile("hdfs://centos01:9000/file.txt",10)
rdd: org.apache.spark.rdd.RDD[String] = hdfs://centos01:9000/file.txt

scala> rdd.getNumPartitions
res3: Int = 10
```

（2）默认最小分区数量

若不指定最小分区数量，则 Spark 将采用默认规则计算默认最小分区数量。

textFile()方法位于 SparkContext 类中，源码如下：

```
/**
 * 从 HDFS、本地文件系统或任何 Hadoop 支持的文件系统读取文本文件
 * @param path 文本文件的路径
 * @param minPartitions 为生成的 RDD 建议的最小分区数
 * @return RDD
 */
def textFile(
    path: String,
    minPartitions: Int = defaultMinPartitions): RDD[String] = withScope {
  assertNotStopped()
  hadoopFile(path, classOf[TextInputFormat], classOf[LongWritable],
    classOf[Text],minPartitions).map(pair => pair._2.toString).setName(path)
}
```

上述代码中的 minPartitions 参数为期望的最小分区数量，该参数有一个默认值 defaultMinPartitions，defaultMinPartitions 是一个在 SparkContext 类中定义的无参方法，该方法源码如下：

```
/**
 * Hadoop RDD 的默认最小分区数
 * 使用 math.min 保证默认最小分区数不能大于 2
 */
def defaultMinPartitions: Int = math.min(defaultParallelism, 2)
```

从上述代码中可以看出，默认最小分区数取默认并行度与 2 中的较小值；而默认并行度则是 parallelize()方法的默认分区数。

（3）默认实际分区数量

最小分区数量确定后，Spark 接下来将计算实际分区数量。

查看 textFile()方法的源码可知，textFile()方法最后调用了一个 hadoopFile()方法，并对该方法的结果执行了 map()算子。hadoopFile()方法的源码如下：

```
/** 从 Hadoop 文件中获取数据并生成 RDD
 *
 * @param path 输入数据文件的路径，多个路径使用逗号分隔
 * @param inputFormatClass 要读取的数据的存储格式
 * @param keyClass 与'inputFormatClass'关联的 key 类
 * @param valueClass 与'inputFormatClass'关联的 value 类
 * @param minPartitions 最小分区数量
 * @return RDD[(K, V)]形式的 RDD
 */
def hadoopFile[K, V](
    path: String,
    inputFormatClass: Class[_ <: InputFormat[K, V]],
    keyClass: Class[K],
    valueClass: Class[V],
    minPartitions: Int = defaultMinPartitions): RDD[(K, V)] = withScope {
  assertNotStopped()
```

```
  //加载 Hadoop 配置文件 hdfs-site.xml
  FileSystem.getLocal(hadoopConfiguration)
  //一个 Hadoop 配置文件大约是 10KB，这是相当大的，因此使用广播变量（3.8.1 节将详细讲解）
  val confBroadcast = broadcast(new
    SerializableConfiguration(hadoopConfiguration))
  val setInputPathsFunc = (jobConf: JobConf) =>
     FileInputFormat.setInputPaths(jobConf, path)
  new HadoopRDD(
    this,
    confBroadcast,
    Some(setInputPathsFunc),
    inputFormatClass,
    keyClass,
    valueClass,
    minPartitions).setName(path)
}
```

从上述代码可以看出，最终返回一个 HadoopRDD 对象。HadoopRDD 类的部分源码如下：

```
/**
 *一种 RDD，提供读取 Hadoop 相关系统（例如 HDFS、HBase）中的数据的功能
 *
 * @param sc SparkContext 实例
 * @param broadcastedConf 一个通用的 Hadoop 配置类或其子类的实例。若该类中的变量引用了
 * JobConf 的实例，则该 JobConf 将用于 Hadoop 作业；否则，将使用所包含的配置在每个从节点上
 * 创建一个新的 JobConf
 * @param initLocalJobConfFuncOpt 可选闭包，用于初始化 HadoopRDD 创建的任何 JobConf
 * @param inputFormatClass 要读取的数据的存储格式
 * @param keyClass 与 inputFormatClass 关联的 key 类
 * @param valueClass 与 inputFormatClass 关联的 value 类
 * @param minPartitions 要生成的 HadoopRDD 的最小分区数量
 *
 * @note 不建议直接实例化该类，可以使用'org.apache.spark.SparkContext.hadoopRDD()'
 * 方法得到一个 HadoopRDD
 */
@DeveloperApi
class HadoopRDD[K, V](
    sc: SparkContext,
    broadcastedConf: Broadcast[SerializableConfiguration],
    initLocalJobConfFuncOpt: Option[JobConf => Unit],
    inputFormatClass: Class[_ <: InputFormat[K, V]],
    keyClass: Class[K],
    valueClass: Class[V],
    minPartitions: Int)
  extends RDD[(K, V)](sc, Nil) with Logging {
...
  /**
   * 得到实际分区数量
   */
  override def getPartitions: Array[Partition] = { ❶
    val jobConf = getJobConf()
    //向作业中添加用户凭据，可以在 SparkContext 初始化之前被调用
```

```
  SparkHadoopUtil.get.addCredentials(jobConf)
  try {
    //获取所有输入分片
    val allInputSplits = getInputFormat(jobConf).getSplits(jobConf,❷
      minPartitions)
    val inputSplits = if (ignoreEmptySplits) {
      allInputSplits.filter(_.getLength > 0)
    } else {
      allInputSplits
    }
    //新建一个数组，数组元素的类型为 Partition，数组长度为输入分片的数量
    val array = new Array[Partition](inputSplits.size)❸
    for (i <- 0 until inputSplits.size) {
      array(i) = new HadoopPartition(id, i, inputSplits(i))❹
    }
    array
  } catch {
    case e: InvalidInputException if ignoreMissingFiles =>
      logWarning(s"${jobConf.get(FileInputFormat.INPUT_DIR)} doesn't exist and
          no" + s" partitions returned from this path.", e)
      Array.empty[Partition]
  }
}
```

上述代码解析如下：

❶ HadoopRDD 类中的 getPartitions()方法的功能是获取实际分区数量。

❷ 通过调用 getInputFormat()方法得到 InputFormat 的实例，然后调用该实例的 getSplits()方法获得输入数据的所有分片，getSplits()方法是决定最终分区数量的关键，该方法的第二个参数即为 RDD 的最小分区数量。InputFormat 是 MapReduce 提供的一个接口，位于包 org.apache.hadoop.mapred 中，该接口为 MapReduce 作业定义了输入规范。针对不同的输入文件格式，InputFormat 有不同的实现类，例如 DBInputFormat、OrcInputFormat、TextInputFormat 等。其中，getSplits()方法的实现位于抽象类 FileInputFormat 中。

❸、❹ 将所有分区存入数组中，每一个分区存储一个分片的数据，因此分区的数量等于分片的数量。分片中存储的是当前分片总字节数和一个记录分片位置的数组，并非实际数据。分区是 Spark 提供的一个特质，用于标识 RDD 的分区。分区针对不同的数据源有不同的实现类，例如 JDBCPartition、HadoopPartition 等。此处使用的实现类为 HadoopPartition。

抽象类 FileInputFormat 中实现的 getSplits()方法的源码如下：

```
public InputSplit[] getSplits(JobConf job, int numSplits) ❶
    throws IOException {
    //一个计时类，以纳秒为单位记录一个任务或一段代码的执行时间
    Stopwatch sw = new Stopwatch().start();          //开始计时
    FileStatus[] files = listStatus(job);

    //保存输入文件的数量
    job.setLong(NUM_INPUT_FILES, files.length);
    long totalSize = 0;                              //文件总大小
    for (FileStatus file: files) {                   //检查验证文件
```

```
    if (file.isDirectory()) {
      throw new IOException("Not a file: "+ file.getPath());
    }
    totalSize += file.getLen();
  }
  //期望分片大小（根据用户设置的期望分片数量计算期望分片大小）
  long goalSize = totalSize / (numSplits == 0 ? 1 : numSplits);❷
  //最小分片大小，默认 minSize 为 1B
  long minSize = Math.max(job.getLong(org.apache.hadoop.mapreduce.lib.input.
    FileInputFormat.SPLIT_MINSIZE, 1), minSplitSize);

  //生成分片
  ArrayList<FileSplit> splits = new ArrayList<FileSplit>(numSplits);
  NetworkTopology clusterMap = new NetworkTopology();
  for (FileStatus file: files) {
    Path path = file.getPath();
    long length = file.getLen();
    if (length != 0) {
      FileSystem fs = path.getFileSystem(job);
      BlockLocation[] blkLocations;
      if (file instanceof LocatedFileStatus) {
        blkLocations = ((LocatedFileStatus) file).getBlockLocations();
      } else {
        blkLocations = fs.getFileBlockLocations(file, 0, length);
      }
      //判断文件是否可分片，通常为 true，但如果是压缩文件、音视频文件则不支持分片
      if (isSplitable(fs, path)) {
        //文件块大小，默认为 128MB
        long blockSize = file.getBlockSize();
        //计算实际文件分片大小
        long splitSize = computeSplitSize(goalSize, minSize, blockSize);❸
        //剩余未分片的字节数
        long bytesRemaining = length;//从整个文件长度开始
        //如果未分片字节数/分片大小>1.1（常量 SPLIT_SLOP 值为 1.1），就进行分片
        while (((double) bytesRemaining)/splitSize > SPLIT_SLOP) {
          String[][] splitHosts = getSplitHostsAndCachedHosts(blkLocations,
              length-bytesRemaining, splitSize, clusterMap);
          splits.add(makeSplit(path, length-bytesRemaining, splitSize,
              splitHosts[0], splitHosts[1]));
          bytesRemaining -= splitSize;
        }
        //如果剩余未分片的字节数不等于 0，就将该剩余部分单独作为一个分片
        if (bytesRemaining != 0) {
          String[][] splitHosts = getSplitHostsAndCachedHosts(blkLocations,
              length - bytesRemaining, bytesRemaining, clusterMap);
          splits.add(makeSplit(path, length - bytesRemaining, bytesRemaining,
              splitHosts[0], splitHosts[1]));
        }
      } else {//对于不可分片的文件，将整个文件作为一个分片
        String[][] splitHosts =
            getSplitHostsAndCachedHosts(blkLocations,0,length,clusterMap);
```

```
            splits.add(makeSplit(path, 0, length, splitHosts[0], splitHosts[1]));
          }
        } else {
          //为 0 长度的文件创建一个 0 长度的分片
          splits.add(makeSplit(path, 0, length, new String[0]));
        }
      }
      sw.stop();          //停止计时
      if (LOG.isDebugEnabled()) {
        LOG.debug("Total # of splits generated by getSplits: " + splits.size()
          + ", TimeTaken: " + sw.elapsedMillis());//日志记录分片数量和分片所用时间
      }
      //返回分片数组
      return splits.toArray(new FileSplit[splits.size()]);
    }
    /**
     * 计算实际分片大小
     */
    protected long computeSplitSize(long goalSize, long minSize,long blockSize) {
      return Math.max(minSize, Math.min(goalSize, blockSize));❹
    }
```

上述代码解析如下：

❶ HadoopRDD 类中调用了 MapReduce 抽象类 FileInputFormat 中的 getSplits()方法获取最终分片信息，因此分片规则与 MapReduce 的分片规则相同。该方法的参数 numSplits 为期望的分片数量（实际分片数量不一定等于期望分片数量，但期望分片数量可以影响实际分片数量），在 MapReduce 中传入的是用户设置的 Map 任务的数量，而在 Spark 中传入的是最小分区数量。

❷ 根据期望分片数量（numSplits，即最小分区数量）计算期望分片大小（goalSize）。

❸、❹ 计算实际分片大小（splitSize）。splitSize 最终决定了分片的数量。splitSize 由 3 个因素决定：最小分片大小（minSize）、期望分片大小、分块大小（blockSize）。其中，minSize 默认为 1B，blockSize 默认为 128MB（在 Hadoop 2.x 中，HDFS 默认分块大小为 128MB），根据计算公式：

```
Math.max(minSize, Math.min(goalSize, blockSize))
```

可知，若 goalSize≥128MB，则 splitSize 等于 128MB；若 goalSize<128MB，则 splitSize 等于 goalSize。

假如 HDFS 中有一个 500MB 的文件，Spark 配置文件中没有对分区做任何设置，且集群 CPU 核心总数≥2，则默认最小分区数量为 2。现要计算使用 textFile()方法读取该文件时生成的 RDD 的默认分区数量，根据计算公式：

```
long goalSize = totalSize / (numSplits == 0 ? 1 : numSplits);
```

可知，goalSize=500/2=250MB；根据计算公式：

```
Math.max(minSize, Math.min(goalSize, blockSize));
```

可知，splitSize= Math.max(1B, Math.min(250MB, 128MB))=128MB；根据分片规则：

```
//文件剩余大小是否满足分片规则
while (((double) bytesRemaining)/splitSize > SPLIT_SLOP) {
  //分片操作
}
```

可知，第一次分片条件为：500MB/128MB=3.9>1.1，可进行分片。

第二次分片条件为：(500MB–128MB)/128MB=2.9>1.1，可进行分片。

第三次分片条件为：(500MB–128MB–128MB)/128MB=1.9>1.1，可进行分片。

第四次分片条件为：(500MB–128MB–128MB–128MB)/128MB=0.9<1.1，不可进行分片，取当前文件剩余部分作为一个分片。因此，该文件一共分为 4 个分片，每个分片分别为 128MB、128MB、128MB、116MB，生成 RDD 后将对应 4 个分区。

- 假如有一个 150MB 的文件，根据上述计算公式可知:

goalSize=258MB/2=129MB。
splitSize= Math.max(1B, Math.min(129MB, 128MB))=128MB。

第一次分片条件为：258MB/128MB=2.0>1.1，可进行分片。

第二次分片条件为：(258MB–128MB)/128MB=1.01<1.1，不可进行分片，取当前剩余部分作为一个分片。因此，该文件一共分为两个分片，每个分片分别为 128MB、130MB。

- 假如有一个 20MB 的文件，根据上述计算公式可知:

goalSize=20MB/2=10M。
splitSize= Math.max(1B, Math.min(10MB, 128MB))=10MB

因此，该文件的分片数量为 2，每个分片为 10MB，生成 RDD 后将对应两个分区。

注意 在 MapReduce 中，每个分片对应一个 Map 任务，多个 Map 任务以完全并行的方式处理；而在 Spark 中，每个分片对应一个分区，每个分区对应一个 Task 任务，多个 Task 任务以完全并行的方式处理。

3.4.2 自定义分区器

Spark RDD 的 Shuffle 过程与 MapReduce 类似，涉及数据重组和重新分区，且要求 RDD 的元素必须是(key,value)形式的。分区规则是由分区器（Partitioner）控制的，Spark 的主要分区器是 HashPartitioner 和 RangePartitioner，都继承了抽象类 Partitioner，如图 3-11 所示。

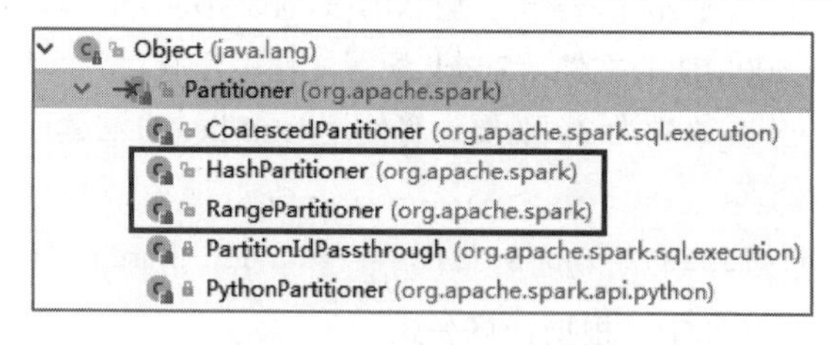

图 3-11 分区器的继承关系

抽象类 Partitioner 中有两个方法，分别用于指定分区数量和设置分区规则，源码如下：

```
/**
  * 定义(key,value)对形式的 RDD 中的元素如何按 key 进行分区
  * Spark 会将每个 key 映射到分区 ID，分区 ID 的值从 0 到“分区数量 - 1”
  * 相同的 key 必须对应同一个分区 ID
```

```
 */
abstract class Partitioner extends Serializable {
  /**
   * 指定分区数量
   * @return 分区数量
   */
  def numPartitions: Int
  /**
   * 根据 key 得到该 key 对应的分区 ID
   * @param key (key,value)对中的 key 值
   * @return 0 到“分区数量 - 1”的分区 ID
   */
  def getPartition(key: Any): Int
}
```

HashPartitioner 是 Spark 使用的默认分区器，其分区规则为：取(key,value)对中 key 的 hashCode 值，然后除以分区数量后取余数。若余数小于 0（一般余数都大于等于 0），则用余数与分区数量的和作为分区 ID，否则将余数作为分区 ID。分区 ID 一致的(key,value)对则会被分配到同一个分区。因此，默认情况下，key 值相同的(key,value)对一定属于同一个分区，但是同一个分区中可能有多个 key 值不同的(key,value)对。该分区器还支持 key 值为 null 的情况，当 key 值等于 null 时，将直接返回 0 作为分区 ID。

HashPartitioner 分区器中，对 key 取 hashCode 值实际上调用的是 Java 类 Object 中的 hashCode()方法。由于 Java 数组的 hashCode 值基于的是数组标识，而不是数组内容，因此具有相同内容的数组的 hashCode 值不同。如果将数组作为 RDD 的 key，就可能导致内容相同的 key 不能分配到同一个分区中。这个时候可以将数组转为集合，或者使用自定义分区器，根据数组内容进行分区。

分区器 HashPartitioner 的部分源码如下：

```
class HashPartitioner(partitions: Int) extends Partitioner {
  //实现设置分区数量方法
  def numPartitions: Int = partitions
  //实现分区规则方法，返回分区 ID
  def getPartition(key: Any): Int = key match {
    case null => 0
    //计算分区 ID
    case _ => Utils.nonNegativeMod(key.hashCode, numPartitions)
  }
}
```

上述代码中的方法 nonNegativeMod()的源码如下：

```
/*
 * 计算 x 模 mod，考虑到 x 的符号，即如果 x 是负数
 * 那么 x%mod 也是负数，在这种情况下，函数返回(x % mod) + mod
 * @param x key 的 hashCode 值
 * @param mod 分区数量
 */
def nonNegativeMod(x: Int, mod: Int): Int = {
  val rawMod = x % mod//取余数
  rawMod + (if (rawMod < 0) mod else 0)
}
```

在有些情况下，使用 Spark 自带的分区器满足不了特定的需求。例如，某学生有以下 3 科成绩数据：

```
chinese,98
math,88
english,96
```

现需要将每一科成绩单独分配到一个分区中，然后将 3 科成绩输出到 HDFS 的指定目录（每个分区对应一个结果文件），此时就需要对数据进行自定义分区，步骤如下：

步骤 01 新建自定义分区器。新建分区器类 MyPartitioner 并继承抽象类 Partitioner，实现其中未实现的方法，代码如下：

```
/**
  * 自定义分区类（分区器）
  * @param partitions 分区数量，此处分区数量没有使用，传任意值即可
  */
class MyPartitioner(partitions: Int) extends Partitioner{
   /**
     * 取得分区数量
     * @return 分区数量
     */
   override def numPartitions: Int = partitions
   /**
     * 根据 key 取得分区 ID
     */
   override def getPartition(key: Any): Int = {
      val project=key.toString
      if(project.equals("chinese")){          //将 key 值为 chinese 的数据分到 0 号分区
         0
      }else if(project.equals("math")){       //将 key 值为 math 的数据分到 1 号分区
         1
      }else{                                  //其余数据分到 2 号分区
         2
      }
   }
}
```

上述代码通过 getPartition()方法取得分区 ID，分区 ID 的取得比较简单，直接返回了相应分区的 ID 值。

步骤 02 使用自定义分区器。调用 RDD 的 partitionBy()方法传入自定义分区器类 MyPartitioner 的实例，可以对 RDD 按照自定义规则进行重新分区，代码如下：

```
/**
  * 使用自定义分区器对数据进行分区
  */
object TestMyPartitioner{
   def main(args: Array[String]): Unit = {
      val conf = new SparkConf()
      conf.setAppName("TestMyPartitioner")
      conf.setMaster("spark://centos01:7077")
```

```
    val sc = new SparkContext(conf)
    //构建模拟数据
    val arr=Array(
      "chinese,98",
      "math,88",
      "english,96"
    )
    //将模拟数据转为 RDD，然后将 RDD 元素转为(key,value)形式的元组
    val data: RDD[(String, Int)] = sc.makeRDD(arr).map(line => {
      (line.split(",")(0), line.split(",")(1).toInt)
    })
    //将数据重新分区并保存在 HDFS 的/output 目录
    data.partitionBy(new MyPartitioner(3)).saveAsTextFile("/output")
  }
}
```

将上述代码打包为 spark.demo.jar（在 IDEA 中，Spark 项目新建与打包的具体操作见 3.9 节），上传到 Spark 集群 Master 节点的/opt/softwares 目录。然后进入 Spark 安装目录，执行以下命令提交程序：

```
[hadoop@centos01 spark-3.2.1-bin-hadoop2.7]$ bin/spark-submit \
--master spark://centos01:7077 \
--class spark.demo.TestMyPartitioner \
/opt/softwares/spark.demo.jar
```

执行成功后，查看 HDFS 中生成的文件，发现共生成了 3 个分区文件，每个文件存储对应的一条数据，与预期结果一致，如图 3-12 所示。

除了上述自定义分区方式外，也可以使用分区规则对数据进行动态分区。例如，将数字 1~5 分别分配到 5 个分区中，代码如下：

```
[hadoop@centos01 ~]$ hdfs dfs -ls /output
Found 4 items
-rw-r--r--   2 hadoop supergroup          0 2019-05-23 13:34 /output/_SUCCESS
-rw-r--r--   2 hadoop supergroup         13 2019-05-23 13:34 /output/part-00000
-rw-r--r--   2 hadoop supergroup         10 2019-05-23 13:34 /output/part-00001
-rw-r--r--   2 hadoop supergroup         13 2019-05-23 13:34 /output/part-00002
[hadoop@centos01 ~]$ hdfs dfs -cat /output/part-00000
(chinese,98)
[hadoop@centos01 ~]$ hdfs dfs -cat /output/part-00001
(math,88)
[hadoop@centos01 ~]$ hdfs dfs -cat /output/part-00002
(english,96)
```

图 3-12　查看 HDFS 生成的分区文件数据

```
import org.apache.spark.{Partitioner, SparkConf, SparkContext}

/**
  * 自定义分区器
  * @param partitions 分区数量
  */
class MyNumberPartitioner(partitions: Int) extends Partitioner{
  override def numPartitions: Int = partitions
  /**
    * 定义分区规则，返回分区 ID
```

```
      * @param key RDD 中每条数据的 key 值
      * @return 分区 ID
      */
   override def getPartition(key: Any): Int = {
      //分区规则
      key.toString.toInt % numPartitions
   }
}
/**
  * 使用自定义分区器对数据进行分区
  */
object TestMyNumberPartitioner{
   def main(args: Array[String]): Unit = {
      val conf = new SparkConf()
      conf.setAppName("TestMyPartitioner")
      conf.setMaster("spark://centos01:7077")

      val sc = new SparkContext(conf)
      //模拟 5 个分区的数据
      val data=sc.parallelize(1 to 5)
      //将 RDD 数据转为(key,value)形式，然后使用自定义分区类进行分区
      data.map((_,1)).partitionBy(new MyNumberPartitioner(5))
        .saveAsTextFile("/output")
   }
}
```

将上述代码打包并上传到 Spark 集群 Master 节点的/opt/softwares 目录，然后进入 Spark 安装目录，执行以下命令提交程序：

```
[hadoop@centos01 spark-3.2.1-bin-hadoop2.7]$ bin/spark-submit \
--master spark://centos01:7077 \
--class spark.demo.TestMyNumberPartitioner \
/opt/softwares/spark.demo.jar
```

执行成功后，查看 HDFS 中生成的文件，发现共生成了 5 个分区文件，每个文件存储对应的一条数据，与预期结果一致，如图 3-13 所示。

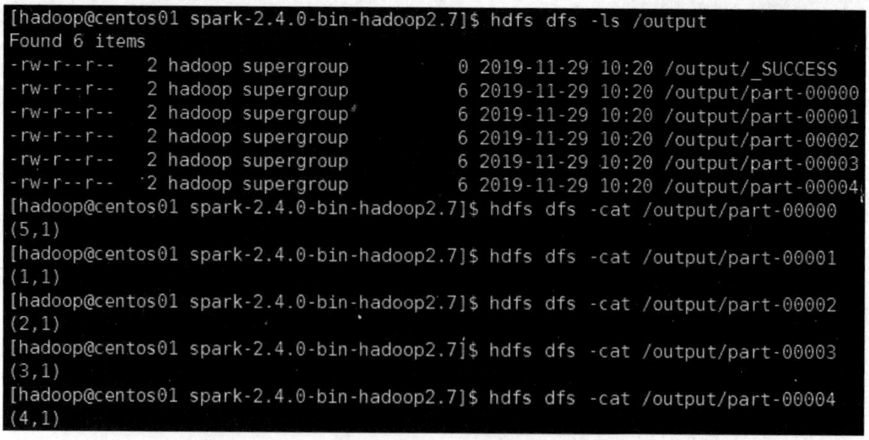

```
[hadoop@centos01 spark-2.4.0-bin-hadoop2.7]$ hdfs dfs -ls /output
Found 6 items
-rw-r--r--   2 hadoop supergroup          0 2019-11-29 10:20 /output/_SUCCESS
-rw-r--r--   2 hadoop supergroup          6 2019-11-29 10:20 /output/part-00000
-rw-r--r--   2 hadoop supergroup          6 2019-11-29 10:20 /output/part-00001
-rw-r--r--   2 hadoop supergroup          6 2019-11-29 10:20 /output/part-00002
-rw-r--r--   2 hadoop supergroup          6 2019-11-29 10:20 /output/part-00003
-rw-r--r--   2 hadoop supergroup          6 2019-11-29 10:20 /output/part-00004
[hadoop@centos01 spark-2.4.0-bin-hadoop2.7]$ hdfs dfs -cat /output/part-00000
(5,1)
[hadoop@centos01 spark-2.4.0-bin-hadoop2.7]$ hdfs dfs -cat /output/part-00001
(1,1)
[hadoop@centos01 spark-2.4.0-bin-hadoop2.7]$ hdfs dfs -cat /output/part-00002
(2,1)
[hadoop@centos01 spark-2.4.0-bin-hadoop2.7]$ hdfs dfs -cat /output/part-00003
(3,1)
[hadoop@centos01 spark-2.4.0-bin-hadoop2.7]$ hdfs dfs -cat /output/part-00004
(4,1)
```

图 3-13 查看 HDFS 生成的分区文件数据

3.5　RDD 的依赖

在 Spark 中，对 RDD 进行的每一次转化操作都会生成一个新的 RDD。由于 RDD 的懒加载特性，新的 RDD 会依赖原有 RDD，因此 RDD 之间存在类似流水线的前后依赖关系。这种依赖关系分为两种：窄依赖和宽依赖。

3.5.1　窄依赖

窄依赖是指父 RDD 的一个分区最多被子 RDD 的一个分区所用。也就是说，父 RDD 的分区与子 RDD 的分区的对应关系为一对一或多对一。例如，map()、filter()、union()等操作都会产生窄依赖。RDD 之间的窄依赖关系如图 3-14 所示。

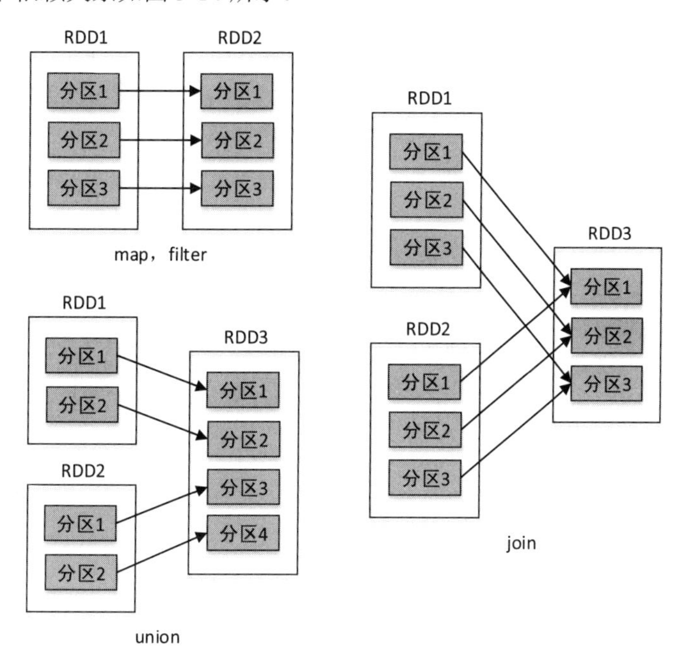

图 3-14　RDD 之间的窄依赖关系

对于窄依赖的 RDD，根据父 RDD 的分区进行流水线操作，即可计算出子 RDD 的分区数据，整个操作可以在集群的一个节点上执行。

3.5.2　宽依赖

宽依赖是指父 RDD 的一个分区被子 RDD 的多个分区所用。也就是说，父 RDD 的分区与子 RDD 的分区的对应关系为多对多。例如，groupByKey()、reduceByKey()、sortByKey()等操作都会产生宽依赖。RDD 之间的宽依赖关系如图 3-15 所示。

join()操作的依赖关系分两种情况：RDD 的一个分区仅和另一个 RDD 中已知个数的分区进行组合，这种类型的 join()操作是窄依赖，其他情况则是宽依赖。

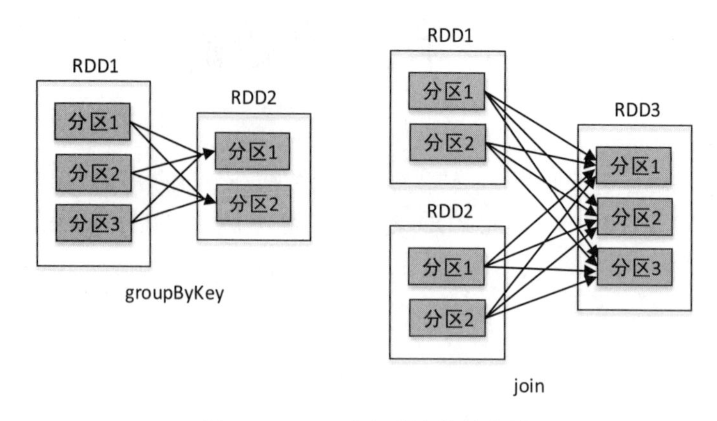

图 3-15 RDD 之间的宽依赖关系

在宽依赖关系中，RDD 会根据每条记录的 key 进行不同分区的数据聚集，数据聚集的过程称为 Shuffle，类似 MapReduce 中的 Shuffle 过程。举个生活中的例子，4 个人一起打牌，打完牌后需要进行洗牌，这 4 个人相当于 4 个分区，每个人手里的牌则相当于分区里的数据，洗牌的过程可以理解为 Shuffle。因此，Shuffle 其实就是不同分区之间的数据聚集或者说数据混洗。Shuffle 是一项耗费资源的操作，因为它涉及磁盘 I/O、数据序列化和网络 I/O。

对一个 RDD 进行 reduceByKey()操作，RDD 中相同 key 的所有记录将进行聚合，而 key 相同的所有记录可能不在同一个分区中，甚至不在同一个节点上，但是该操作必须将这些记录聚集到一起进行计算才能保证结果准确，因此 reduceByKey()操作会产生 Shuffle，也会产生宽依赖。

在数据容错方面，窄依赖要优于宽依赖。当子 RDD 的某一个分区的数据丢失时，若是窄依赖，只需重算和该分区对应的父 RDD 分区即可，而宽依赖则需要重算父 RDD 的所有分区。在如图 3-15 所示的 groupByKey()操作中，若 RDD2 的分区 1 丢失，则需要重新计算 RDD1 的所有分区（分区 1、分区 2、分区 3）才能将其恢复。

此外，宽依赖在进行 Shuffle 之前，需要计算好所有父分区的数据，若某个父分区的数据未计算完毕，则需要等待。

3.5.3 Stage 划分

在 Spark 中，对每一个 RDD 进行的操作都会生成一个新的 RDD，将这些 RDD 用带方向的直线连接起来（从父 RDD 连接到子 RDD）会形成一个关于计算路径的有向无环图，称为 DAG（Directed Acyclic Graph），如图 3-16 所示。

Spark 会根据 DAG 将整个计算划分为多个阶段，每个阶段称为一个 Stage。每个 Stage 由多个 Task 任务并行进行计算，每个 Task 任务作用在一个分区上，一个 Stage 的总 Task 任务数量是由 Stage 中最后一个 RDD 的分区个数决定的。

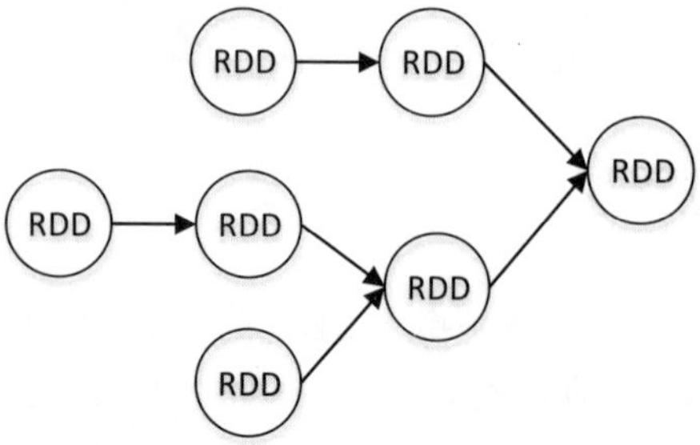

图 3-16 RDD 组成的 DAG

Stage 的划分依据为是否有宽依赖，即是否有 Shuffle。Spark 调度器会从 DAG 图的末端向前进行递归划分，遇到 Shuffle 则进行划分，Shuffle 之前的所有 RDD 组成一个 Stage，整个 DAG 图为一个 Stage。经典的单词计数执行流程的 Stage 划分如图 3-17 所示。

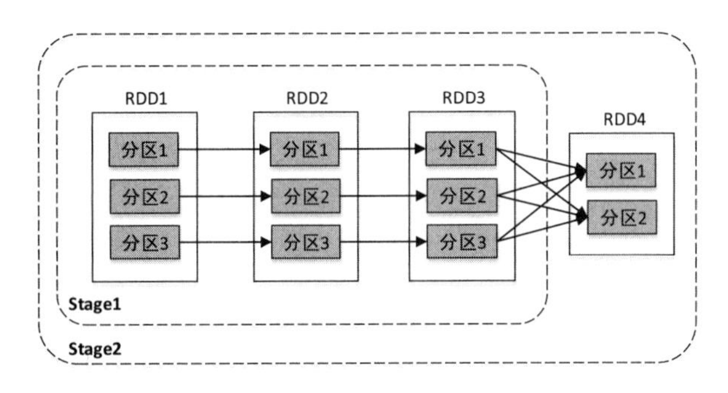

图 3-17　单词计数的 Stage 划分

图 3-17 中的依赖关系可以划分为两个 Stage：从后向前进行递归划分，RDD3 到 RDD4 的转换是 Shuffle 操作，因此在 RDD3 与 RDD4 之间划开，继续向前查找，RDD1、RDD2、RDD3 之间的关系为窄依赖，因此为一个 Stage；整个转换过程为一个 Stage。

比较复杂一点的 Stage 划分如图 3-18 所示。

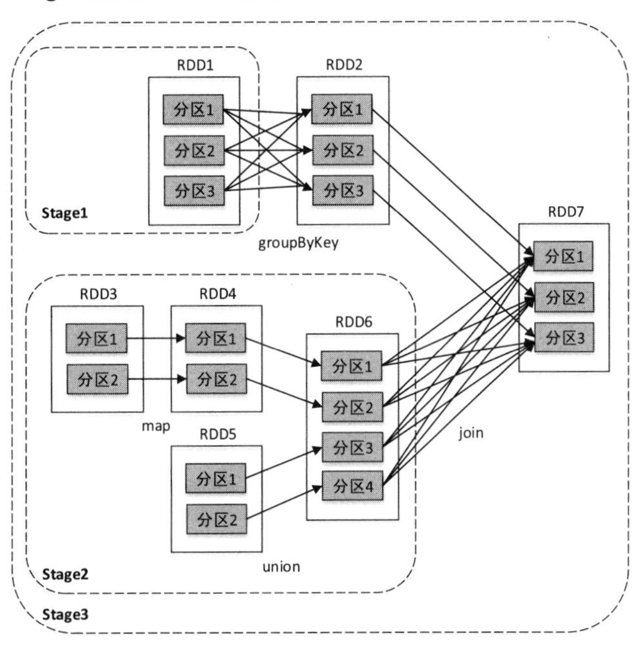

图 3-18　复杂的 Stage 划分

图 3-18 中的依赖关系一共可以划分为 3 个 Stage：从后向前进行递归划分，由于 RDD6 到 RDD7 的转换是 Shuffle 操作，因此在 RDD6 与 RDD7 之间划开，然后继续向前查找，RDD3、RDD4、RDD5、RDD6 为一个 Stage；由于 RDD1 到 RDD2 的转换是 Shuffle 操作，因此在 RDD1 与 RDD2 之间划开，然后继续向前查找，RDD1 为一个 Stage；整个转换过程为一个 Stage。

3.6　RDD 的持久化

Spark 中的 RDD 是懒加载的，只有当遇到行动算子时才会从头计算所有 RDD，而且当同一个

RDD 被多次使用时，每次都需要重新计算一遍，这样会大大增加消耗。为了避免重复计算同一个 RDD，可以将 RDD 进行持久化。

Spark 中重要的功能之一是，可以将某个 RDD 中的数据保存到内存或者磁盘中，每次需要对这个 RDD 进行算子操作时，可以直接从内存或磁盘中取出该 RDD 的持久化数据，而不需要从头计算才能得到这个 RDD。例如有多个 RDD，它们的依赖关系如图 3-19 所示。

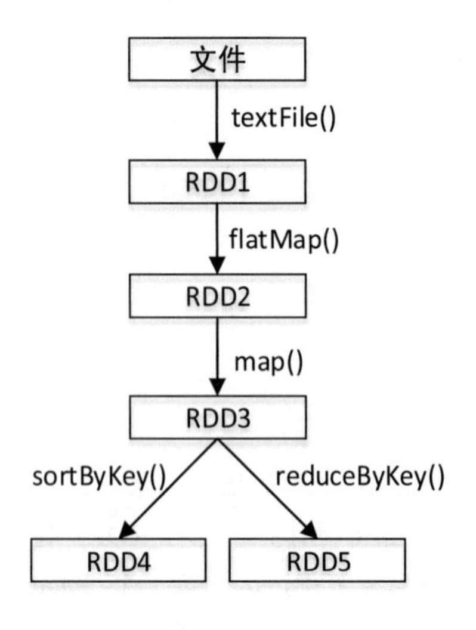

图 3-19　多个 RDD 的依赖关系

在图 3-19 中，对 RDD3 进行了两次算子操作，分别生成了 RDD4 和 RDD5。若 RDD3 没有持久化保存，则每次对 RDD3 进行操作时都需要从 textFile()开始计算，将文件数据转化为 RDD1，再转化为 RDD2，最终才得到 RDD3。

可以在 RDD 上使用 persist()或 cache()方法来标记要持久化的 RDD（cache()方法实际上底层调用的是 persist()方法）。在第一次行动操作时对数据进行计算，并缓存在节点的内存中。Spark 的缓存是容错的，如果缓存的 RDD 的任何分区丢失，Spark 就会按照该 RDD 原来的转换过程自动重新计算并缓存。

3.6.1　存储级别

每个持久化的 RDD 都可以使用不同的存储级别存储，默认的存储级别是 StorageLevel.MEMORY_ONLY。例如，向 persist()方法中传入一个 StorageLevel 对象指定存储级别。主要的存储级别介绍如表 3-2 所示。

表 3-2　Spark RDD 主要的存储级别及其介绍

存储级别	介　绍
MEMORY_ONLY	将RDD存储为JVM中的反序列化Java对象。如果内存不够，部分分区就不会被缓存，并且在每次需要这些分区的时候都会被动态地重新计算。此为默认级别
MEMORY_AND_DISK	将RDD存储为JVM中的反序列化Java对象。如果内存不够，就将未缓存的分区存储在磁盘上，并在需要这些分区时从磁盘读取
MEMORY_ONLY_SER	将RDD存储为序列化的Java对象（每个分区一个字节数组）。这通常比反序列化对象更节省空间，特别是在使用快速序列化时，但读取时会增加CPU负担
MEMORY_AND_DISK_SER	类似于MEMORY_ONLY_SER，但是溢出的分区将写到磁盘，而不需要每次对其动态地重新计算
DISK_ONLY	只在磁盘上存储RDD分区
MEMORY_ONLY_2	与MEMORY_ONLY相同，只是每个持久化的分区都会复制一份副本，存储在其他节点上。这种机制主要用于容错，一旦持久化数据丢失，可以使用副本数据，而不需要重新计算
MEMORY_AND_DISK_2	与MEMORY_AND_DISK相同，只是每个持久化的分区都会复制一份副本，存储在其他节点上。这种机制主要用于容错，一旦持久化数据丢失，可以使用副本数据，而不需要重新计算

在 Spark 的 Shuffle 操作（例如 reduceByKey()）中，即使用户没有使用 persist()方法，也会自动保存一些中间数据。这样做是为了避免在节点洗牌的过程中失败时重新计算整个输入。如果想多次使用某个 RDD，那么强烈建议在该 RDD 上调用 persist()方法。

那么如何选择存储级别呢？Spark 的存储级别旨在提供内存使用率和 CPU 效率之间的权衡。建议通过以下方式进行选择：

- 如果 RDD 存储在内存中不会发生溢出，那么优先使用默认存储级别（MEMORY_ONLY），该级别会最大程度发挥 CPU 的性能，使在 RDD 上的操作以最快的速度运行。
- 如果 RDD 存储在内存中会发生溢出，那么使用 MEMORY_ONLY_SER 并选择一个快速序列化库将对象序列化，以节省空间，访问速度仍然相当快。
- 除非计算 RDD 的代价非常大，或者该 RDD 过滤了大量数据，否则不要将溢出的数据写入磁盘，因为重新计算分区的速度可能与从磁盘读取分区一样快。
- 如果希望在服务器出故障时能够快速恢复，那么可以使用多副本存储级别 MEMORY_ONLY_2 或 MEMORY_AND_DISK_2。该存储级别在数据丢失后允许在 RDD 上继续运行任务，而不必等待重新计算丢失的分区。其他存储级别在发生数据丢失后，需要重新计算丢失的分区。

persist()方法和 cache()方法的源码如下：

```
/**
 * 在第一次行动操作时持久化 RDD，并设置存储级别，当 RDD 从来没有设置过存储级别时才能使用该方法
 */
def persist(newLevel: StorageLevel): this.type = {
  if (isLocallyCheckpointed) {
    // 如果之前已将该 RDD 设置为 localCheckpoint(此处不做讲解)，就覆盖之前的存储级别
    persist(LocalRDDCheckpointData.transformStorageLevel(newLevel),
      allowOverride = true)
  } else {
    persist(newLevel, allowOverride = false)
  }
}
/**
 * 持久化 RDD，使用默认存储级别(MEMORY_ONLY)
 */
def persist(): this.type = persist(StorageLevel.MEMORY_ONLY)
/**
 * 持久化 RDD，使用默认存储级别(MEMORY_ONLY)
 */
def cache(): this.type = persist()
```

从上述代码可以看出，cache()方法调用了 persist()方法的无参方法，两者的默认存储级别都为 MEMORY_ONLY，但 cache()方法不可更改存储级别，而 persist()方法可以通过参数自定义存储级别。

使用 persist()方法对 RDD 进行持久化操作的示例代码如下：

```
//创建 RDD
val rdd: RDD[Int] = sc.parallelize(List(1, 2, 3, 4, 5))
//将 RDD 标记为持久化，默认存储级别为 StorageLevel.MEMORY_ONLY
rdd.persist()
//rdd.persist(StorageLevel.DISK_ONLY)          //持久化到磁盘
```

```
//rdd.persist(StorageLevel.MEMORY_AND_DISK)     //持久化到内存，将溢出的数据持久化到磁盘
//第一次行动算子计算时，将对标记为持久化的 RDD 进行持久化操作
val result:String=rdd.collect().mkString(",")
println(result)
//第二次行动算子计算时，将直接从持久化的目的地读取数据进行操作，而不需要从头计算数据
rdd.collect()
```

3.6.2　查看缓存

启动 Spark Shell，执行以下命令创建 RDD 并将其标记为持久化：

```
scala> val rdd = sc.parallelize(List(1, 2, 3, 4, 5))
rdd: org.apache.spark.rdd.RDD[Int] = ParallelCollectionRDD[0]

scala> rdd.persist()      //RDD 标记为持久化
res0: rdd.type = ParallelCollectionRDD[0]
```

此时在浏览器中访问 Spark Shell 的 WebUI http://centos01:4040/storage/查看 RDD 存储信息，可以看到存储信息为空，如图 3-20 所示。

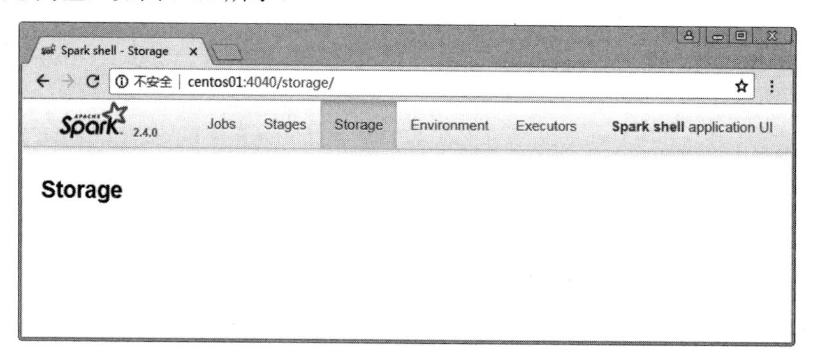

图 3-20　查看 RDD 存储信息

执行以下命令，收集 RDD 数据：

```
scala> rdd.collect()//收集结果
```

此时刷新上述 WebUI，发现出现了一个名为 ParallelCollectionRDD 的存储信息，该 RDD 的存储级别为 MEMORY，持久化的分区为 2，完全存储于内存中，如图 3-21 所示。

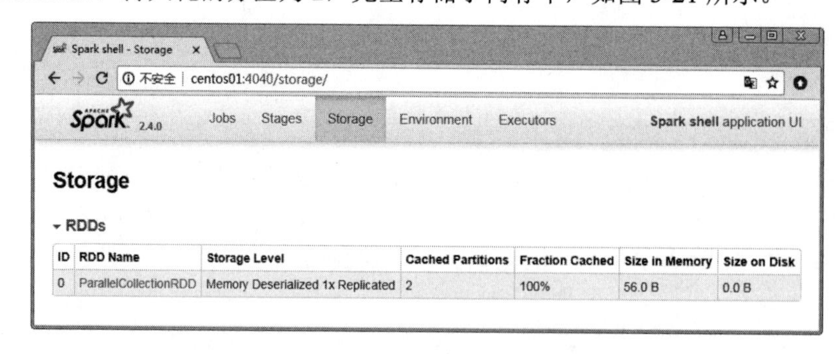

ID	RDD Name	Storage Level	Cached Partitions	Fraction Cached	Size in Memory	Size on Disk
0	ParallelCollectionRDD	Memory Deserialized 1x Replicated	2	100%	56.0 B	0.0 B

图 3-21　查看 RDD 存储信息

单击 ParallelCollectionRDD 超链接，可以查看该 RDD 的详细存储信息，如图 3-22 所示。

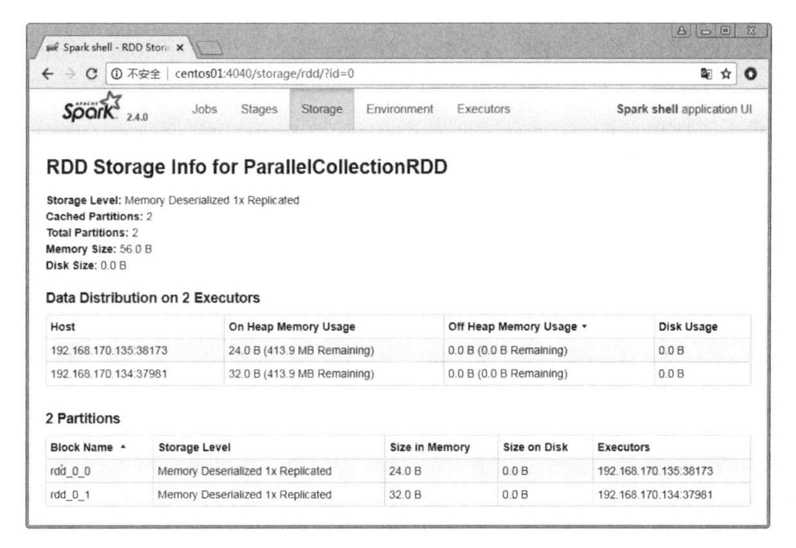

图 3-22　查看 RDD 详细存储信息

上述操作说明，调用 RDD 的 persist()方法只是将该 RDD 标记为持久化，当执行行动操作时才会对标记为持久化的 RDD 进行持久化操作。

继续执行以下命令，创建 rdd2，并将 rdd2 持久化到磁盘：

```
scala> val rdd2=rdd.map(_*10)          //将 rdd 转化为 rdd2
rdd2: org.apache.spark.rdd.RDD[Int] = MapPartitionsRDD[1]

scala> import org.apache.spark.storage.StorageLevel//导入 StorageLevel 类
import org.apache.spark.storage.StorageLevel

scala> rdd2.persist(StorageLevel.DISK_ONLY) //rdd2 标记为持久化，并设置存储级别
res3: rdd2.type = MapPartitionsRDD[1]

scala> rdd2.collect()          //收集结果
res4: Array[Int] = Array(10, 20, 30, 40, 50)
```

此时刷新上述 WebUI，发现多了一个名为 MapPartitionsRDD 的存储信息，该 RDD 的存储级别为 DISK，持久化的分区为 2，完全存储于磁盘中，如图 3-23 所示。

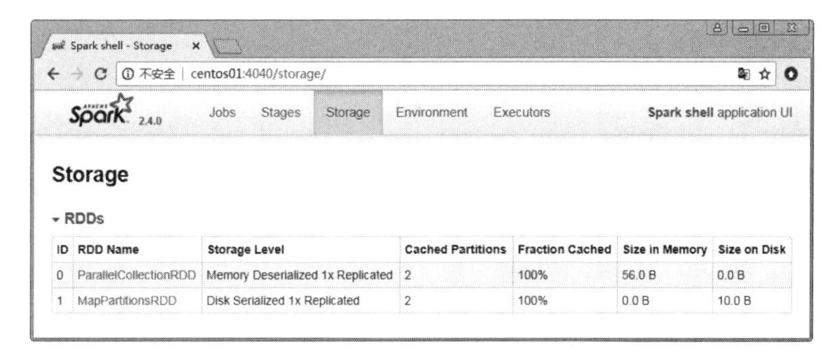

图 3-23　查看 RDD 存储信息

继续执行以下命令，将 rdd（ParallelCollectionRDD）从缓存中删除：

```
scala> rdd.unpersist()
res6: rdd.type = ParallelCollectionRDD[0] at parallelize at <console>:24
```

此时刷新上述 WebUI，发现只剩下了 MapPartitionsRDD，ParallelCollectionRDD 已被移除。

Spark 会自动监视每个节点上的缓存使用情况，并以最近最少使用的方式从缓存中删除旧的分区数据。如果希望手动删除 RDD，而不是等待该 RDD 被 Spark 自动从缓存中删除，那么可以使用 RDD 的 unpersist()方法。

3.7 RDD 的检查点

RDD 的检查点机制（Checkpoint）相当于对 RDD 数据进行快照，可以将经常使用的 RDD 快照到指定的文件系统中，最好是共享文件系统，例如 HDFS。当机器发生故障导致内存或磁盘中的 RDD 数据丢失时，可以快速从快照中对指定的 RDD 进行恢复，而不需要根据 RDD 的依赖关系从头进行计算，大大提高了计算效率。与 cache()或者 persist()将 RDD 数据存放到内存或者磁盘中的不同有以下几点：

- cache()或者 persist()是将数据存储于机器本地的内存或磁盘，当机器发生故障时无法进行数据恢复；而检查点是将 RDD 数据存储于外部的共享文件系统（例如 HDFS），共享文件系统的副本机制保证了数据的可靠性。
- 在 Spark 应用程序执行结束后，cache()或者 persist()存储的数据将被清空，而检查点存储的数据不会受影响，将永久存在，除非手动将其移除。因此，检查点数据可以被下一个 Spark 应用程序使用，而 cache()或者 persist()数据只能被当前 Spark 应用程序使用。

RDD 检查点的使用示例如下：

```
import org.apache.spark.rdd.RDD
import org.apache.spark.{SparkConf, SparkContext}

/**
  * RDD 检查点例子
  */
object CheckpointDemo {

  def main(args: Array[String]): Unit = {
    //创建 SparkConf 对象
    val conf = new SparkConf()
    //设置应用程序名称，可以在 Spark WebUI 中显示
    conf.setAppName("Spark-CheckpointDemo")
    //设置集群 Master 节点访问地址
    conf.setMaster("local[2]");
    //创建 SparkContext 对象，该对象是提交 Spark 应用程序的入口
    val sc = new SparkContext(conf);

    //设置检查点数据存储路径
    sc.setCheckpointDir("hdfs://centos01:9000/spark-ck")
    //创建模拟数据 RDD
    val rdd: RDD[Int] = sc.parallelize(List(1, 2, 3, 4, 5))
    //过滤结果
    val resultRDD=rdd.filter(_>3)
    //持久化 RDD，默认将持久化到内存中
    resultRDD.cache()
```

```
    //将 resultRDD 标记为检查点
    resultRDD.checkpoint()
    //第一次行动算子计算时，将把标记为检查点的 RDD 数据存储到文件系统指定路径中
    val result:String=resultRDD.collect().mkString(",")
    println(result)
    //第二次行动算子计算时，将直接从文件系统读取 resultRDD 数据，而不需要从头计算
    val sum=resultRDD.count()
    println(sum)

    sc.stop();
  }
}
```

上述代码使用 checkpoint()方法将 RDD 标记为检查点（只是标记，遇到行动算子才会执行）。在第一次行动计算时，被标记为检查点的 RDD 的数据将以文件的形式保存在 setCheckpointDir()方法指定的文件系统目录中，并且该 RDD 的所有父 RDD 依赖关系将被移除，因为下一次对该 RDD 计算时将直接从文件系统中读取数据，而不需要根据依赖关系重新计算。

注意 在将 RDD 标记为检查点之前，最好将 RDD 持久化到内存，因为 Spark 会单独启动一个任务将标记为检查点的 RDD 的数据写入文件系统，如果 RDD 的数据已经持久化到了内存，将直接从内存中读取数据，然后进行写入，提高数据写入效率，否则需要重复计算 RDD 的数据。

上述示例程序运行后，将在 HDFS 目录/spark-ck 中生成相应的 RDD 数据文件，如图 3-24 所示。

```
[hadoop@centos01 spark-2.4.0-bin-hadoop2.7]$ hdfs dfs -ls -R /spark-ck/
drwxr-xr-x   - hadoop supergroup          0 2019-06-27 09:48 /spark-ck/34cfb74b-aef6-4e21-b307-bcac2aa473f9
drwxr-xr-x   - hadoop supergroup          0 2019-06-27 09:49 /spark-ck/34cfb74b-aef6-4e21-b307-bcac2aa473f9/rdd-1
-rw-r--r--   2 hadoop supergroup          4 2019-06-27 09:49 /spark-ck/34cfb74b-aef6-4e21-b307-bcac2aa473f9/rdd-1/part-00000
-rw-r--r--   2 hadoop supergroup         91 2019-06-27 09:49 /spark-ck/34cfb74b-aef6-4e21-b307-bcac2aa473f9/rdd-1/part-00001
```

图 3-24　查看 HDFS 检查点目录

3.8　共享变量

通常情况下，Spark 应用程序运行的时候，Spark 算子（例如 map(func)或 filter(func)）中的函数 func 会被发送到远程的多个 Worker 节点上执行。如果一个算子中使用了某个外部变量，该变量就会被复制到 Worker 节点的每一个 Task 任务中，各个 Task 任务对变量的操作相互独立。当变量所存储的数据量非常大时（例如一个大型集合）将增加网络传输及内存的开销。因此，Spark 提供了两种共享变量：广播变量和累加器。

3.8.1　广播变量

广播变量是将一个变量通过广播的形式发送到每个 Worker 节点的缓存中，而不是发送到每个 Task 任务中，各个 Task 任务可以共享该变量的数据。因此，广播变量是只读的。

1. 默认情况下变量的传递

例如以下代码中，map()算子中使用了外部变量 arr：

```
val arr=Array(1,2,3,4,5);
val lines:RDD[String] = sc.textFile("D:\\test\\data.txt")
val result = lines.map(line =>
   (line, arr)
)
```

上述代码中，传递给 map()算子的函数 line => (line, arr)会被发送到 Executor 端执行，而变量 arr 将发送到 Worker 节点的所有 Task 任务中。变量 arr 传递的流程如图 3-25 所示。

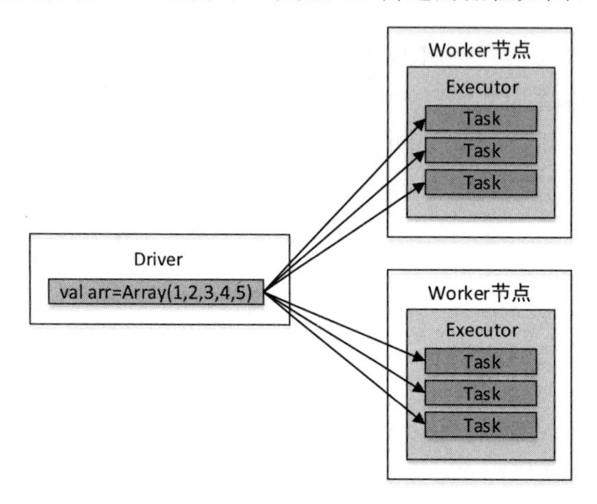

图 3-25　默认情况下变量的传递

假设变量 arr 存储的数据量大小有 100MB，则每一个 Task 任务都需要维护 100MB 的副本，若某一个 Executor 中启动了 3 个 Task 任务，则该 Executor 将消耗 300MB 内存。

2. 使用广播变量时变量的传递

例如以下代码中，使用广播变量将数组 arr 传递给了 map()算子：

```
val arr=Array(1,2,3,4,5);
val broadcastVar = sc.broadcast(arr)
val result = lines.map(line =>
   (line, broadcastVar)
)
```

上述代码使用 broadcast()方法向集群发送（广播）了一个只读变量，该方法只发送一次，并返回一个广播变量 broadcastVar，该变量是一个 org.apache.spark.broadcast.Broadcast 对象。Broadcast 对象是只读的，缓存在集群的每个 Worker 节点中。

广播变量实际上是对普通变量的封装，在分布式函数中可以通过 Broadcast 对象的 value 方法访问广播变量的值，例如以下代码：

```
scala> val broadcastVar = sc.broadcast(Array(1, 2, 3))
broadcastVar: org.apache.spark.broadcast.Broadcast[Array[Int]] = Broadcast(0)

scala> broadcastVar.value
res0: Array[Int] = Array(1, 2, 3)
```

使用广播变量进行变量传递的流程如图 3-26 所示。

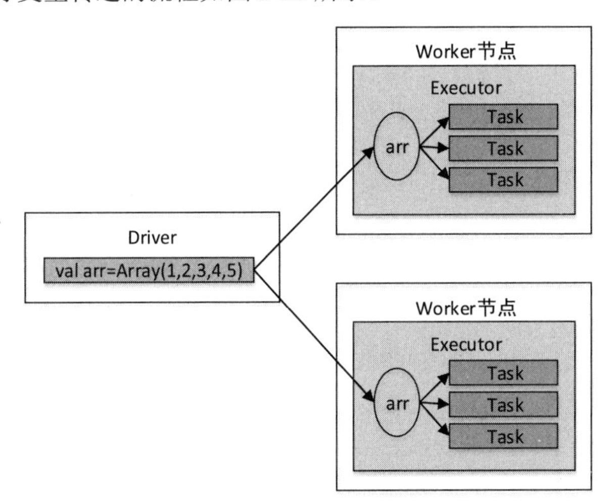

图 3-26　使用广播变量时变量的传递

Worker 节点的每个 Task 任务共享唯一的一份广播变量，大大减少了网络传输和内存开销。

3.8.2　累加器

累加器提供了将 Worker 节点的值聚合到 Driver 的功能，可以用于实现计数和求和。

例如，对一个整型数组进行求和，若不使用累加器，则以下代码的输出结果不正确：

```
var sum=0 //在 Driver 中声明
val rdd=sc.makeRDD(Array(1,2,3,4,5))
rdd.foreach(x=>
  //在 Executor 中执行
  sum+=x
)
println(sum) //输出 0
```

上述代码由于 sum 变量在 Driver 中定义，而累加操作 sum+=x 会发送到 Executor 中执行，因此输出结果不正确。

使用累加器对数组进行求和，代码如下：

```
//声明一个累加器，默认初始值为 0（只能在 Driver 端定义）
val myacc=sc.longAccumulator("My Accumulator")
val rdd=sc.makeRDD(Array(1,2,3,4,5))
rdd.foreach(x=>
   myacc.add(x)           //向累加器中添加值
)
println(myacc.value)      //输出 15（只能在 Driver 端读取）
```

上述代码通过调用 SparkContext 对象的 longAccumulator ()方法创建了一个 Long 类型的累加器，默认初始值为 0。也可以使用 doubleAccumulator()方法创建 Double 类型的累加器。

累加器只能在 Driver 端定义，在 Executor 端更新。Executor 端不能读取累加器的值，需要在 Driver 端使用 value 属性读取。

3.9 案例分析：Spark RDD 实现单词计数

单词计数是学习分布式计算的入门程序，有很多种实现方式，例如 MapReduce；而使用 Spark 提供的 RDD 算子可以更加轻松地实现单词计数。

本节讲解在 IntelliJ IDEA 中新建 Maven 管理的 Spark 项目，并在该项目中使用 Scala 语言编写 Spark 的 WordCount 程序，最后将项目打包提交到 Spark 集群（Standalone 模式）中运行。具体操作步骤如下：

3.9.1 新建 Maven 管理的 Spark 项目

在 IDEA 中选择 File→new→Project...，在弹出的窗口中选择左侧的 Maven 选项，然后在右侧勾选 Create from archetype 复选框并选择下方出现的 ory.scala-tools.archetypes: scala-archetype-simple 选项（表示使用 scala-archetype-simple 模板构建 Maven 项目）。注意上方的 Project SDK 应为默认的 JDK1.8。最后单击 Next 按钮，如图 3-27 所示。

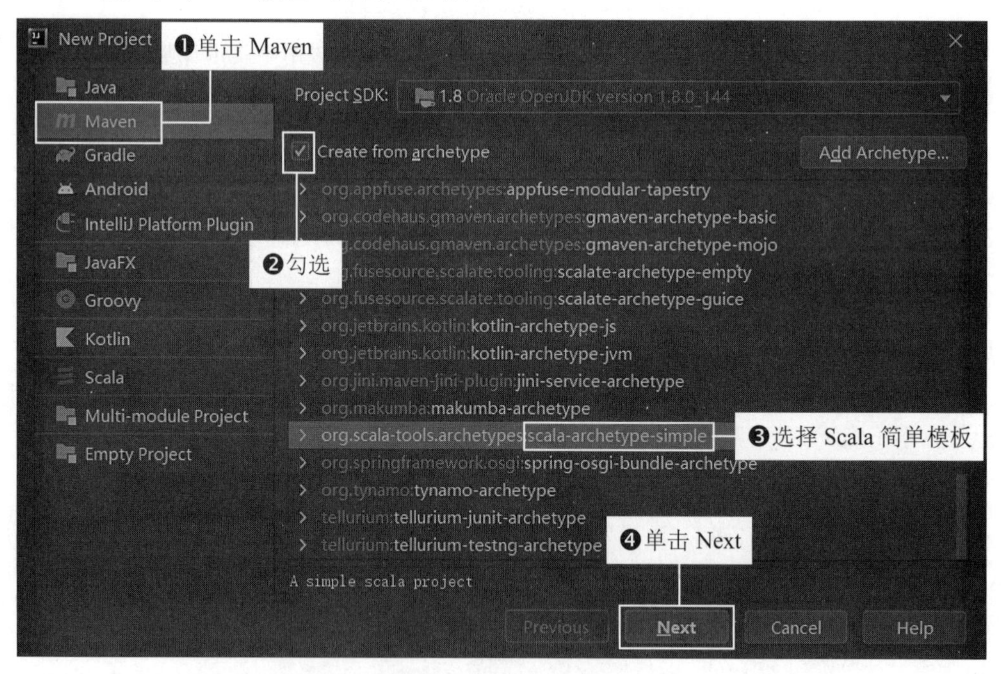

图 3-27 选择 Maven 项目

在弹出的窗口中填写项目名称、GroupId 和 ArtifactId，版本号 Version 默认即可。然后单击 Next 按钮，如图 3-28 所示。

在弹出的窗口中从本地系统选择 Maven 安装的主目录路径、Maven 的配置文件 settings.xml 的路径以及 Maven 仓库的路径。然后单击 Finish 按钮，如图 3-29 所示。

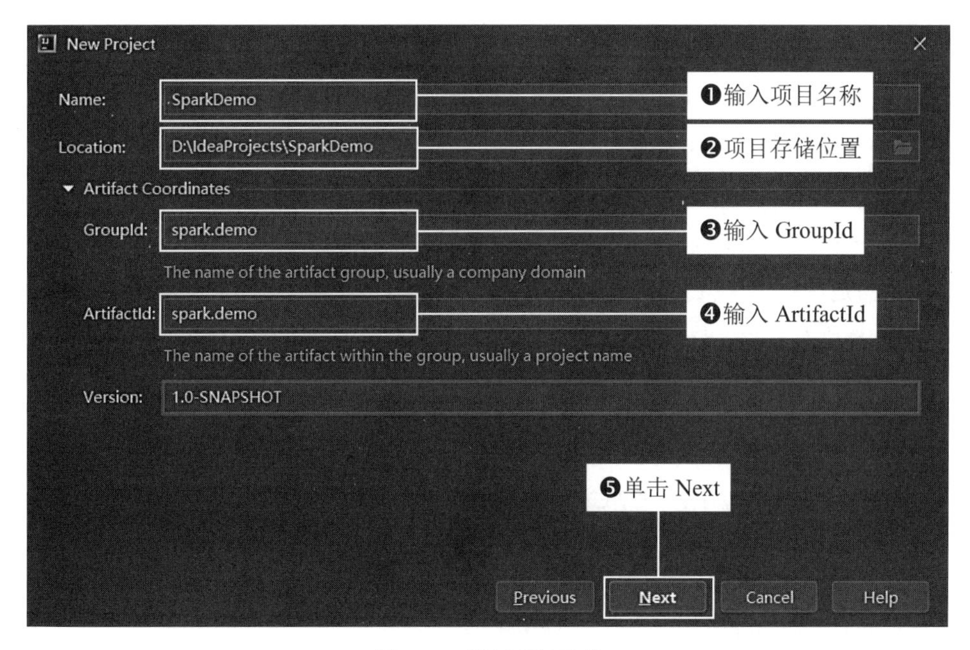

图 3-28　填写项目信息

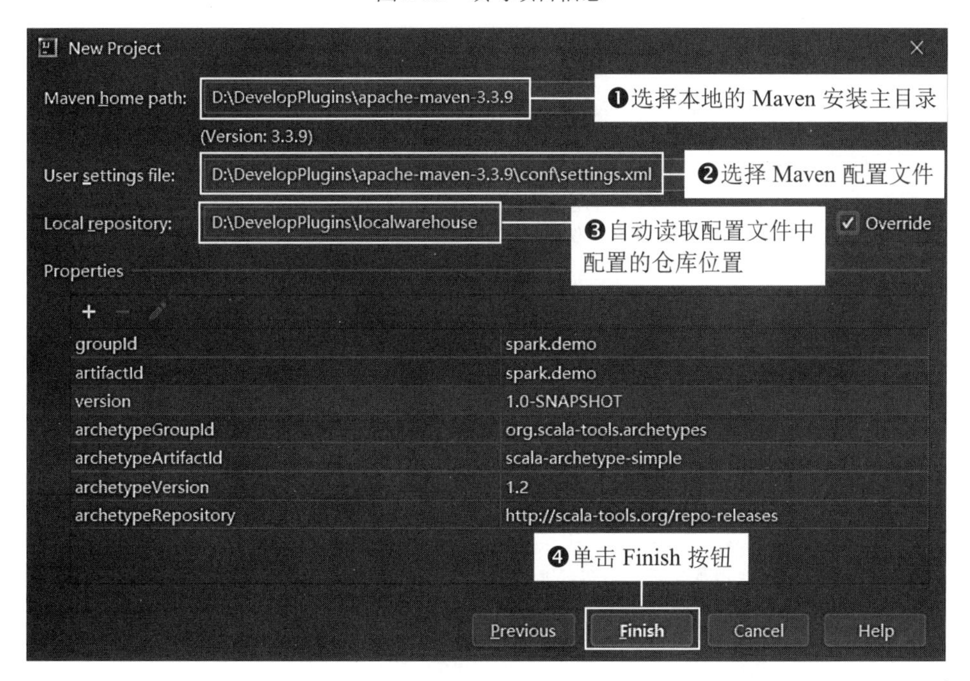

图 3-29　选择 Maven 主目录、配置文件以及仓库的路径

接下来在生成的 Maven 项目的 pom.xml 中添加以下内容，引入 Scala 和 Spark 的依赖库。若该文件中默认引用了 Scala 库，则将其修改为需要的版本（本例使用的 Scala 版本为 2.12）。

```
<!--引入 Scala 依赖库-->
<dependency>
    <groupId>org.scala-lang</groupId>
    <artifactId>scala-library</artifactId>
    <version>2.12.8</version>
```

```
</dependency>
<!--引入 Spark 核心库-->
<dependency>
    <groupId>org.apache.spark</groupId>
    <artifactId>spark-core_2.12</artifactId>
    <version>3.2.1</version>
</dependency>
```

需要注意的是，Spark 核心库 spark-core_2.12 中的 2.12 代表使用的 Scala 版本，必须与引入的 Scala 库的版本一致。

至此，基于 Maven 管理的 Spark 项目就搭建完成了。项目默认结构如图 3-30 所示。

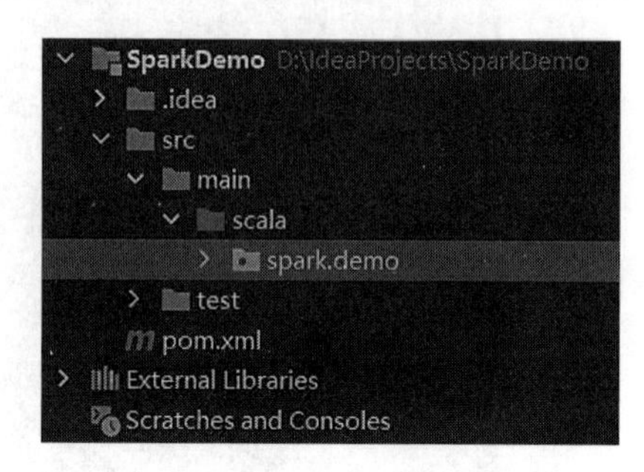

图 3-30　基于 Maven 管理的 Spark 项目

3.9.2　编写 WordCount 程序

在项目的 spark.demo 包中新建一个 WordCount.scala 类，然后向其写入单词计数的程序。程序完整代码如下：

```
import org.apache.spark.rdd.RDD
import org.apache.spark.{SparkConf, SparkContext}
/**
  * Spark RDD 单词计数程序
  */
object WordCount {

  def main(args: Array[String]): Unit = {
    //创建 SparkConf 对象，存储应用程序的配置信息
    val conf = new SparkConf()
    //设置应用程序名称，可以在 Spark WebUI 中显示
    conf.setAppName("Spark-WordCount")
    //设置集群 Master 节点访问地址
    conf.setMaster("spark://centos01:7077");❶

    //创建 SparkContext 对象，该对象是提交 Spark 应用程序的入口
    val sc = new SparkContext(conf);❷

    //读取指定路径(取程序执行时传入的第一个参数)中的文件内容，生成一个 RDD 集合
    val linesRDD:RDD[String] = sc.textFile(args(0))❸
    //将 RDD 的每个元素按照空格进行拆分并将结果合并为一个新的 RDD
    val wordsRDD:RDD[String] = linesRDD.flatMap(_.split(" "))
    //将 RDD 中的每个单词和数字 1 放到一个元组里，即(word,1)
    val paresRDD:RDD[(String, Int)] = wordsRDD.map((_,1))
    //对单词根据 key 进行聚合，对相同的 key 进行 value 的累加
    val wordCountsRDD:RDD[(String, Int)] = paresRDD.reduceByKey(_+_)
    //按照单词数量降序排列
    val wordCountsSortRDD:RDD[(String, Int)] = wordCountsRDD.sortBy(_._2,false)
    //保存结果到指定的路径(取程序执行时传入的第二个参数)
    wordCountsSortRDD.saveAsTextFile(args(1))
    //停止 SparkContext，结束该任务
    sc.stop();
  }
}
```

上述代码解析如下：

❶ SparkConf对象的setMaster()方法用于设置Spark应用程序提交的URL地址。若是Standalone集群模式，则指Master节点的访问地址；若是本地（单机）模式，则需要将地址改为local或local[N]或local[*]，分别指使用1个、N个和多个CPU核心数，具体取值与2.6节讲解的Spark任务提交时的--master参数的取值相同。本地模式可以直接在IDE中运行程序，不需要Spark集群。

此处也可以不进行设置，若将其省略，则使用 spark-submit 提交该程序到集群时必须使用--master参数进行指定。

❷ SparkContext对象用于初始化Spark应用程序运行所需要的核心组件，是整个Spark应用程序中的一个很重要的对象。启动Spark Shell后默认创建的名为sc的对象即为该对象。

❸ textFile()方法需要传入数据来源的路径。数据来源可以是外部的数据源（HDFS、S3等），也可以是本地文件系统（Windows或Linux系统），路径可以使用以下3种方式：

- 文件路径。例如 textFile("/input/data.txt ")，此时将只读取指定的文件。
- 目录路径。例如 textFile("/input/words/")，此时将读取指定目录 words 下的所有文件，不包括子目录。
- 路径包含通配符。例如 textFile("/input/words/*.txt")，此时将读取 words 目录下的所有 TXT 文件。

该方法将读取的文件中的内容按行进行拆分并组成一个 RDD 集合。假设读取的文件为words.txt，则上述代码的具体数据转化流程如图3-31所示。

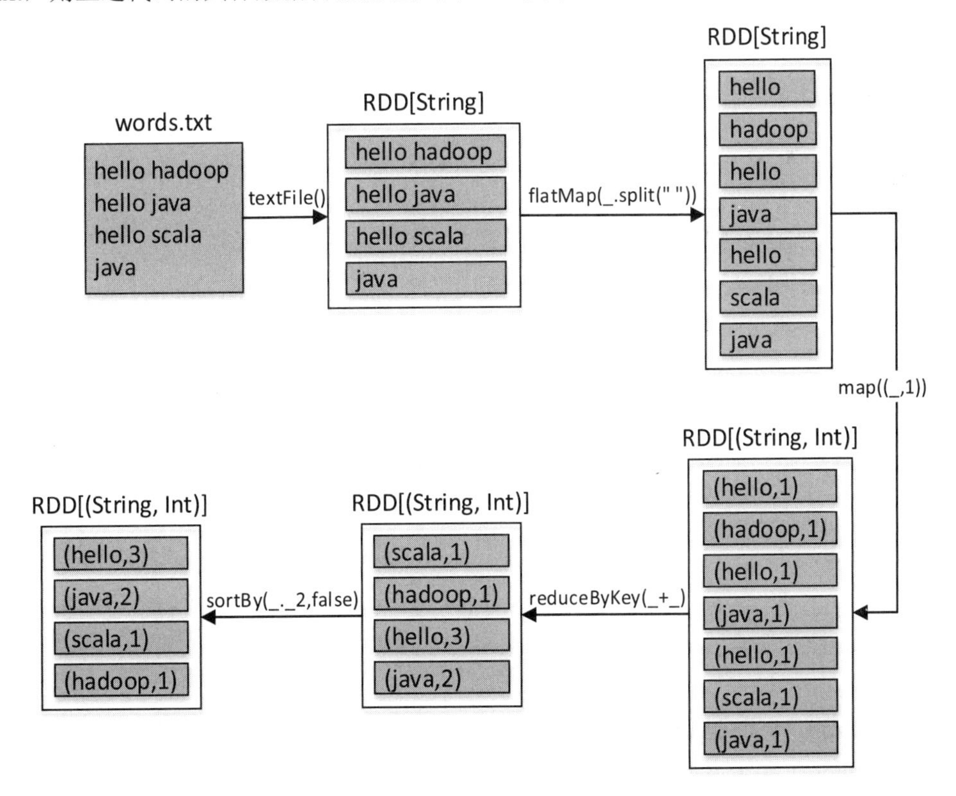

图 3-31　Spark WordCount 执行流程

3.9.3　提交程序到集群

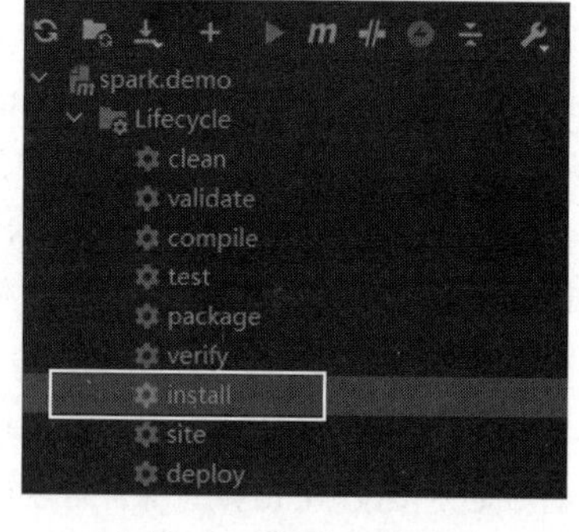

图 3-32　编译打包项目

程序编写完成后，需要提交到 Spark 集群中运行，具体提交步骤如下：

（1）打包程序

展开 IDEA 右侧的 Maven Projects 窗口，双击 install 选项，将编写好的 Spark 项目进行编译和打包，如图 3-32 所示。

（2）上传程序

将打包好的 spark.demo-1.0-SNAPSHOT.jar 上传到 centos01 节点的/opt/softwares 目录。

（3）启动 Spark 集群（Standalone 模式）

在 centos01 节点中进入 Spark 安装目录，执行以下命令，启动 Spark 集群：

```
$ sbin/start-all.sh
```

（4）启动 HDFS

本例将 HDFS 作为外部数据源，因此需要启动 HDFS。

（5）上传单词文件到 HDFS

新建文件 words.txt，并向其写入以下单词内容（单词之间以空格分隔）：

```
hello hadoop java
hello java
hello scala
```

然后将文件上传到 HDFS 的/input 目录中，命令如下：

```
$ hdfs dfs -put words.txt /input
```

（6）执行 WordCount 程序

在 centos01 节点中进入 Spark 安装目录，执行以下命令，提交 WordCount 应用程序到集群中运行：

```
$ bin/spark-submit \
--master spark://centos01:7077 \
--class spark.demo.WordCount \
/opt/softwares/spark.demo-1.0-SNAPSHOT.jar \
hdfs://centos01:9000/input \
hdfs://centos01:9000/output
```

上述参数解析如下：

- --master：Spark Master 节点的访问路径。由于在 WordCount 程序中已经通过 setMaster()方法指定了该路径，因此该参数可以省略。
- --class：Spark WordCount 程序主类的访问全路径（包名.类名）。
- hdfs://centos01:9000/input：单词数据的来源路径。该路径下的所有文件都将参与统计。
- hdfs://centos01:9000/output：统计结果的输出路径。与 MapReduce 一样，该目录不应提前存在，Spark 会自动创建。

应用程序运行的过程中，可以访问 Spark 的 WebUI http://centos01:8080/，查看正在运行的应用程序的状态信息（也可以查看已经完成的应用程序），如图 3-33 所示。

Application ID	Name	Cores	Memory per Executor	Resources Per Executor	Submitted Time	User	State	Duration
app-20220404220025-0008 (kill)	Spark-WordCount	2	1024.0 MiB		2022/04/04 22:00:25	hadoop	RUNNING	0.7 s

图 3-33　查看 Spark WebUI 中正在运行的应用程序

可以看到，有一个名为 Spark-WordCount 的应用程序正在运行，该名称即为 Spark WordCount 程序中通过方法 setAppName("Spark-WordCount")所设置的值。

在应用程序运行的过程中，也可以访问 Spark 的 WebUI http://centos01:4040/，查看正在运行的 Job（作业）的状态信息，包括作业 ID、作业描述、作业已运行时长、作业已运行 Stage 数量、作业 Stage 总数、作业已运行 Task 任务数量等（当作业运行完毕后，该界面将不可访问，若需查看历史作业情况，则可参考 3.15.3 节），如图 3-34 所示。

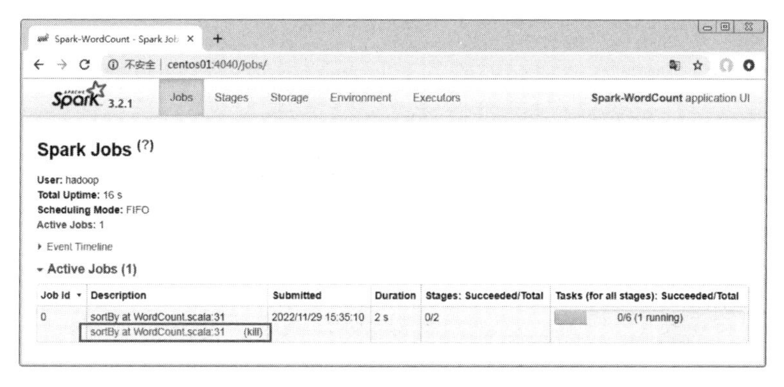

图 3-34　查看 Spark WebUI 中正在运行的作业

在图 3-34 中，单击矩形选框里的超链接，将跳转到作业详情页面，该页面显示了作业正在运行的 Stage 信息（Active Stages）和等待运行的 Stage 信息（Pending Stages），包括 Stage ID、Stage 描述、Stage 提交时间、Stage 已运行时长、Stage 包括的 Task 任务数量、已运行的 Task 任务数量等，如图 3-35 所示。

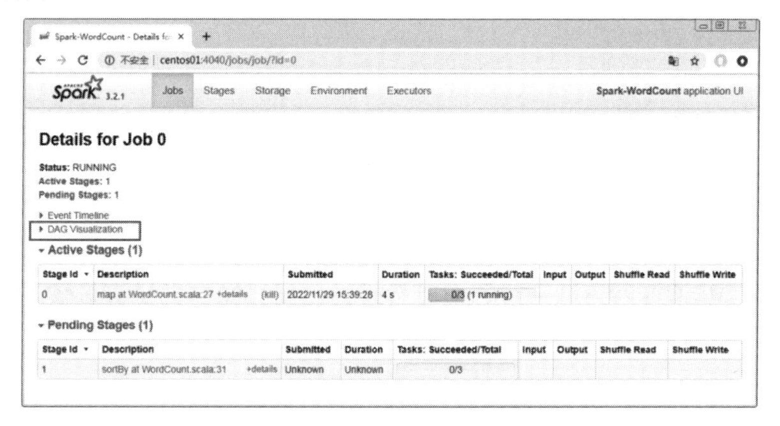

图 3-35　查看 Spark WebUI 中正在运行的作业详情

在图 3-35 中，单击矩形选框里的超链接（DAG Visualization），可以查看本次作业的 DAG 可视图，如图 3-36 所示。

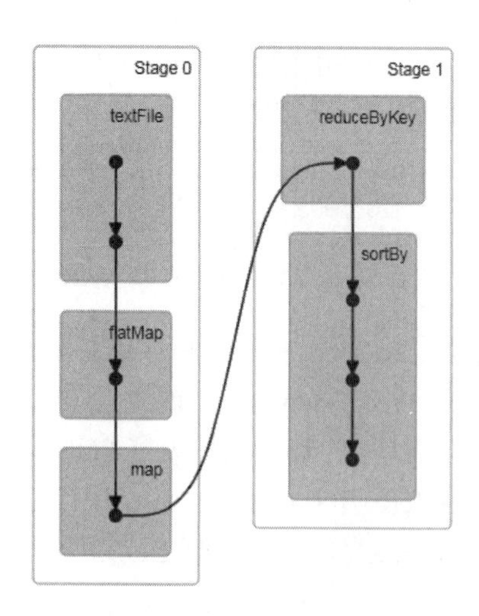

图 3-36 查看 Spark WebUI 中作业的 DAG 可视图

可以看出，本次作业共划分了两个 Stage。由于 reduceByKey()操作会产生宽依赖，因此在执行 reduceByKey()操作之前划开（关于 Stage 的划分，可回顾 3.5.3 节）。

（7）查看执行结果

使用 HDFS 命令查看目录/output 中的结果文件，代码如下：

```
$ hdfs dfs -ls /output
Found 3 items
-rw-r--r--   3 hadoop supergroup    0 2022-05-09 15:09 /output/_SUCCESS
-rw-r--r--   3 hadoop supergroup   19 2022-05-09 15:08 /output/part-00000
-rw-r--r--   3 hadoop supergroup   21 2022-05-09 15:09 /output/part-00001
```

可以看到，与 MapReduce 一样，Spark 会在结果目录中生成多个文件。_SUCCESS 为执行状态文件，结果数据则存储在文件 part-00000 和 part-00001 中。

执行以下命令，查看该目录中的所有结果数据：

```
$ hdfs dfs -cat /output/*
(hello,3)
(java,2)
(scala,1)
(hadoop,1)
```

至此，使用 Scala 语言编写的 Spark 的 WordCount 程序运行成功。

3.10 案例分析：Spark RDD 实现分组求 TopN

分组求 TopN 是大数据领域常见的需求，主要是根据数据的某一列进行分组，然后将分组后的每一组数据按照指定的列进行排序，最后取每一组的前 N 行数据。

例如，有以下学生成绩数据：

```
Andy,98
Jack,87
Bill,99
Andy,78
Jack,85
Bill,86
Andy,90
Jack,88
Bill,76
Andy,58
Jack,67
Bill,79
```

同一个学生有多门成绩，现需要计算每个学生分数最高的前 3 个成绩，期望的输出结果如下：

```
姓名: Andy
成绩: 98
成绩: 90
成绩: 78
*******************
姓名: Bill
成绩: 99
成绩: 86
成绩: 79
*******************
姓名: Jack
成绩: 88
成绩: 87
成绩: 85
*******************
```

1. 实现思路

使用 Spark RDD 的 groupByKey()算子可以对(key,value)形式的 RDD 按照 key 进行分组，key 相同的元素的 value 将聚合到一起，形成(key,value-list)，将 value-list 中的元素降序排列取前 N 个即可。

2. 编写程序

编写程序的步骤如下：

步骤 01 首先创建 SparkConf 对象，存储应用程序的配置信息，包括应用程序名称、集群 Master 节点访问地址（local[*]代表本地模式），代码如下：

```
val conf = new SparkConf()
conf.setAppName("RDDGroupTopN")
conf.setMaster("local[*]")
```

步骤 02 创建 Spark 上下文对象 SparkContext，代码如下：

```
val sc = new SparkContext(conf)
```

步骤 03 使用 textFile()算子加载本地数据为一个 RDD，假设数据存储于路径 D:/input/score.txt 中，代码如下：

```
val linesRDD: RDD[String] = sc.textFile("D:/input/score.txt")
```

步骤04 使用 map()算子将 linesRDD 的元素类型转为(姓名,成绩)形式的元组，便于后续的聚合统计，代码如下：

```
val tupleRDD:RDD[(String,Int)]=linesRDD.map(line=>{
   val name=line.split(",")(0)
   val score=line.split(",")(1)
   (name,score.toInt)
})
```

步骤05 使用 groupByKey()算子将 tupleRDD 按照 key（姓名）进行分组，姓名相同的所有成绩数据将聚合到一起；然后使用 map()算子将分组后的每一组成绩数据降序排列后取前 3 个，代码如下：

```
val top3=tupleRDD.groupByKey().map(groupedData=>{
   val name:String=groupedData._1                  //姓名
   val scoreTop3:List[Int]=groupedData._2          //成绩集合
     .toList.sortWith(_>_).take(3)                 //降序取前 3 个
   (name,scoreTop3)
})
```

步骤06 使用 foreach()算子循环将结果 RDD 打印到控制台，代码如下：

```
top3.foreach(tuple=>{
   println("姓名: "+tuple._1)
   val tupleValue=tuple._2.iterator
   while (tupleValue.hasNext){
      val value=tupleValue.next()
      println("成绩: "+value)
   }
   println("*******************")
})
```

3. 完整代码

对上述成绩数据分组取 Top 3 的完整代码如下：

```
import org.apache.spark.{SparkConf, SparkContext}
import org.apache.spark.rdd.RDD
/**
  * Spark 分组取 TopN 程序
  */
object RDDGroupTopN {
   def main(args: Array[String]): Unit = {
      //创建 SparkConf 对象，存储应用程序的配置信息
      val conf = new SparkConf()
      //设置应用程序名称，可以在 Spark WebUI 中显示
      conf.setAppName("RDDGroupTopN")
      //设置集群 Master 节点访问地址，此处为本地模式，并使用一个 CPU 核心
      conf.setMaster("local")
      val sc = new SparkContext(conf)
      //1. 加载本地数据
      val linesRDD: RDD[String] = sc.textFile("D:/input/score.txt")
```

```
    //2. 将 RDD 元素转为(String,Int)形式的元组
    val tupleRDD:RDD[(String,Int)]=linesRDD.map(line=>{
      val name=line.split(",")(0)
      val score=line.split(",")(1)
      (name,score.toInt)
    })
    //3. 按照 key(姓名)进行分组
    val top3=tupleRDD.groupByKey().map(groupedData=>{
      val name:String=groupedData._1
      //每一组的成绩降序后取前 3 个
      val scoreTop3:List[Int]=groupedData._2
        .toList.sortWith(_>_).take(3)
      (name,scoreTop3)//返回元组
    })
    //4. 循环打印分组结果
    top3.collect().foreach(tuple=>{
      println("姓名: "+tuple._1)
      val tupleValue=tuple._2.iterator
      while (tupleValue.hasNext){
        val value=tupleValue.next()
        println("成绩: "+value)
      }
      println("*******************")
    })
  }
}
```

上述代码的数据转化流程如图 3-37 所示。

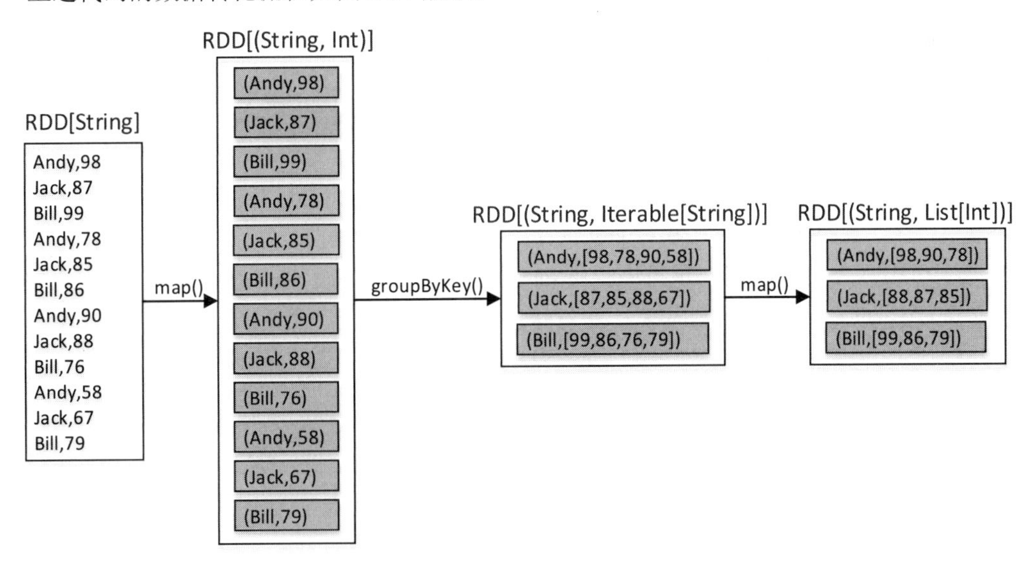

图 3-37　Spark RDD 分组求 TopN 数据转化流程

4. 程序运行

直接在 IDEA 中本地运行上述程序即可，也可以将代码打包发布到 Spark 集群中运行。

3.11　案例分析：Spark RDD 实现二次排序

二次排序是指对需要排序的元素首先按照第一个字段进行排序，若第一个字段相等，则按照第二个字段排序。

例如，文件 sort.txt 中有以下内容：

```
6 7
5 8
2 9
7 5
4 3
8 3
2 7
6 1
```

首先按照第一个字段升序排列，若第一个字段相等，则按照第二个字段降序排列，期望的输出结果如下：

```
2 9
2 7
4 3
5 8
6 7
6 1
7 5
8 3
```

1. 实现思路

使用 Spark 提供的 sortByKey()算子和 sortBy()算子只能根据单个字段进行排序，若需要根据多个字段排序，则可将需要排序的元素组成(key,value)形式的元组，key 是一个自定义比较类（类似 Java 中实现 Comparator 接口的类），该类中存储需要排序的多个字段；value 是每行的数据。当执行计算时，仍然可以使用 sortByKey()算子根据 key 进行排序，但是需要在自定义比较类中重写排序规则。

Scala 中自定义比较类需要实现排序特质 Ordered 和序列化特质 Serializable，Ordered 主要用于对具有单个自然顺序的数据（比如整数）进行排序。

2. 编写程序

编写程序的步骤如下：

步骤 01　首先新建一个比较类 SecondSortKey，该类的主构造器中需要定义两个比较参数，然后继承特质 Ordered 和 Serializable，代码如下：

```
class SecondSortKey(val first:Int,val second:Int)
  extends Ordered[SecondSortKey] with Serializable {

}
```

步骤 02　在特质 Ordered 中定义了一个未实现的 compare()方法，需要子类实现。因此，需要在比较类 SecondSortKey 中添加 compare()方法并将其实现，compare()方法需要传入当前比较类 SecondSortKey 的实例作为参数，代码如下：

```
override def compare(that: SecondSortKey): Int = {
  if(this.first-that.first!=0){
    this.first-that.first          //升序
  }else{
    that.second-this.second        //降序
  }
}
```

上述代码的比较规则为：若第一个字段不相等，则按照第一个字段升序排列；否则按照第二个字段降序排列。

步骤 03 新建一个程序运行主类，并在该类中添加 main()方法，在 main()方法中编写计算任务代码。一个 Spark RDD 计算任务首先需要创建 SparkConf 对象，存储应用程序的配置信息，包括应用程序名称、集群 Master 节点访问地址（local[*]代表本地模式），代码如下：

```
val conf = new SparkConf()
conf.setAppName("Spark-SecondSort")
conf.setMaster("local[*]")
```

步骤 04 创建 Spark 上下文对象 SparkContext，代码如下：

```
val sc = new SparkContext(conf)
```

步骤 05 使用 textFile()算子加载本地数据为一个 RDD，假设数据存储于路径 D:\\test\\sort.txt 中，代码如下：

```
val lines:RDD[String] = sc.textFile("D:\\test\\sort.txt")
```

步骤 06 使用 map()算子将 lines RDD 中的元素转为(SecondSortKey, String)形式的元组，便于后续根据 SecondSortKey 对象进行排序，代码如下：

```
val pair: RDD[(SecondSortKey, String)] = lines.map(line => (
  new SecondSortKey(line.split(" ")(0).toInt, line.split(" ")(1).toInt),
  line)
)
```

步骤 07 使用 sortByKey()算子对 pair RDD 按照 key（SecondSortKey 对象）进行排序（当执行排序时，会使用 SecondSortKey 类中的 compare()方法定义的排序规则，若使用 sortByKey(false)，则将按照第一个字段降序、第二个字段升序排列），并使用 map()函数取排序后的元组中的第二个值（value 值）作为最终结果，代码如下：

```
var pairSort: RDD[(SecondSortKey, String)] = pair.sortByKey()
val result: RDD[String] = pairSort.map(line=>line._2)
```

步骤 08 使用 foreach()算子循环打印最终结果到控制台，代码如下：

```
result.foreach(line=>println(line))
```

3. 完整代码

对上述数据进行二次排序的完整代码如下：

```
import org.apache.spark.{SparkConf, SparkContext}
```

```
import org.apache.spark.rdd.RDD

/**
 * 二次排序自定义 key 类
 * @param first 每一行的第一个字段
 * @param second 每一行的第二个字段
 */
class SecondSortKey(val first:Int,val second:Int)
 extends Ordered[SecondSortKey] with Serializable {
 /**
  * 实现 compare()方法
  */
 override def compare(that: SecondSortKey): Int = {
  //若第一个字段不相等，则按照第一个字段升序排列
  if(this.first-that.first!=0){
   this.first-that.first
  }else{        //否则按照第二个字段降序排列
   that.second-this.second
  }
 }
}

/**
 * 二次排序运行主类
 */
object SecondSort{
 def main(args: Array[String]): Unit = {
  //创建 SparkConf 对象
  val conf = new SparkConf()
  //设置应用程序名称，可以在 Spark WebUI 中显示
  conf.setAppName("Spark-SecondSort")
  //设置集群 Master 节点访问地址，此处为本地模式
  conf.setMaster("local")
  //创建 SparkContext 对象，该对象是提交 Spark 应用程序的入口
  val sc = new SparkContext(conf);

  //1. 读取指定路径的文件内容，生成一个 RDD 集合
  val lines:RDD[String] = sc.textFile("D:\\test\\sort.txt")
  //2. 将 RDD 中的元素转为(SecondSortKey, String)形式的元组
  val pair: RDD[(SecondSortKey, String)] = lines.map(line => (
   new SecondSortKey(line.split(" ")(0).toInt, line.split(" ")(1).toInt),
   line)
  )
  //3. 按照元组的 key（SecondSortKey 的实例）进行排序
  var pairSort: RDD[(SecondSortKey, String)] = pair.sortByKey()
  //取排序后的元组中的第二个值（value 值）
  val result: RDD[String] = pairSort.map(line=>line._2)
  //打印最终结果
  result.foreach(line=>println(line))
 }
}
```

上述代码的数据转化流程如图 3-38 所示。

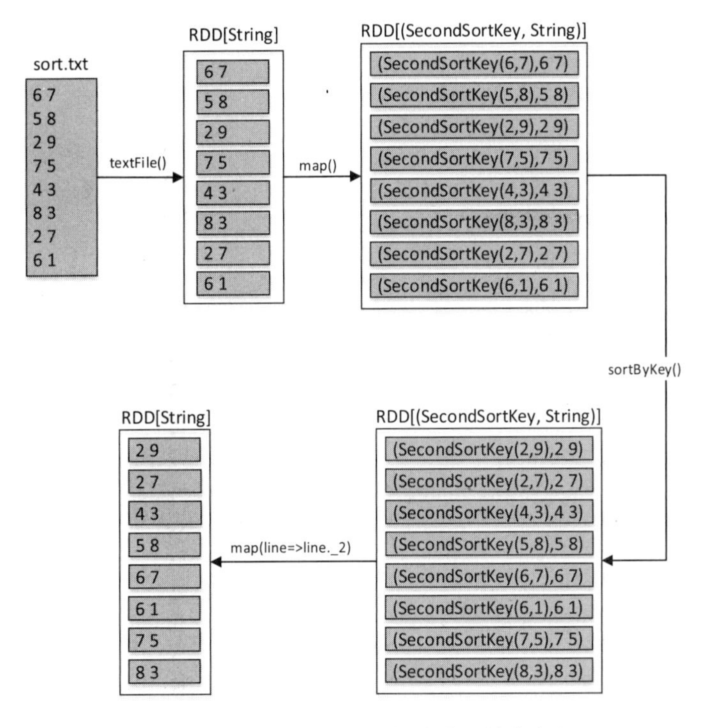

图 3-38　Spark RDD 二次排序数据转化流程

4. 程序运行

直接在 IDEA 中本地运行上述程序即可，也可以将代码打包发布到 Spark 集群中运行。若发布到 Spark 集群中运行，则需注意将 conf.setMaster("local")中的 local 改为 Spark 集群的 Master 地址，源数据的路径同样需要修改。

3.12　案例分析：Spark RDD 计算成绩平均分

本例通过对输入文件中的学生 3 科成绩进行计算，得出每个学生的平均成绩。输入文件中每行的内容均为一个学生的姓名和其相应的成绩，每门学科为一个文件。要求输出结果中每行有两列数据，其中第一列代表学生的姓名，第二列代表其平均成绩。

输入的 3 个文件内容如下：

（1）math.txt 文件内容如下：

```
张三    88
李四    99
王五    66
赵六    77
```

（2）chinese.txt 文件内容如下：

```
张三    78
李四    89
```

```
王五    96
赵六    67
```

（3）english.txt 文件内容如下：

```
张三    80
李四    82
王五    84
赵六    86
```

期望输出结果如下：

```
张三    82
李四    90
王五    82
赵六    76
```

1. 实现思路

Spark RDD 的 groupByKey()算子可以根据 key 进行分组，因此可以将学生的姓名作为 key，成绩作为 value。分组后，对 value 进行聚合求平均分即可。整体数据转化流程如图 3-39 所示。

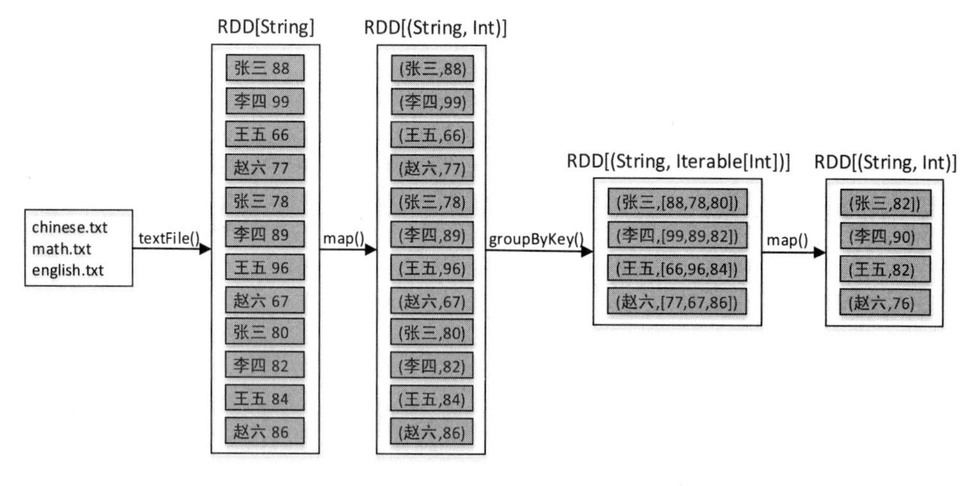

图 3-39　Spark RDD 求平均分数据转化流程

2. 完整代码

对上述学生成绩数据求平均分的完整代码如下：

```
import org.apache.spark.rdd.RDD
import org.apache.spark.{SparkConf, SparkContext}

/**
  * 求成绩平均分
  */
object AverageScore {
  def main(args: Array[String]): Unit = {
    //创建SparkConf对象，存储应用程序的配置信息
    val conf = new SparkConf()
    //设置应用程序名称，可以在Spark WebUI中显示
    conf.setAppName("AverageScore")
```

```
      //设置集群 Master 节点访问地址
      conf.setMaster("spark://centos01:7077")
      val sc = new SparkContext(conf)
      //1. 加载 HDFS 数据
      val linesRDD: RDD[String] = sc.textFile("hdfs://centos01:9000/input")
      //2. 将 RDD 中的元素转为(key,value)形式，便于后面进行聚合
      val tupleRDD: RDD[(String, Int)] = linesRDD.map(line => {
        val name = line.split("\t")(0)             //姓名
        val score = line.split("\t")(1).toInt      //成绩
        (name, score)
      })
      //3. 根据姓名进行分组，形成新的 RDD
      val groupedRDD: RDD[(String, Iterable[Int])] = tupleRDD.groupByKey()
      //4. 迭代计算 RDD 中每个学生的平均分
      val resultRDD: RDD[(String, Int)] = groupedRDD.map(line => {
        val name = line._1          //姓名
        val iteratorScore: Iterator[Int] = line._2.iterator        //成绩迭代器
        var sum = 0                 //总分
        var count = 0               //科目数量

        //迭代累加所有科目成绩
        while (iteratorScore.hasNext) {
          val score = iteratorScore.next()
          sum += score
          count += 1
        }
        //计算平均分
        val averageScore = sum / count
        (name, averageScore)      //返回(姓名,平均分)形式的元组
      })
      //保存结果
      resultRDD.saveAsTextFile("hdfs://centos01:9000/output")
    }
  }
```

3. 程序运行

将存储学生成绩的 3 个文件上传到 HDFS 的/input 目录中，然后将上述代码打包发布到 Spark 集群中运行，最后查看 HDFS 的/output 目录中生成的运行结果即可。

3.13　案例分析：Spark RDD倒排索引统计每日新增用户

在搜索引擎的索引库中，每个文档(网页)都对应一系列关键词。当用户在搜索框中搜索指定的关键词时，为了加快搜索速度，搜索引擎通常会建立一系列索引，将“文档-关键词”的映射关系转换为倒排索引，即“关键词-文档”。这样可以快速根据某个关键词查询出所

对应的文档，而不需要从所有文档中查找包含的关键词。关键词与文档的映射关系如图 3-40 所示。

图 3-41 的纵向维度表示每个文档包含哪些关键词，横向维度表示每个关键词存在于哪些文档中。搜索引擎则是使用倒排索引实现了“关键词-文档”映射关系的数据结构。

	文档ID1	文档ID2	文档ID3	文档ID4
关键词1	√		√	
关键词2		√	√	
关键词3	√			
关键词4		√		√

图 3-40　关键词与文档的映射关系

	2020-01-01	2020-01-02	2020-01-03
user1	√	√	
user2	√	√	√
user3	√		
user4		√	
user5			√
user6			√

图 3-41　用户名与访问日期的映射关系

接下来讲解如何使用倒排索引实现统计某网站每日新增的用户数量。已知有以下用户访问历史数据，第一列为用户访问网站的日期，第二列为用户名：

```
2020-01-01,user1
2020-01-01,user2
2020-01-01,user3
2020-01-02,user1
2020-01-02,user2
2020-01-02,user4
2020-01-03,user2
2020-01-03,user5
2020-01-03,user6
```

现需要根据上述数据统计每日新增的用户数量，期望的统计结果为：

```
2020-01-01,3
2020-01-02,1
2020-01-03,2
```

即 2020-01-01 新增了 3 个用户（分别为 user1、user2、user3），2020-01-02 新增了 1 个用户（user4），2020-01-03 新增了两个用户（分别为 user5、user6）。

1. 实现思路

若将用户名看作关键词，访问日期看作文档 ID，则用户名与访问日期的映射关系如图 3-41 所示。

若同一个用户对应多个访问日期，则最小的日期为该用户的注册日期，即新增日期，其他日期为重复访问日期，不应统计在内。因此每个用户应该只计算用户访问的最小日期即可。如图 3-42 所示，将每个用户访问的最小日期都移到第一列，第一列为有效数据，只统计第一列中每个日期的出现次数，即为对应日期的新增用户数。

	列一	列二	列三
user1	2020-01-01	2020-01-02	
user2	2020-01-01	2020-01-02	2020-01-03
user3	2020-01-01		
user4	2020-01-02		
user5	2020-01-03		
user6	2020-01-03		

图 3-42　将每个用户访问的最小日期移至第一列

2. 完整代码

使用 Spark RDD 实现上述需求的完整代码如下：

```
import org.apache.spark.rdd.RDD
import org.apache.spark.{SparkConf, SparkContext}

/**
 * Spark RDD 统计每日新增用户
 */
object DayNewUser {
  def main(args: Array[String]): Unit = {
    //创建 SparkConf 对象，存储应用程序的配置信息
    val conf = new SparkConf()
    conf.setAppName("DayNewUser")
    conf.setMaster("local[*]")

    val sc = new SparkContext(conf)
    //1. 构建测试数据
    val tupleRDD:RDD[(String,String)] = sc.parallelize(
      Array(
        ("2020-01-01", "user1"),
        ("2020-01-01", "user2"),
        ("2020-01-01", "user3"),
        ("2020-01-02", "user1"),
        ("2020-01-02", "user2"),
        ("2020-01-02", "user4"),
        ("2020-01-03", "user2"),
        ("2020-01-03", "user5"),
        ("2020-01-03", "user6")
      )
    )
    //2. 倒排（互换 RDD 中元组的元素顺序）
    val tupleRDD2:RDD[(String,String)] = tupleRDD.map( ❶
      line => (line._2, line._1)
    )
    //3. 将倒排后的 RDD 按照 key 分组
    val groupedRDD:RDD[(String,Iterable[String])]=tupleRDD2.groupByKey() ❷
    //4. 取分组后的每个日期集合中的最小日期，并计数为 1
    val dateRDD:RDD[(String,Int)] = groupedRDD.map(
      line => (line._2.min, 1)
    )
    //5. 计算所有相同 key（日期）的数量
    val resultMap: collection.Map[String, Long] = dateRDD.countByKey()❸
    //将结果 Map 循环打印到控制台
    resultMap.foreach(println)

  }
}
```

上述代码解析如下：

❶ 使用 map()算子将(key,value)形式的 RDD 的每一个元素互换顺序，即(value,key)，以便后续按照用户名进行分组。

❷ 使用 groupByKey()算子将倒排后的 RDD 按照 key 进行分组，即按照用户名分组，同一用户的所有访问日期将聚合到一起。

❸ 使用 countByKey()算子计算相同 key 的数量。与 reduceByKey()算子不同的是：reduceByKey()算子属于转化算子，需要传入聚合函数，根据聚合逻辑进行聚合，返回 RDD 类型的分布式数据；countByKey()算子属于行动算子，不需要传入聚合函数，会直接对 RDD 中的数据按照 key 进行统计，计算相同 key 的数量，返回 Map 类型的结果数据（直接返回到 Driver 端）。countByKey()算子的源码如下：

```
/**
 * 计算每个相同 key 的元素数量，将结果收集到一个本地 Map 集合中
 */
def countByKey(): Map[K, Long] = self.withScope {
  self.mapValues(_ => 1L).reduceByKey(_ + _).collect().toMap
}
```

从上述代码可以看出，countByKey()算子底层实际上首先执行了 mapValues()算子，将键值类型 RDD 的每一个值都改为了 1L（Long 类型），然后执行了 reduceByKey()算子进行聚合累加操作，最后将数据收集到 Driver 端并转成了 Map 集合。

若不使用 countByKey()算子，而是直接使用 reduceByKey()算子，要达到相同的效果，则可以使用以下代码代替：

```
dateRDD.reduceByKey(_+_).collectAsMap()
```

注意　只有当结果 Map 很小时，才可以使用 countByKey()算子，因为整个 Map 集合都会被加载到 Driver 端的内存中。当要处理的结果很大时，可以考虑使用 rdd.mapValues(_ => 1L).reduceByKey(_+_)，它返回一个 RDD[T, Long]，而不是直接返回一个 Map。

本例的数据转化流程如图 3-43 所示。

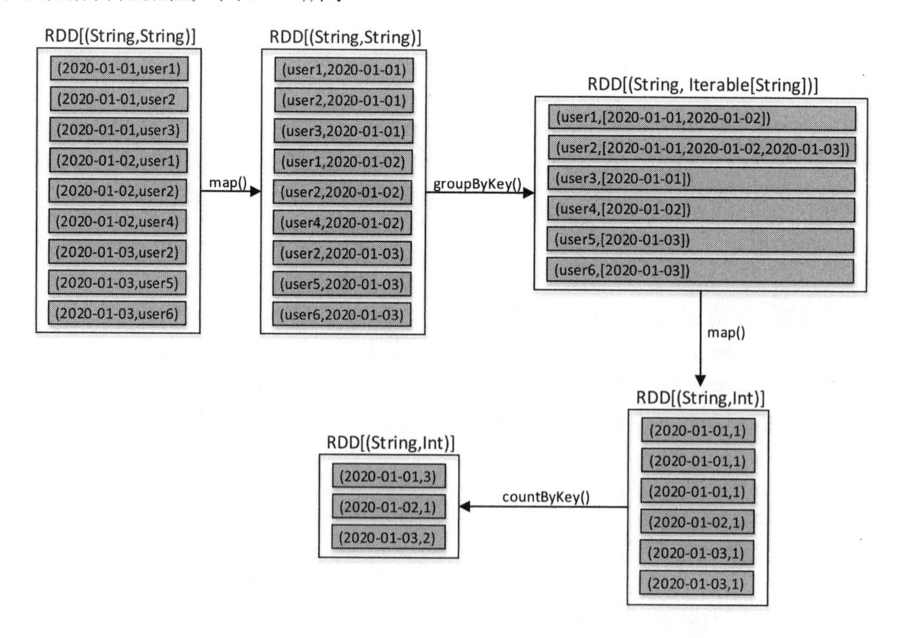

图 3-43　Spark RDD 统计每日新增用户数据转化流程

3. 程序运行

直接在 IDEA 中本地运行上述程序即可，也可以将代码打包发布到 Spark 集群中运行。

3.14　案例分析：Spark RDD 读写 HBase

HBase 是一个开源的、分布式的、非关系型的列式数据库。正如 Bigtable 利用了谷歌文件系统提供的分布式数据存储一样，HBase 在 Hadoop 的 HDFS 之上提供了类似于 Bigtable 的功能。HBase 位于 Hadoop 生态系统的结构化存储层，数据存储于分布式文件系统 HDFS，并且使用 ZooKeeper 作为协调服务。HDFS 为 HBase 提供了高可靠性的底层存储支持，ZooKeeper 则为 HBase 提供了稳定的服务和失效恢复机制。

由于 HBase 数据库是 Spark 其中的一种数据源，Spark 处理的数据有很大一部分是存放在 HBase 数据库中的，因此需要学会使用 Spark 进行 HBase 数据的读写操作。关于 HBase 的架构原理和集群操作，此处不做详细讲解，下面讲解使用 Spark 进行 HBase 数据的读写操作。

3.14.1　读取 HBase 表数据

Spark RDD 读取 HBase 表数据的操作步骤如下：

1. 创建 HBase 表并添加测试数据

HBase 集群启动后，进入 HBase Shell 创建一张表 student，数据如下：

```
+---------+----------+--------+------+
| rowkey  | name     | adress | age  |
+---------+----------+--------+------+
|  001    | 张三     |  北京  |  21  |
|  002    | 李四     |  上海  |  19  |
+---------+----------+--------+------+
```

创建表及添加数据的命令如下：

```
//创建表，列族为 info
hbase>  create 'student','info'
//添加第一个学生的信息
hbase> put 'student','001','info:name','张三'
hbase> put 'student','001','info:address','北京'
hbase> put 'student','001','info:age','21'
//添加第二个学生的信息
hbase> put 'student','002','info:name','李四'
hbase> put 'student','002','info:address','上海'
hbase> put 'student','002','info:age','19'
```

数据添加完成后，使用 scan 命令扫描 student 表的数据，如图 3-44 所示。

在实际应用中，往往都是通过编程语言 API（例如 Java）向 HBase 中添加数据的，此处数据量比较少，使用 HBase Shell 命令添加即可。

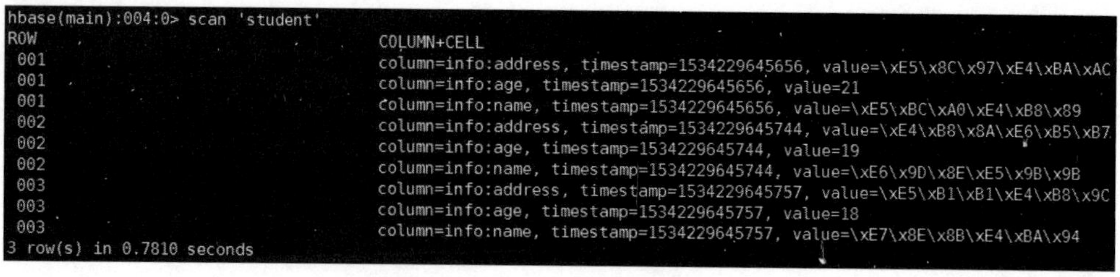

```
hbase(main):004:0> scan 'student'
ROW                    COLUMN+CELL
 001                   column=info:address, timestamp=1534229645656, value=\xE5\x8C\x97\xE4\xBA\xAC
 001                   column=info:age, timestamp=1534229645656, value=21
 001                   column=info:name, timestamp=1534229645656, value=\xE5\xBC\xA0\xE4\xB8\x89
 002                   column=info:address, timestamp=1534229645744, value=\xE4\xB8\x8A\xE6\xB5\xB7
 002                   column=info:age, timestamp=1534229645744, value=19
 002                   column=info:name, timestamp=1534229645744, value=\xE6\x9D\x8E\xE5\x9B\x9B
 003                   column=info:address, timestamp=1534229645757, value=\xE5\xB1\xB1\xE4\xB8\x9C
 003                   column=info:age, timestamp=1534229645757, value=18
 003                   column=info:name, timestamp=1534229645757, value=\xE7\x8E\x8B\xE4\xBA\x94
3 row(s) in 0.7810 seconds
```

图 3-44 扫描 student 表的数据

2. 编写 Spark 应用程序

在 Spark 的 Maven 项目中，除了 Spark RDD 本身所需的核心依赖库外，还需要引入以下依赖：

```
<!-- Hadoop通用 API -->
<dependency>
   <groupId>org.apache.hadoop</groupId>
   <artifactId>hadoop-common</artifactId>
   <version>3.3.1</version>
</dependency>
<!-- Hadoop客户端 API -->
<dependency>
   <groupId>org.apache.hadoop</groupId>
   <artifactId>hadoop-client</artifactId>
   <version>3.3.1</version>
</dependency>
<!-- HBase客户端 API -->
<dependency>
   <groupId>org.apache.hbase</groupId>
   <artifactId>hbase-client</artifactId>
   <version>2.4.9</version>
</dependency>
<!-- HBase针对 MapReduce的 API -->
<dependency>
    <groupId>org.apache.hbase</groupId>
    <artifactId>hbase-mapreduce</artifactId>
    <version>2.4.9</version>
</dependency>
<dependency>
   <groupId>org.apache.hbase</groupId>
   <artifactId>hbase-server</artifactId>
   <version>2.4.9</version>
</dependency>
```

引入所需依赖后，编写 Spark 应用程序，完整代码如下：

```
import org.apache.spark.{SparkConf, SparkContext}
import org.apache.hadoop.hbase.HBaseConfiguration
import org.apache.hadoop.hbase.client.Result
import org.apache.hadoop.hbase.io.ImmutableBytesWritable
import org.apache.hadoop.hbase.mapreduce.TableInputFormat
import org.apache.hadoop.hbase.util.Bytes
import org.apache.spark.rdd.RDD
```

```
/**
 * Spark 读取 HBase 表数据
 */
object SparkReadHBase {
  def main(args: Array[String]): Unit = {
    //创建 SparkConf 对象，存储应用程序的配置信息
    val conf = new SparkConf()
    conf.setAppName("SparkReadHBase")
    conf.setMaster("local[*]")
    //创建 SparkContext 对象
    val sc = new SparkContext(conf)

    //1. 设置 HBase 配置信息
    val hbaseConf = HBaseConfiguration.create()
    //设置 ZooKeeper 集群地址
    hbaseConf.set("hbase.zookeeper.quorum","192.168.170.133")
    //设置 ZooKeeper 连接端口，默认为 2181
    hbaseConf.set("hbase.zookeeper.property.clientPort", "2181")
    //指定表名
    hbaseConf.set(TableInputFormat.INPUT_TABLE, "student")

    //2. 读取 HBase 表数据并转化成 RDD
    val hbaseRDD: RDD[(ImmutableBytesWritable, Result)] = sc.newAPIHadoopRDD(
      hbaseConf,
      classOf[TableInputFormat],
      classOf[ImmutableBytesWritable],
      classOf[Result]
    )

    //3. 输出 RDD 中的数据到控制台
    hbaseRDD.foreach{ case (_ ,result) =>
      //获取行键
      val key = Bytes.toString(result.getRow)
      //通过列族和列名获取列值
      val name = Bytes.toString(result.getValue("info".getBytes,
"name".getBytes))
      val gender = Bytes.toString(result.getValue("info".getBytes,
"address".getBytes))
      val age = Bytes.toString(result.getValue("info".getBytes,"age".getBytes))
      println("行键:"+key+"\t 姓名:"+name+"\t 地址:"+gender+"\t 年龄:"+age)
    }

  }
}
```

直接在 IDEA 中本地执行上述代码，控制台输出结果如下：

```
行键:001    姓名:张三    地址:北京    年龄:21
行键:002    姓名:李四    地址:上海    年龄:19
```

3.14.2　写入 HBase 表数据

Spark RDD 向 HBase 写入数据有 3 种方式，下面分别进行讲解。

1. 使用 HBase Table 对象的 put()方法

使用 put()方法需要提前创建好 Put 对象，将每一条数据存入一个 Put 对象中，然后调用该方法一条一条地向 HBase 表中插入数据。如果数据量太大，就会多次调用 put()方法，这可能会影响系统性能，严重时将导致 HBase 集群节点宕机，因此这种方式不适合大量数据的写入。

使用 put()方法向 HBase 表 student 写入数据的完整代码如下：

```
import org.apache.hadoop.hbase.HBaseConfiguration
import org.apache.hadoop.hbase.client.Put
import org.apache.spark.{SparkConf, SparkContext}
import org.apache.hadoop.hbase.TableName
import org.apache.hadoop.hbase.util.Bytes
import org.apache.hadoop.hbase.client.ConnectionFactory
/**
  * 向 HBase 表写入数据
  */
object SparkWriteHBase {
  def main(args: Array[String]): Unit = {
    //创建 SparkConf 对象，存储应用程序的配置信息
    val conf = new SparkConf()
    conf.setAppName("SparkWriteHBase")
    conf.setMaster("local[*]")
    //创建 SparkContext 对象
    val sc = new SparkContext(conf)

    //1. 构建需要添加的数据 RDD
    val initRDD = sc.makeRDD(
      Array(
        "003,王五,山东,23",
        "004,赵六,河北,20"
      )
    )

    //2. 循环 RDD 的每个分区
    initRDD.foreachPartition(partition=> { ❶
      //2.1 设置 HBase 配置信息
      val hbaseConf = HBaseConfiguration.create()
      //设置 ZooKeeper 集群地址
      hbaseConf.set("hbase.zookeeper.quorum","192.168.170.133")
      //设置 ZooKeeper 连接端口，默认为 2181
      hbaseConf.set("hbase.zookeeper.property.clientPort", "2181")
      //创建数据库连接对象
      val conn = ConnectionFactory.createConnection(hbaseConf)
      //指定表名
      val tableName = TableName.valueOf("student")
      //获取需要添加数据的 Table 对象
      val table = conn.getTable(tableName)

      //2.2 循环当前分区的每行数据
      partition.foreach(line => { ❷
        //分割每行数据，获取要添加的每个值
        val arr = line.split(",")
```

```
          val rowkey = arr(0)
          val name = arr(1)
          val address = arr(2)
          val age = arr(3)
          //创建 Put 对象
          val put = new Put(Bytes.toBytes(rowkey))
          put.addColumn(
            Bytes.toBytes("info"),          //列族名
            Bytes.toBytes("name"),          //列名
            Bytes.toBytes(name)             //列值
          )
          put.addColumn(
            Bytes.toBytes("info"),          //列族名
            Bytes.toBytes("address"),       //列名
            Bytes.toBytes(address))         //列值
          put.addColumn(
            Bytes.toBytes("info"),          //列族名
            Bytes.toBytes("age"),           //列名
            Bytes.toBytes(age))             //列值

          //执行添加
          table.put(put)
        })
      })

    }
  }
```

上述代码解析如下：

❶ foreachPartition()方法可以循环 RDD 的每一个分区，由于在该方法中无法使用方法外的局部变量，因此需要将 HBase 的配置和连接信息放入方法内。使用该方法的好处是，针对每个分区而不是每条数据执行一次“设置 HBase 配置信息”的操作，大大提高了执行效率。

❷ 针对每个分区，循环当前分区的每行数据，将数据放入 HBase API 的 Put 对象中，然后调用 put()方法输出数据到 HBase 表中。

上述代码执行成功后，扫描表 student，发现多了两条数据，如图 3-45 所示。

```
hbase(main):005:0> scan 'student'
ROW                    COLUMN+CELL
 001                   column=info:address, timestamp=1534229645656, value=\xE5\x8C\x97\xE4\xBA\xAC
 001                   column=info:age, timestamp=1534229645656, value=21
 001                   column=info:name, timestamp=1534229645656, value=\xE5\xBC\xA0\xE4\xB8\x89
 002                   column=info:address, timestamp=1534229645744, value=\xE4\xB8\x8A\xE6\xB5\xB7
 002                   column=info:age, timestamp=1534229645744, value=19
 002                   column=info:name, timestamp=1534229645744, value=\xE6\x9D\x8E\xE5\x9B\x9B
 003                   column=info:address, timestamp=1574671656051, value=\xE5\xB1\xB1\xE4\xB8\x9C
 003                   column=info:age, timestamp=1574671656051, value=23
 003                   column=info:name, timestamp=1574671656051, value=\xE7\x8E\x8B\xE4\xBA\x94
 004                   column=info:address, timestamp=1574671656049, value=\xE6\xB2\xB3\xE5\x8C\x97
 004                   column=info:age, timestamp=1574671656049, value=20
 004                   column=info:name, timestamp=1574671656049, value=\xE8\xB5\xB5\xE5\x85\xAD
4 row(s) in 7.7330 seconds
```

图 3-45　扫描 student 表的数据

2. 使用 Spark RDD 的 saveAsHadoopDataset()方法

saveAsHadoopDataset()方法可以将RDD数据输出到任意Hadoop支持的存储系统，包括HBase。该方法需要传入一个 Hadoop JobConf 对象，JobConf 对象用于存储 Hadoop 配置信息。使用saveAsHadoopDataset()方法需要提前将需要写入 HBase 的 RDD 数据转为(ImmutableBytesWritable, Put)类型，完整代码如下：

```
import org.apache.hadoop.hbase.client.Put
import org.apache.hadoop.hbase.io.ImmutableBytesWritable
import org.apache.hadoop.hbase.mapred.TableOutputFormat
import org.apache.hadoop.hbase.util.Bytes
import org.apache.hadoop.mapred.JobConf
import org.apache.spark.rdd.RDD
import org.apache.spark.{SparkConf, SparkContext}
/**
  * 向HBase表写入数据
  */
object SparkWriteHBase2 {
  def main(args: Array[String]): Unit = {
    //创建SparkConf对象，存储应用程序的配置信息
    val conf = new SparkConf()
    conf.setAppName("SparkWriteHBase2")
    conf.setMaster("local[*]")
    //创建SparkContext对象
    val sc = new SparkContext(conf)

    //1. 设置配置信息
    //创建Hadoop JobConf对象
    val jobConf = new JobConf()
    //设置ZooKeeper集群地址
    jobConf.set("hbase.zookeeper.quorum","192.168.170.133")
    //设置ZooKeeper连接端口，默认为2181
    jobConf.set("hbase.zookeeper.property.clientPort", "2181")
    //指定输出格式
    jobConf.setOutputFormat(classOf[TableOutputFormat])
    //指定表名
    jobConf.set(TableOutputFormat.OUTPUT_TABLE,"student")

    //2. 构建需要写入的RDD数据
    val initRDD = sc.makeRDD(
      Array(
        "005,王五,山东,23",
        "006,赵六,河北,20"
      )
    )

    //将RDD转换为(ImmutableBytesWritable, Put)类型
    val resultRDD: RDD[(ImmutableBytesWritable, Put)] = initRDD.map(
      _.split(",")
    ).map(arr => {
      val rowkey = arr(0)
      val name = arr(1)                    //姓名
      val address = arr(2)                 //地址
      val age = arr(3)                     //年龄
```

```
        //创建 Put 对象
        val put = new Put(Bytes.toBytes(rowkey)) ❶
        put.addColumn(
          Bytes.toBytes("info"),        //列族
          Bytes.toBytes("name"),        //列名
          Bytes.toBytes(name)           //列值
        )
        put.addColumn(
          Bytes.toBytes("info"),        //列族
          Bytes.toBytes("address"),     //列名
          Bytes.toBytes(address))       //列值
        put.addColumn(
          Bytes.toBytes("info"),        //列族
          Bytes.toBytes("age"),         //列名
          Bytes.toBytes(age))           //列值
         //拼接为元组返回
         (new ImmutableBytesWritable, put) ❷
      })
      //3. 写入数据
      resultRDD.saveAsHadoopDataset(jobConf) ❸
      sc.stop()
    }
  }
```

上述代码解析如下：

❶ 使用 HBase API 创建 Put 对象，传入需要添加数据的 rowkey 值；然后调用 Put 对象的 addColumn()方法添加列族、列名及列值，每个 Put 对象存储一条数据。

❷ ImmutableBytesWritable 是一个位于 org.apache.hadoop.hbase.io 包中的可用于键值的字节序列化类。此处是将 RDD 中的每个元素转换为(ImmutableBytesWritable, Put)类型的元组，每个 RDD 元素的数据则存储在元组的 Put 对象里。

❸ saveAsHadoopDataset()方法负责执行写入数据，该方法需要传入一个 Hadoop JobConf 对象，应该像配置 Hadoop MapReduce 作业一样向 JobConf 对象配置一个输出格式对象 OutputFormat 和一个输出路径（例如，一个要写入数据的表名）。saveAsHadoopDataset()方法的源码如下：

```
  /**
   * 输出 RDD 数据到任何 Hadoop 支持的存储系统
   */
  def saveAsHadoopDataset(conf: JobConf): Unit = self.withScope {
    val config = new HadoopMapRedWriteConfigUtil[K, V](new
SerializableJobConf(conf))
    SparkHadoopWriter.write(         //执行数据写入操作
      rdd = self,
      config = config)
  }
```

上述代码首先创建 Hadoop 写入配置信息（config 对象），然后调用 SparkHadoopWriter.write()方法执行写入操作，该方法的写入流程如下：

（1）Driver 端设置，为要发出的写作业准备数据源和 Hadoop 配置。

（2）一个写作业由一个或多个 Executor（执行器）端的 Task 任务组成，每个 Executor 端的 Task 任务负责写一个 RDD 分区内的所有行。

（3）如果在任务执行期间没有抛出任何异常，就提交该任务，否则将中止该任务。

（4）如果所有任务都已提交，就提交作业；否则在作业执行期间抛出任何异常，都将终止作业。

3. 使用 Spark 提供的 doBulkLoad()方法

在使用 Spark 时经常需要把数据写入 HBase 中，如果数据量较大，那么使用普通的 API 写入速度会很慢，而且会影响集群资源，这时候可以使用 Spark 提供的批量写入数据的方法 doBulkLoad()。这种批量写入的方式利用了 HBase 的数据是按照特定格式存储在 HDFS 里这一特性，通过一个 MapReduce 作业直接在 HDFS 中生成一个 HBase 的内部 HFile 数据格式文件，然后将数据文件加载到 HBase 集群中，完成巨量数据快速入库的操作。与使用 HBase API 相比，使用这种方式导入数据不会产生巨量的写入 I/O，占用更少的 CPU 和网络资源。

doBulkLoad()方法可以读取指定目录中的文件数据，然后加载到预先存在的 HBase 表中。使用该方法写入数据的完整源码如下：

```
import org.apache.hadoop.conf.Configuration
import org.apache.hadoop.fs.{FileSystem, Path}
import org.apache.hadoop.hbase._
import org.apache.hadoop.hbase.client.ConnectionFactory
import org.apache.hadoop.hbase.io.ImmutableBytesWritable
import org.apache.hadoop.hbase.mapreduce.{HFileOutputFormat2,
LoadIncrementalHFiles}
import org.apache.hadoop.hbase.util.Bytes
import org.apache.spark.rdd.RDD
import org.apache.spark.{SparkConf, SparkContext}

/**
  * Spark 批量写入数据到 HBase
  */
object SparkWriteHBase3 {
  def main(args: Array[String]): Unit = {
    //创建 SparkConf 对象，存储应用程序的配置信息
    val conf = new SparkConf()
    conf.setAppName("SparkWriteHBase3")
    conf.setMaster("local[*]")
    //创建 SparkContext 对象
    val sc = new SparkContext(conf)

    //1. 设置 HDFS 和 HBase 配置信息
    val hadoopConf = new Configuration()
    hadoopConf.set("fs.defaultFS", "hdfs://192.168.170.133:9000")
    val fileSystem = FileSystem.get(hadoopConf)
    val hbaseConf = HBaseConfiguration.create(hadoopConf)
    //设置 ZooKeeper 集群地址
    hbaseConf.set("hbase.zookeeper.quorum","192.168.170.133")
    //设置 ZooKeeper 连接端口，默认为 2181
    hbaseConf.set("hbase.zookeeper.property.clientPort", "2181")
    //创建数据库连接对象
```

```
val conn = ConnectionFactory.createConnection(hbaseConf)
//指定表名
val tableName = TableName.valueOf("student")
//获取需要添加数据的 Table 对象
val table = conn.getTable(tableName)
//获取操作数据库的 Admin 对象
val admin = conn.getAdmin()

//2. 添加数据前的判断
//如果 HBase 表不存在，就创建一个新表
if (!admin.tableExists(tableName)) {
  val desc = new HTableDescriptor(tableName)        //表名
  val hcd = new HColumnDescriptor("info")           //列族
  desc.addFamily(hcd)
  admin.createTable(desc)                           //创建表
}
//如果存放 HFile 文件的 HDFS 目录已经存在，就删除
if(fileSystem.exists(new Path("hdfs://192.168.170.133:9000/tmp/hbase"))) {
  fileSystem.delete(new Path("hdfs://192.168.170.133:9000/tmp/hbase"),
true)
}
//3. 构建需要添加的 RDD 数据
//初始数据
val initRDD = sc.makeRDD(
  Array(
    "rowkey:007,name:王五",
    "rowkey:007,address:山东",
    "rowkey:007,age:23",
    "rowkey:008,name:赵六",
    "rowkey:008,address:河北",
    "rowkey:008,age:20"
  )
)
//数据转换
//转换为(ImmutableBytesWritable, KeyValue)类型的 RDD
val resultRDD: RDD[(ImmutableBytesWritable, KeyValue)] = initRDD.map(
  _.split(",")
).map(arr => {
  val rowkey = arr(0).split(":")(1)          //行键
  val qualifier = arr(1).split(":")(0)   //列名
  val value = arr(1).split(":")(1)           //列值

  val kv = new KeyValue( ❶
    Bytes.toBytes(rowkey),
    Bytes.toBytes("info"),
    Bytes.toBytes(qualifier),
    Bytes.toBytes(value)
  )
  //构建(ImmutableBytesWritable, KeyValue)类型的元组返回
  (new ImmutableBytesWritable(Bytes.toBytes(rowkey)), kv) ❷
})
```

```
    //4. 写入数据
    //在 HDFS 中生成 HFile 文件
    resultRDD.saveAsNewAPIHadoopFile( ❸
      "hdfs://192.168.170.133:9000/tmp/hbase",
      classOf[ImmutableBytesWritable],       //对应 RDD 元素中的 key
      classOf[KeyValue],                     //对应 RDD 元素中的 value
      classOf[HFileOutputFormat2],
      hbaseConf
    )
    //加载 HFile 文件到 HBase
    val bulkLoader = new LoadIncrementalHFiles(hbaseConf) ❹
    val regionLocator = conn.getRegionLocator(tableName)
    bulkLoader.doBulkLoad( ❺
      new Path("hdfs://192.168.170.133:9000/tmp/hbase"),     //HFile 文件位置
      admin,              //操作 HBase 数据库的 Admin 对象
      table,              //目标 Table 对象（包含表名）
      regionLocator       //RegionLocator 对象，用于查看单个 HBase 表的区域位置信息
    )
    sc.stop()
  }
}
```

上述代码解析如下：

❶ KeyValue 是一个 HBase 键值类型，实现了单元格接口 Cell。一个 KeyValue 对象存储了 HBase 一个单元格的数据，包括单元格的行键（rowkey）、所属列族（family）、时间戳、列限定符（qualifier）、列值等。

❷ 此处是将 RDD 中的每个元素转换为(ImmutableBytesWritable, KeyValue)类型的元组，每个元素的数据则存储于元组的 KeyValue 对象里。

❸ saveAsNewAPIHadoopFile()方法可以将 RDD 输出到任何 Hadoop 支持的文件系统中。该方法的源码如下：

```
/**
 * 输出 RDD 到任何 Hadoop 支持的文件系统
 */
def saveAsNewAPIHadoopFile(
            path: String,
            keyClass: Class[_],
            valueClass: Class[_],
            outputFormatClass: Class[_ <: NewOutputFormat[_, _]],
            conf: Configuration = self.context.hadoopConfiguration
        ): Unit = self.withScope {
  //内部重命名为 hadoopConf
  val hadoopConf = conf
  //构建作业对象实例
  val job = NewAPIHadoopJob.getInstance(hadoopConf)
  //设置输出类型
  job.setOutputKeyClass(keyClass)                  //设置输出 key 的类型
  job.setOutputValueClass(valueClass)              //设置输出 value 的类型
  job.setOutputFormatClass(outputFormatClass)      //设置输出格式
  //得到 Hadoop Configuration 对象
```

```
    val jobConfiguration = job.getConfiguration
    jobConfiguration.set(
      "mapreduce.output.fileoutputformat.outputdir", path
    )
    saveAsNewAPIHadoopDataset(jobConfiguration)    //新的 Hadoop API
}
```

上述代码首先构建了一个作业对象实例 job，并配置了 job 对象的相关输出格式；然后使用 job 对象得到了 Hadoop 配置对象 Configuration；最后调用 saveAsNewAPIHadoopDataset()方法（新的 Hadoop API）将 RDD 输出到任何 Hadoop 支持的存储系统（此处为 HDFS 系统）。

❹ 创建 HBase 的 LoadIncrementalHFiles 对象，该对象负责将新创建的 HFile 文件加载到 HBase 表中。

❺ 通过调用 LoadIncrementalHFiles 对象的 doBulkLoad()方法传入相应参数，执行数据的加载。

3.15　案例分析：Spark RDD 数据倾斜问题的解决

我们知道，一个 Spark 应用程序会根据其内部的 Action 操作划分成多个作业，每个作业内部又会根据 Shuffle 操作划分成多个 Stage，每个 Stage 由多个 Task 任务并行进行计算，每个 Task 任务只计算一个分区的数据。

假设某个 Spark 作业有两个 Stage，分别为 Stage0 和 Stage1，那么 Stage1 必须等待 Stage0 计算完成才能开始。如果 Stage0 内部分配了 n 个 Task 任务进行计算，其中有 1 个 Task 任务负责计算的分区数据量过大，执行了 1 个小时还没结束，其余的 n-1 个 Task 任务在半小时内就执行完毕了，那么其余的所有 Task 任务都需要等待这最后 1 个 Task 任务执行结束后才能进入下一个 Stage。这种由于某个 Task 任务计算的数据量过大导致拖慢整个 Spark 作业的完成时间的现象就是数据倾斜。

数据倾斜是大数据计算中很常见的问题，例如 WordCount 单词计数中，使用 reduceByKey()算子进行聚合时，必须将各个节点上相同的 key 拉取到同一个节点上的同一个分区中进行处理，此时如果某个 key 对应的数据量特别大，就会产生数据倾斜。

在如图 3-46 所示的 Shuffle 过程中，单词 hello 有 10 条数据，全部被分配到了同一个分区中，由同一个 Task 任务来处理（一个 Task 任务处理一个分区的数据）；而剩余的两个分区中则分别只分配到了一条数据。若单词 hello 的数据量非常大，则将产生数据倾斜。

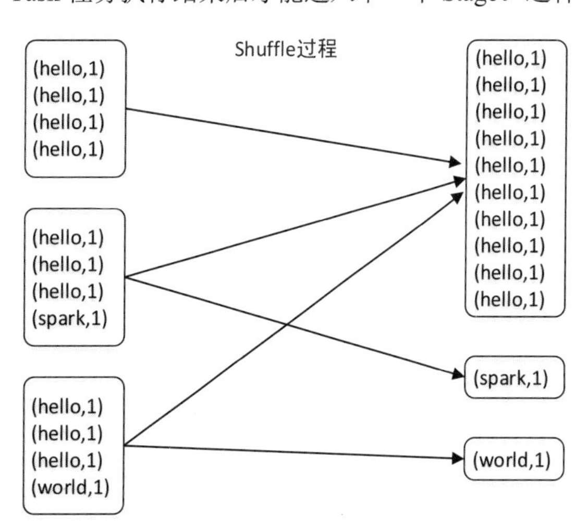

图 3-46　Spark Shuffle 过程产生数据倾斜

3.15.1　数据倾斜的常用解决方法

数据倾斜的解决思路就是保证每个 Task 任务所计算的数据尽量保持均匀。数据在到达 Spark 之前能够做到划分得足够均匀当然是最好了，如果做不到，就要对读取的数据进行加工，尽量保证均匀，再开始计算。常用的解决方案有以下几种。

1. 数据预处理

假设 Spark 的数据源来自于 Hive，那么可以在 Hive 中对数据进行一次预处理，尽量保证数据划分均匀。也可以在 Hive 中提前对数据进行一次聚合，当数据传入 Spark 中后，不需要再次进行 reduceByKey()等聚合操作，没有了 Shuffle 阶段，从而避免了数据倾斜。

2. 过滤导致数据倾斜的 key

如果产生数据倾斜的 key 没有实际意义（比如存在很多 key 是“-”），对业务不会产生影响，那么可以在使用 Spark 读取数据时直接用 filter()算子将其过滤掉，过滤掉的 key 不会参与后面的计算，从而消除了数据倾斜。

3. 提高 Shuffle 操作的并行度

Spark RDD 的 Shuffle 过程与 MapReduce 类似，涉及数据重组和重新分区。如果分区数量（并行度）设置得不合适，很可能造成大量不同的 key 被分配到同一个分区中，导致某个 Task 任务处理的数据量远远大于其他 Task 任务，造成数据倾斜。

可以在使用聚合算子（例如 groupByKey()、countByKey()、reduceByKey()等）时传入一个参数来指定分区数量（并行度），这样能够让原本分配给一个 Task 任务的多个 key 分配给多个 Task 任务，让每个 Task 任务处理比原来更少的数据，从而减轻数据倾斜的影响。例如，在对某个 RDD 执行 reduceByKey()算子时，可以传入一个参数，即 reduceByKey(20)，该参数可以指定 Shuffle 操作的并行度，也就是数据重组后的分区数量，原理如图 3-47 所示。

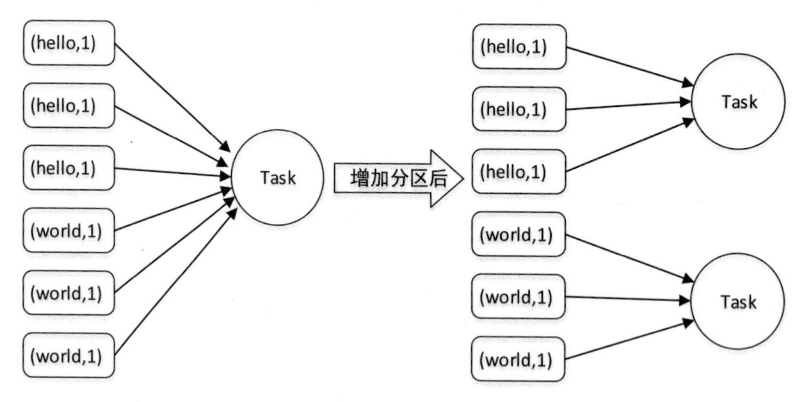

图 3-47　通过增加分区避免数据倾斜

使用增加并行度的方式其实没有彻底解决数据倾斜问题，因为对于一些极端情况，比如某个 key 对应的数据量有 100 万，那么无论 Task 任务的数量增加到多少，这个 key 仍然会分配到一个分区中由一个 Task 任务处理（无论是 MapReduce 还是 Spark，相同的 key 一定会分配到同一个分区中），这样还是会发生数据倾斜。

4. 使用随机 key 进行双重聚合

在相同的 key 上追加随机数字作为前缀，将相同的 key 变为多个不同的 key，这样可以让原本被分配到同一个分区中的 key 分散到多个分区中，从而使用多个 Task 任务进行处理，解决单个 Task 处理数据量过多的问题。到这里只是一个局部聚合，接着去除每个 key 的随机前缀进行全局聚合，就可以得到最终的结果，从而避免数据倾斜。这种使用双重聚合避免数据倾斜的方式在 Spark 中适合 groupByKey()和 reduceByKey()等聚合类算子，聚合原理如图 3-48 所示。

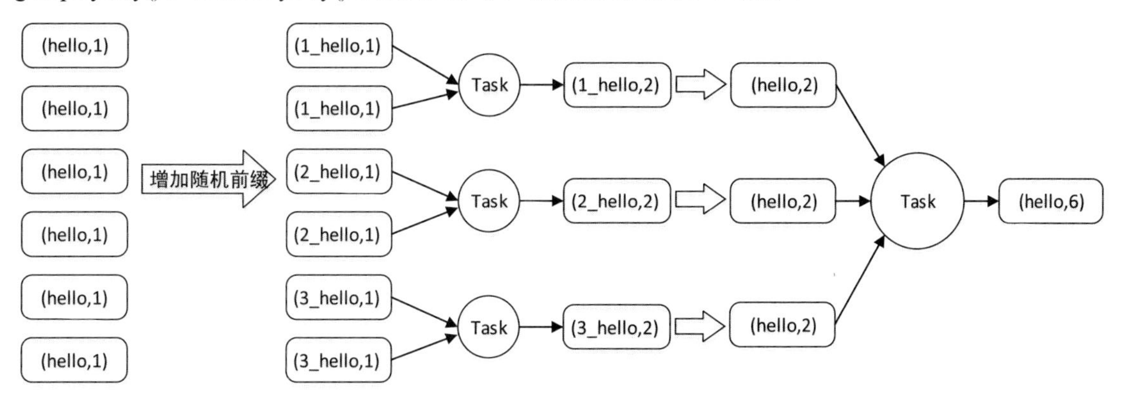

图 3-48　使用随机 key 进行双重聚合

3.15.2 节将通过实际操作重点讲解如何使用随机 key 进行双重聚合。

3.15.2　使用随机 key 进行双重聚合

已知在 HDFS 目录 hdfs://centos01:9000/input/中有一个单词文件 words.txt，该文件的内容如下（测试数据，数据量较少）：

```
hello hello hadoop spark hello hello hello hello hello hello hello hello
hello scala i love spark hello hello hello hello hello hello hello hello
hello hello hadoop spark hello hello hello hello hello hello hello hello
hello hello java spark hello hello hello hello hello hello hello hello
hello hello python spark hello hello hello hello hello hello hello hello
hello hello hello hello hello hello hello hello hello hello hello hello
hello hello hello hello hello hello hello hello hello hello hello hello
hello hello hello hello hello hello hello hello hello hello hello hello
hello hello hello hello hello hello hello hello hello hello hello hello
```

现需要对上述内容进行单词计数统计，若单词 hello 的数量非常大，则 Spark 计算时将发生数据倾斜。使用随机 key 进行双重聚合的方式解决数据倾斜问题，完整代码如下：

```
import org.apache.spark.{SparkConf, SparkContext}
import scala.util.Random

/**
  * Spark RDD 解决数据倾斜案例
  */
object DataLean {
  def main(args: Array[String]): Unit = {
```

```
        //创建 Spark 配置对象
        val conf = new SparkConf();
        conf.setAppName("DataLean")
        conf.setMaster("spark://centos01:7077");

        //创建 SparkContext 对象
        val sc = new SparkContext(conf);

        //1. 读取测试数据
        val linesRDD = sc.textFile("hdfs://centos01:9000/input/words.txt");
        //2. 统计单词数量
        linesRDD
          .flatMap(_.split(" "))
          .map((_, 1))
          .map(t => {
            val word = t._1
            val random = Random.nextInt(100)//产生 0~99 的随机数
            //单词加入随机数前缀，格式：(前缀_单词,数量)
            (random + "_" + word, 1)
          })
          .reduceByKey(_ + _)                    //局部聚合
          .map(t => {
            val word = t._1
            val count = t._2
            val w = word.split("_")(1)  //去除前缀
            //单词去除随机数前缀，格式：(单词,数量)
            (w, count)
          })
          .reduceByKey(_ + _)//全局聚合
          //输出结果到指定的 HDFS 目录
          .saveAsTextFile("hdfs://centos01:9000/output/")
    }
}
```

将上述代码打包为spark.demo.jar，上传到Spark集群的centos01节点，然后执行以下命令提交应用程序：

```
[hadoop@centos01 spark]$ bin/spark-submit \
--master spark://centos01:7077 \
--class spark.demo.DataLean \
/opt/softwares/spark.demo.jar
```

提交成功后，查看HDFS中的结果数据，如图3-49所示。

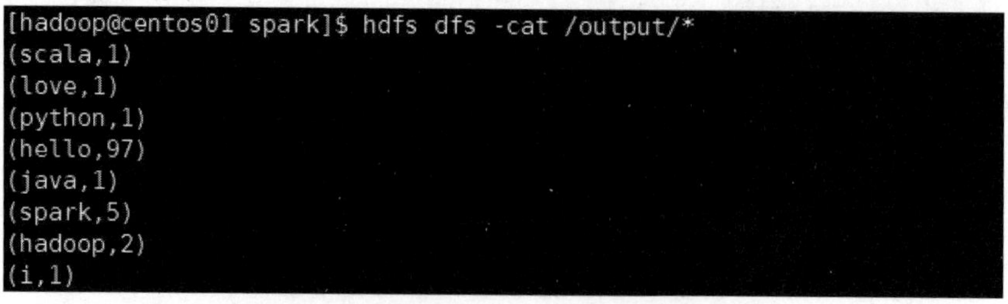

```
[hadoop@centos01 spark]$ hdfs dfs -cat /output/*
(scala,1)
(love,1)
(python,1)
(hello,97)
(java,1)
(spark,5)
(hadoop,2)
(i,1)
```

图3-49　查看HDFS中的结构数据

此时在浏览器中访问地址 http://centos01:18080/查看历史作业的详细信息(需要提前开启 Spark HistoryServer 服务，开启步骤详见 3.15.3 节），如图 3-50 所示。

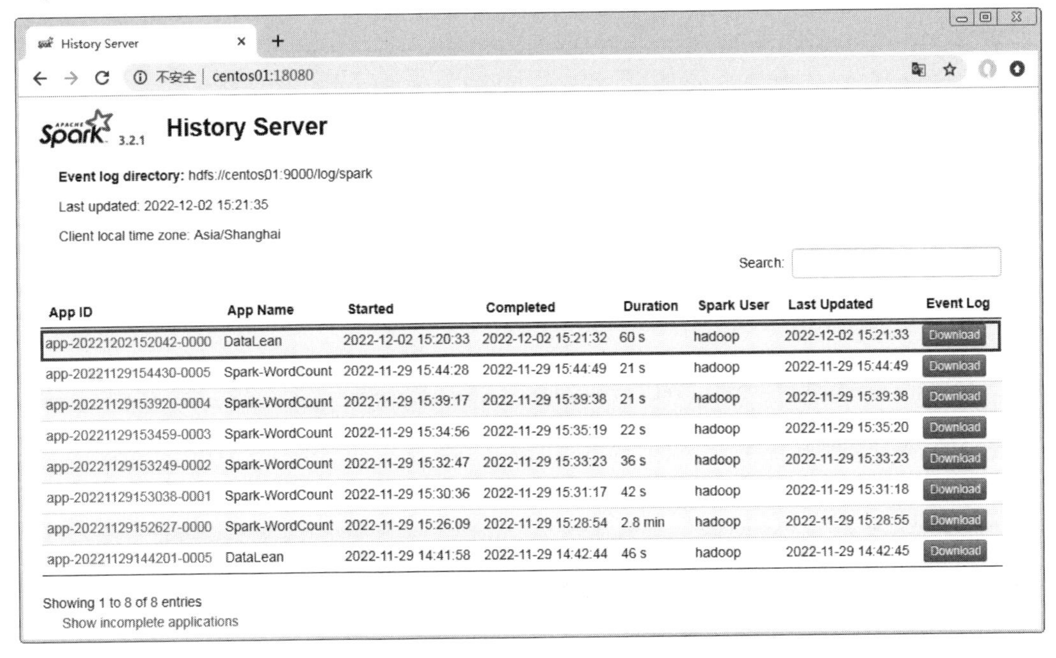

图 3-50　Spark WebUI 查看历史作业信息

可以看出，Spark 最近执行的应用程序排在列表最上方。单击 App ID 列对应的超链接，可以查看当前应用程序的详细执行信息。例如，查看本次作业的 DAG 可视图，如图 3-51 所示。

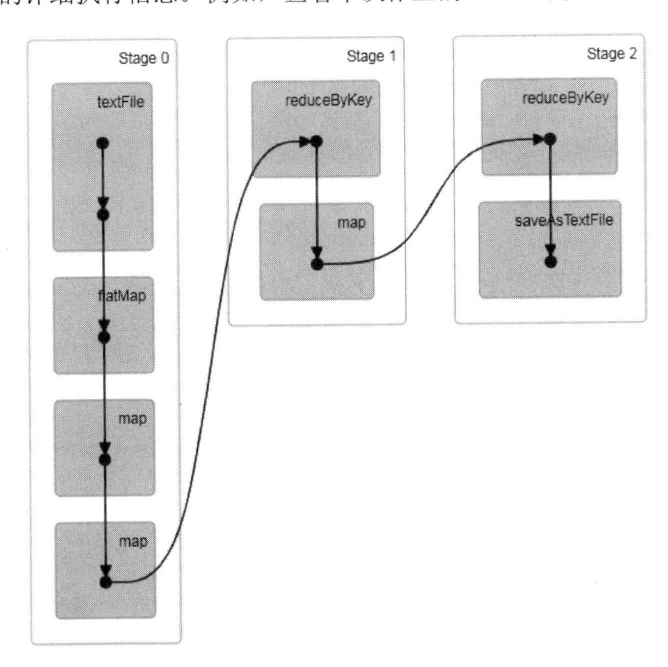

图 3-51　Spark WeUI 查看作业的 DAG 可视图

单击 DAG 图中的 Stage1 部分，可以查看 Stage1 的所有 Task 任务的详细执行信息，如图 3-52 所示。

Tasks (2)

Index	ID	Attempt	Status	Locality Level	Executor ID	Host		Launch Time	Duration	GC Time	Shuffle Read Size / Records	Write Time	Shuffle Write Size / Records	Errors
0	2	0	SUCCESS	NODE_LOCAL	0	192.168.170.135	stdout stderr	2022/12/02 15:21:28	1 s		366.0 B / 47		116.0 B / 4	
1	3	0	SUCCESS	NODE_LOCAL	1	192.168.170.134	stdout stderr	2022/12/02 15:21:28	1 s	8 ms	369.0 B / 43		139.0 B / 6	

图 3-52　Spark WeUI 查看 Stage 所有 Task 任务的详细执行信息

单击 DAG 图中的 Stage2 部分，可以查看 Stage2 的所有 Task 任务的详细执行信息，如图 3-53 所示。

Tasks (2)

Index	ID	Attempt	Status	Locality Level	Executor ID	Host		Launch Time	Duration	GC Time	Output Size / Records	Shuffle Read Size / Records	Errors
0	4	0	SUCCESS	NODE_LOCAL	0	192.168.170.135	stdout stderr	2022/12/02 15:21:29	2 s	13 ms	50.0 B / 5	137.0 B / 6	
1	5	0	SUCCESS	NODE_LOCAL	1	192.168.170.134	stdout stderr	2022/12/02 15:21:29	2 s	20 ms	27.0 B / 3	118.0 B / 4	

图 3-53　Spark WeUI 查看 Stage 所有 Task 任务的详细执行信息

查看 HDFS 目录/log/spark（开启 HistoryServer 服务时配置的事件日志的存储位置），可以看到生成了当前应用程序的事件日志文件，如图 3-54 所示。

```
[hadoop@centos01 spark]$ hdfs dfs -ls /log/spark
Found 5 items
-rwxrwx---   2 hadoop supergroup      19861 2022-11-29 15:33 /log/spark/app-20221129153249-0002.lz4
-rwxrwx---   2 hadoop supergroup      20298 2022-11-29 15:35 /log/spark/app-20221129153459-0003.lz4
-rwxrwx---   2 hadoop supergroup      20399 2022-11-29 15:39 /log/spark/app-20221129153920-0004.lz4
-rwxrwx---   2 hadoop supergroup      22592 2022-11-29 15:44 /log/spark/app-20221129154430-0005.lz4
-rwxrwx---   2 hadoop supergroup      15428 2022-12-02 15:21 /log/spark/app-20221202152042-0000.lz4
```

图 3-54　查看 HDFS 中生成的 Spark 应用程序的日志记录文件

3.15.3　WebUI 查看 Spark 历史作业

在 Spark 作业运行结束后，4040 端口提供的 WebUI 服务会停止，为了能够持续查看已经结束的 Spark 历史作业的情况，可以开启 Spark 提供的 HistoryServer 服务。通过相应的配置，Spark 作业在运行结束之后会将作业的运行信息（事件日志）写入指定目录，而 Spark HistoryServer 可以将这些运行信息装载并提供 WebUI 供用户浏览。

开启 HistoryServer 服务的具体操作步骤如下（本例全部在 Master 节点上操作）：

步骤 01　复制 Spark 默认配置模板文件 spark-defaults.conf.template 为 spark-defaults.conf，命令如下：

```
[hadoop@centos01 conf]$ cp spark-defaults.conf.template spark-defaults.conf
```

步骤 02　修改 spark-defaults.conf 文件，添加以下内容：

```
spark.eventLog.enabled true
spark.eventLog.dir hdfs://centos01:9000/log/spark
spark.eventLog.compress true
```

上述内容解析如下：

- spark.eventLog.enabled：必须设置为 true，表示开启记录所有事件日志。如果 Spark 记录下了一个作业生命周期内的所有事件，当作业执行完成后，访问 WebUI 时将自动使用记录的事件数据绘制作业的 WebUI。

- spark.eventLog.dir: Spark 事件日志的存储位置（只用于 WebUI 查看），默认是/tmp/spark-events，建议调整为其他目录，此处为 HDFS 目录。
- spark.eventLog.compress: 是否压缩数据，默认为 false。建议开启压缩以减少磁盘空间占用。

步骤 03 修改 Spark 配置文件 spark-env.sh，添加以下内容：

```
export SPARK_HISTORY_OPTS="-Dspark.history.ui.port=18080
-Dspark.history.retainedApplications=3
-Dspark.history.fs.logDirectory=hdfs://centos01:9000/log/spark"
```

上述内容解析如下：

- spark.history.ui.port: 查看历史作业的 WebUI 端口，默认是 18080。
- spark.history.retainedApplications: 允许在内存中存放历史 Spark 应用程序的个数，内存中的信息在访问页面时可直接读取渲染。例如，该属性等于 3，表示内存中最多只能存放 3 个应用程序的日志信息。
- spark.history.fs.logDirectory: Spark 事件日志的存储位置（同属性 spark.eventLog.dir）。

步骤 04 在 HDFS 中创建上述指定的存储 Spark 事件日志的目录（若 HDFS 中无该目录，则启动 Spark HistoryServer 服务时将抛出异常），代码如下：

```
$ hdfs dfs -mkdir -p /log/spark
```

步骤 05 进入 Spark 安装目录，重启 Spark 集群，代码如下：

```
[hadoop@centos01 spark]$ sbin/stop-all.sh
centos03: stopping org.apache.spark.deploy.worker.Worker
centos02: stopping org.apache.spark.deploy.worker.Worker
stopping org.apache.spark.deploy.master.Master

[hadoop@centos01 spark]$ sbin/start-all.sh
```

步骤 06 进入 Spark 安装目录，启动 HistoryServer 服务，代码如下：

```
[hadoop@centos01
spark]$ sbin/start-history-server.sh
```

启动成功后，使用 jps 命令查看启动的所有 Java 进程，发现多了一个名为 HistoryServer 的进程，如图 3-55 所示。

```
[hadoop@centos01 spark]$ jps
9121 HistoryServer
9153 Jps
2836 NameNode
2949 DataNode
3125 SecondaryNameNode
9015 Master
```

图 3-55　查看所有运行的 Java 进程

至此，HistoryServer 服务开启成功。后续提交的 Spark 应用程序可以通过浏览器访问地址 http://centos01:18080/查看历史作业的详细信息。

3.16 动手练习

1. 编写 Spark 程序，利用 map()算子将一个整型数组中的每个元素的值变为原来的两倍。

2. 假设有以下广告点击日志数据（从左到右分别为点击时间、所在省份、广告 ID，用户每一次点击广告都会新增一条数据）：

```
2020-01-01,Hebei,1001
2020-01-01,Hunan,1001
2020-01-01,Hebei,1001
2020-01-02,Hebei,1003
2020-01-02,Hebei,1003
2020-01-02,Hebei,1007
2020-01-02,Hebei,1008
2020-01-03,Hunan,1003
2020-01-03,Hunan,1002
2020-01-03,Hunan,1003
2020-01-04,Hunan,1003
2020-01-04,Hunan,1002
```

（1）使用 Spark RDD 统计每一个省份点击 TOP3 的广告 ID。

（2）使用 Spark RDD 统计广告点击数量最多的前 3 个日期。

第 4 章 Spark 内核源码分析

本章首先讲解 Spark 的集群启动原理，然后讲解 Spark 的应用程序提交原理，最后讲解 Spark 作业的工作原理和检查点的执行原理。从源码的角度加以分析，旨在使读者能够更加深刻地理解 Spark 的底层工作机制。

学习本章时，建议读者打开 IDEA，根据书中的思路一步一步阅读 Spark 的核心源码。

本章学习目标

- 掌握 Spark 集群的启动原理与应用程序的提交原理
- 掌握 Spark 作业的工作原理与检查点的执行原理

4.1 Spark 集群启动原理分析

我们知道，Spark 集群启动时，会在当前节点（脚本执行节点）上启动 Master，在配置文件 conf/slave 中指定的每个节点上启动一个 Worker，而 Spark 集群是通过脚本启动的，下面从启动脚本开始分析 Spark 集群的启动原理。

执行以下命令，查看启动脚本的内容：

```
$ cat sbin/start-all.sh
```

内容显示如下：

```
#!/usr/bin/env bash

#启动所有 Spark 守护进程
#在此节点上启动 Master
#在 conf/slave 中指定的每个节点上启动一个 Worker

#如果 SPARK_HOME 环境变量为空，就使用 export 设置
if [ -z "${SPARK_HOME}" ]; then
  export SPARK_HOME="$(cd "`dirname "$0"`"/..; pwd)"
fi

#加载 Spark 配置
. "${SPARK_HOME}/sbin/spark-config.sh"
```

```
#启动Master
"${SPARK_HOME}/sbin"/start-master.sh
#启动Workers
"${SPARK_HOME}/sbin"/start-workers.sh
```

从启动脚本的内容和注释可以看出，start-all.sh 脚本主要做了以下 4 件事：

1. 检查并设置环境变量

- if 语句 if [-z "${SPARK_HOME}"]; then 用于检查系统是否设置了 SPARK_HOME 环境变量。其中，参数-z 表示判定一个字符串是否为空。
- ${SPARK_HOME}表示获取系统设置的环境变量 SPARK_HOME 的路径。
- export 语句 export SPARK_HOME="$(cd "`dirname "$0"`"/..; pwd)"用于设置 SPARK_HOME 环境变量（仅限于本次登录，若注销，设置将失效）。若需永久保存设置，则需要修改/etc/profile 文件。该语句中的 dirname 命令用于显示某个文件所在的目录，变量$0 用于显示当前脚本所在的路径。

2. 加载 Spark 配置

Spark 配置的加载使用了脚本文件 sbin/spark-config.sh，该文件的内容如下：

```
#设置 SPARK_HOME 环境变量
if [ -z "${SPARK_HOME}" ]; then
  export SPARK_HOME="$(cd "`dirname "$0"`"/..; pwd)"
fi

#设置 SPARK_CONF_DIR 环境变量
export SPARK_CONF_DIR="${SPARK_CONF_DIR:-"${SPARK_HOME}/conf"}"
#将 PySpark 类添加到 PYTHONPATH
if [ -z "${PYSPARK_PYTHONPATH_SET}" ]; then
  export PYTHONPATH="${SPARK_HOME}/python:${PYTHONPATH}"
  export PYTHONPATH="${SPARK_HOME}/python/lib/py4j-0.10.7-src.zip:${PYTHONPATH}"
  export PYSPARK_PYTHONPATH_SET=1
fi
```

从上述内容可以看出，sbin/spark-config.sh 脚本的主要作用如下：

（1）设置 SPARK_HOME 环境变量。
（2）设置 SPARK_CONF_DIR 环境变量（配置文件所在的 conf 目录）。
（3）设置 PYTHONPATH 环境变量。

3. 启动 Master 进程

Master 进程的启动，使用了脚本文件 sbin/start-master.sh，该文件的内容如下：

```
#在执行此脚本的机器上启动Master进程
#设置 SPARK_HOME 环境变量
if [ -z "${SPARK_HOME}" ]; then
  export SPARK_HOME="$(cd "`dirname "$0"`"/..; pwd)"
fi

#Master进程的启动类
```

```
CLASS="org.apache.spark.deploy.master.Master"
#如果传入参数--help或-h，就输出脚本帮助信息。$@是传给脚本的所有参数的列表
if [[ "$@" = *--help ]] || [[ "$@" = *-h ]]; then
  echo "Usage: ./sbin/start-master.sh [options]"
  pattern="Usage:"
  pattern+="\|Using Spark's default log4j profile:"
  pattern+="\|Registered signal handlers for"
  #使用脚本bin/spark-class执行Master类
  "${SPARK_HOME}"/bin/spark-class $CLASS --help 2>&1 | grep -v "$pattern" 1>&2
  exit 1
fi
ORIGINAL_ARGS="$@"
. "${SPARK_HOME}/sbin/spark-config.sh"
. "${SPARK_HOME}/bin/load-spark-env.sh"
#如果Master端口属性SPARK_MASTER_PORT未设置，就默认为7077
if [ "$SPARK_MASTER_PORT" = "" ]; then
  SPARK_MASTER_PORT=7077
fi
#如果SPARK_MASTER_HOST（Master所在主机）未设置，就默认为当前主机名
if [ "$SPARK_MASTER_HOST" = "" ]; then
  case `uname` in
     (SunOS)
     SPARK_MASTER_HOST="`/usr/sbin/check-hostname | awk '{print $NF}'`"
     ;;
     (*)
     SPARK_MASTER_HOST="`hostname -f`"
     ;;
  esac
fi
#如果SPARK_MASTER_WEBUI_PORT（WebUI端口）未设置，就默认为8080
if [ "$SPARK_MASTER_WEBUI_PORT" = "" ]; then
  SPARK_MASTER_WEBUI_PORT=8080
fi
#以守护进程的方式执行启动，并传入参数
"${SPARK_HOME}/sbin"/spark-daemon.sh start $CLASS 1 \
  --host $SPARK_MASTER_HOST --port $SPARK_MASTER_PORT --webui-port
$SPARK_MASTER_WEBUI_PORT \
  $ORIGINAL_ARGS
```

从上述内容可以看出，sbin/start-master.sh 脚本的主要作用如下：

（1）设置 SPARK_HOME 环境变量。

（2）指定 Master 进程的启动类（org.apache.spark.deploy.master.Master）。

（3）指定 Master 默认端口（7077）。

（4）指定 Master 默认主机（当前主机名）。

（5）指定 WebUI 界面默认访问端口（8080）。

（6）启动 Master（以守护进程的方式），并传入启动类等参数。

最终会启动一个指定主类org.apache.spark.deploy.master.Master的JVM进程，而该类的入口点是Master伴生对象中的main()方法。下面对main()方法进行讲解，main()方法源码如下：

```
def main(argStrings: Array[String]) {
//设置当线程由于未捕获异常而突然终止，并且没有为该线程定义其他处理程序时调用的默认处理程序
  Thread.setDefaultUncaughtExceptionHandler(new
    SparkUncaughtExceptionHandler(exitOnUncaughtException = false))
  //通过日志为守护进程设置一些常见的诊断状态
  Utils.initDaemon(log)
  val conf = new SparkConf
  //将用户启动时传入的参数字符串解析为指定的参数
  val args = new MasterArguments(argStrings, conf)
  //启动Master（并构建RPC通信环境）并返回一个三元组
  //(1)Master RpcEnv（RPC通信环境）
  //(2)web UI的绑定端口
  //(3)REST服务器的绑定端口（如果有的话）
  val (rpcEnv, _, _) = startRpcEnvAndEndpoint(args.host, args.port,
    args.webUiPort, conf)
  //等待（直到RpcEnv退出）
  rpcEnv.awaitTermination()
}
```

从上述代码可以看出，该main()方法的主要作用如下：

（1）解析启动时需要的参数。

（2）启动Master并构建RPC通信环境。

方法中使用的类MasterArguments负责解析启动Master所需要的参数（主机名、端口等），该类的源码如下：

```
import scala.annotation.tailrec

import org.apache.spark.SparkConf
import org.apache.spark.internal.Logging
import org.apache.spark.util.{IntParam, Utils}

/**
 * 解析Master需要的相关参数
 */
private[master] class MasterArguments(args: Array[String], conf: SparkConf)
    extends Logging {
  //1.设置默认参数
  var host = Utils.localHostName()        //获取本地机器的主机名
  var port = 7077
  var webUiPort = 8080
  var propertiesFile: String = null

  //2.读取环境变量中设置的参数
  //SPARK_MASTER_IP被弃用，使用SPARK_MASTER_HOST代替
  if (System.getenv("SPARK_MASTER_IP") != null) {
    logWarning("SPARK_MASTER_IP is deprecated, please use SPARK_MASTER_HOST")
    host = System.getenv("SPARK_MASTER_IP")
  }
```

```
//获取 Master 主机名
if (System.getenv("SPARK_MASTER_HOST") != null) {
  host = System.getenv("SPARK_MASTER_HOST")
}
//获取 Master 端口
if (System.getenv("SPARK_MASTER_PORT") != null) {
  port = System.getenv("SPARK_MASTER_PORT").toInt
}
//获取 WebUI 访问端口
if (System.getenv("SPARK_MASTER_WEBUI_PORT") != null) {
  webUiPort = System.getenv("SPARK_MASTER_WEBUI_PORT").toInt
}

//3.解析启动 Master 时，命令行手动传入的参数
parse(args.toList)

//从给定的文件中加载默认 Spark 配置属性，如果文件没有提供，就使用通用默认文件
propertiesFile = Utils.loadDefaultSparkProperties(conf, propertiesFile)

//如果 SparkConf 中包含 spark.master.ui.port 设置，就使用该值
if (conf.contains("spark.master.ui.port")) {
  webUiPort = conf.get("spark.master.ui.port").toInt
}

@tailrec
//解析命令行参数
private def parse(args: List[String]): Unit = args match {
  //解析主机名
  case ("--ip" | "-i") :: value :: tail =>
    Utils.checkHost(value)
    host = value
    parse(tail)
  //解析主机名
  case ("--host" | "-h") :: value :: tail =>
    Utils.checkHost(value)
    host = value
    parse(tail)
  //解析端口
  case ("--port" | "-p") :: IntParam(value) :: tail =>
    port = value
    parse(tail)
  //解析 WebUI 端口
  case "--webui-port" :: IntParam(value) :: tail =>
    webUiPort = value
    parse(tail)
  //解析属性文件
  case ("--properties-file") :: value :: tail =>
    propertiesFile = value
    parse(tail)
  //打印帮助信息（参数使用方法）并使用给定的退出代码退出 JVM
  case ("--help") :: tail =>
    printUsageAndExit(0)

  case Nil => // No-op
```

```
    case _ =>
      printUsageAndExit(1)
  }

  /**
   * 打印帮助信息（参数使用方法）并使用给定的退出代码退出 JVM
   */
  private def printUsageAndExit(exitCode: Int) {
    System.err.println(
      "Usage: Master [options]\n" +
      "\n" +
      "Options:\n" +
      "  -i HOST, --ip HOST        监听的主机名(已被弃用，请使用--host 或者 -h) \n" +
      "  -h HOST, --host HOST      监听的主机名\n" +
      "  -p PORT, --port PORT      监听的端口(默认 7077)\n" +
      "  --webui-port PORT         WebUI 端口(默认 8080)\n" +
      "  --properties-file         自定义的属性文件的路径\n" +
      "                            默认是 conf/spark-defaults.conf")
    System.exit(exitCode)
  }
}
```

4. 启动 Worker 进程

Worker 进程的启动使用了脚本文件 sbin/start-workers.sh，该文件负责批量启动集群中各个节点上的 Worker 进程，文件的内容如下：

```
#!/usr/bin/env bash
#在 conf/workers 文件指定的每一台机器上启动 Worker 进程

#设置 SPARK_HOME 环境变量（如果不存在）
if [ -z "${SPARK_HOME}" ]; then
  export SPARK_HOME="$(cd "`dirname "$0"`"/..; pwd)"
fi

#加载配置属性
. "${SPARK_HOME}/sbin/spark-config.sh"
. "${SPARK_HOME}/bin/load-spark-env.sh"

#设置 Master 的默认端口号（如果未设置）
if [ "$SPARK_MASTER_PORT" = "" ]; then
  SPARK_MASTER_PORT=7077
fi

#设置 Master 的主机名为当前节点（如果未设置）
if [ "$SPARK_MASTER_HOST" = "" ]; then
  case `uname` in
      (SunOS)
      SPARK_MASTER_HOST="`/usr/sbin/check-hostname | awk '{print $NF}'`"
      ;;
      (*)
      SPARK_MASTER_HOST="`hostname -f`"
      ;;
  esac
```

```
fi

#启动 Worker
"${SPARK_HOME}/sbin/workers.sh" cd "${SPARK_HOME}" \;
"${SPARK_HOME}/sbin/start-slave.sh" "spark://$SPARK_MASTER_HOST:$SPARK_MASTER_PORT"
```

从上述内容可以看出，sbin/start-workers.sh 脚本的主要作用如下：

（1）设置环境变量 SPARK_HOME。
（2）加载配置属性。
（3）设置 Master 默认端口、主机名。
（4）启动 Worker。

sbin/start-workers.sh 脚本内容的最后使用 workers.sh 脚本通过 SSH 协议在各个 Worker 节点上执行 start-slave.sh 脚本启动了 Worker 进程。start-slave.sh 脚本的内容如下：

```
#!/usr/bin/env bash

#在执行此脚本的机器上启动一个 Worker 进程
#
# 环境变量:
#   SPARK_WORKER_INSTANCES  要在此服务器上运行的 Worker 进程的数量，默认值为 1
#   SPARK_WORKER_PORT   启动的第一个 Worker 的端口号。如果设置了，那么后续 Worker 的端口号将
在此基础上递增；如果没有设置，那么 Spark 将查找一个可用的端口号，但不能保证这种查找完全没有问题
#   SPARK_WORKER_WEBUI_PORT 第一个 Worker 的 Web 接口的端口，后续 Worker 的端口号将在此基础
上递增，默认是 8081

if [ -z "${SPARK_HOME}" ]; then
  export SPARK_HOME="$(cd "`dirname "$0"`"/..; pwd)"
fi

#Worker 启动类
CLASS="org.apache.spark.deploy.worker.Worker"

#脚本的用法(帮助信息)。参数<master>指的是 Master 的 URL，是必选的，因为 Worker 需要知道 Master
的访问地址，以便后续与 Master 进行通信
if [[ $# -lt 1 ]] || [[ "$@" = *--help ]] || [[ "$@" = *-h ]]; then
  echo "Usage: ./sbin/start-slave.sh [options] <master>"
  pattern="Usage:"
  pattern+="\|Using Spark's default log4j profile:"
  pattern+="\|Registered signal handlers for"

  "${SPARK_HOME}"/bin/spark-class $CLASS --help 2>&1 | grep -v "$pattern" 1>&2
  exit 1
fi

. "${SPARK_HOME}/sbin/spark-config.sh"

. "${SPARK_HOME}/bin/load-spark-env.sh"

#获取第一个参数。第一个参数应该是 Master 的 URL
MASTER=$1
shift

#设置 Worker 的 WebUI 的端口号，默认是 8081
if [ "$SPARK_WORKER_WEBUI_PORT" = "" ]; then
```

```
  SPARK_WORKER_WEBUI_PORT=8081
fi

#在机器上启动指定数量的Worker
#快速启动Worker所使用的本地方法
function start_instance {
  #该方法的第一个参数为实例（进程）的序号
  #一个节点上可以部署多个Worker，对应有多个实例
  WORKER_NUM=$1
  shift

  if [ "$SPARK_WORKER_PORT" = "" ]; then
    PORT_FLAG=
    PORT_NUM=
  else
    PORT_FLAG="--port"
    PORT_NUM=$(( $SPARK_WORKER_PORT + $WORKER_NUM - 1 ))
  fi
  WEBUI_PORT=$(( $SPARK_WORKER_WEBUI_PORT + $WORKER_NUM - 1 ))

#使用脚本spark-daemon.sh启动Worker守护进程
  "${SPARK_HOME}/sbin"/spark-daemon.sh start $CLASS $WORKER_NUM \
     --webui-port "$WEBUI_PORT" $PORT_FLAG $PORT_NUM $MASTER "$@"
}

#一个节点上启动的Worker进程的数量是由SPARK_WORKER_INSTANCES环境变量控制的，默认为1
if [ "$SPARK_WORKER_INSTANCES" = "" ]; then
  start_instance 1 "$@"
else
  for ((i=0; i<$SPARK_WORKER_INSTANCES; i++)); do
    start_instance $(( 1 + $i )) "$@"
  done
fi
```

从上述内容可以看出，start-slave.sh 脚本的主要作用如下：

（1）指定 Worker 启动主类（org.apache.spark.deploy.worker.Worker）。

（2）指定当前节点启动的 Worker 数量（默认为 1）。

（3）启动指定数量的 Worker。

若需在一台机器上启动多个 Worker，则需要配置 SPARK_WORKER_INSTANCES 环境变量，指定 Worker 数量。

Worker 守护进程的启动使用了 org.apache.spark.deploy.worker.Worker 类，而该类的入口点是伴生对象中的 main()方法。下面对 main()方法进行讲解，main()方法的源码如下：

```
def main(argStrings: Array[String]) {
  Thread.setDefaultUncaughtExceptionHandler(new
      SparkUncaughtExceptionHandler(
  exitOnUncaughtException = false))
  Utils.initDaemon(log)
  val conf = new SparkConf
  //类似MasterArguments，用于解析启动Worker时传入的参数
  val args = new WorkerArguments(argStrings, conf)
```

```
  //启动 Worker，构建 RPC 通信环境
  val rpcEnv = startRpcEnvAndEndpoint(args.host, args.port, args.webUiPort,
    args.cores,args.memory, args.masters, args.workDir, conf = conf)
  //获取是否开启了外部 Shuffle 服务，默认是 false。启用了外部 Shuffle 服务后，如果请求在一台
  //主机上启动多个 Worker，只能成功地启动第一个 Worker，其余的就失败了，因为有了端口绑定，只
  //能在每台主机上启动不超过一个外部 Shuffle 服务。当这种情况发生时，将给出明确的失败原因
  val externalShuffleServiceEnabled = conf.get(config.SHUFFLE_SERVICE_ENABLED)
  //获取需要启动的 Worker 实例（进程）的数量，默认为 1
  val sparkWorkerInstances = scala.sys.env.getOrElse
    ("SPARK_WORKER_INSTANCES","1").toInt
  //如果开启了外部 Shuffle 服务，并且要启动的 Worker 实例（进程）的数量大于 1，就抛出异常
  require(externalShuffleServiceEnabled == false||sparkWorkerInstances<= 1,
  "Starting multiple workers on one host is failed because we may launch no more"+
  " than one external shuffle service on each host, please set "+
  " spark.shuffle.service.enabled to " +
  " false or set SPARK_WORKER_INSTANCES to 1 to resolve the conflict.")
  //等待（直到 RpcEnv 退出）
  rpcEnv.awaitTermination()
}
```

从上述代码可以看出，该 main()方法的主要作用如下：

（1）解析启动时需要的参数。类 WorkerArguments 负责解析启动 Worker 所需要的参数（主机名、端口、内存、CPU 核心数等），与 Master 启动时的参数解析类 MasterArguments 类似，可参考 MasterArguments 类的代码解析。

（2）启动 Worker 并构建 RPC 通信环境。

（3）判定是否可在当前主机启动多个 Worker。

当前主机是否可以启动多少个 Worker 是根据是否开启了外部 Shuffle 服务确定的，若开启了外部 Shuffle 服务，则只能启动一个 Worker。那么外部 Shuffle 服务是做什么的？

Spark 在运行 Shuffle 过程时，Executor 进程除了执行 Task 任务外，还需要给其他 Executor 提供 Shuffle 数据。当 Executor 进程任务过重时，将会影响 Shuffle 数据的提供，从而影响任务运行。而外部 Shuffle 服务是可以长期存在于 Worker 进程中的一个辅助服务，通过该服务抓取 Shuffle 数据，减轻了 Executor 的压力。

在启动了一个 Worker 后，使用 require()方法进行判定。该方法用于测试一个表达式，如果为 false，就抛出一个 IllegalArgumentException 异常，用于说明方法的调用者违反了约定，类似于 assert。此处传入了两个参数：第一个参数为测试表达式；第二个参数为异常包含的提示信息。require()方法的定义源码如下：

```
/** 测试表达式，如果为 false 就抛出异常
  *  @param requirement 用于测试的表达式
  *  @param message 要包含在失败消息中的字符串
  */
@inline final def require(requirement: Boolean, message: => Any) {
   if (!requirement)
   throw new IllegalArgumentException("requirement failed: "+ message)
}
```

4.2 Spark 应用程序提交原理分析

我们知道，Spark 应用程序的提交入口是 spark-submit 脚本，除此之外，也可以使用 spark-shell 脚本和 spark-sql 脚本进入交互式命令行执行 Spark 程序。下面先来分析一下这两个脚本。

执行以下命令，查看 spark-shell 脚本的内容：

```
$ cat bin/spark-shell
```

其中关键代码如下：

```
#!/usr/bin/env bash
...
function main() {
  if $cygwin; then
    stty -icanon min 1 -echo > /dev/null 2>&1
    export SPARK_SUBMIT_OPTS="$SPARK_SUBMIT_OPTS -Djline.terminal=unix"
"${SPARK_HOME}"/bin/spark-submit --class org.apache.spark.repl.Main --name
 "Spark shell" "$@"
    stty icanon echo > /dev/null 2>&1
  else
    export SPARK_SUBMIT_OPTS
"${SPARK_HOME}"/bin/spark-submit --class org.apache.spark.repl.Main --name
 "Spark shell" "$@"
  fi
}
...
```

从上述代码可以看出，spark-shell 脚本调用了应用程序提交脚本 spark-submit，并传入了 org.apache.spark.repl.Main 类和使用 spark-shell 命令时的所有参数（例如--master）。通过 org.apache.spark.repl.Main 类启动的 spark-shell 将进入 REPL 模式（交互式编程环境），一直等待用户的输入，除非手动退出。

接下来执行以下命令，查看 spark-sql 脚本的内容：

```
$ cat bin/spark-sql
```

代码如下：

```
#!/usr/bin/env bash
if [ -z "${SPARK_HOME}" ]; then
  source "$(dirname "$0")"/find-spark-home
fi

export _SPARK_CMD_USAGE="Usage: ./bin/spark-sql [options] [cli option]"
exec "${SPARK_HOME}"/bin/spark-submit --class
org.apache.spark.sql.hive.thriftserver.SparkSQLCLIDriver "$@"
```

从上述代码可以看出，spark-sql 脚本同样调用了应用程序提交脚本 spark-submit。

这说明，无论采用哪种方式提交应用程序，都间接地调用了 spark-submit 脚本。下面重点分析 Spark 应用程序提交的最常用的 spark-submit 脚本。

查看 spark-submit 脚本的内容，发现最后一行有如下代码：

```
exec "${SPARK_HOME}"/bin/spark-class org.apache.spark.deploy.SparkSubmit "$@"
```

可以看出，最后使用 exec 命令执行了脚本 bin/spark-class，并传入了 org.apache.spark.deploy.SparkSubmit 类和使用 spark-submit 命令时的所有参数。脚本 bin/spark-class 用于执行 Spark 应用程序并启动 JVM 进程，而这里执行的正是 SparkSubmit 类。

从上面的分析可以总结出，若通过 spark-shell 进行启动，则将默认传入以下参数：

```
org.apache.spark.deploy.SparkSubmit
--class org.apache.spark.repl.Main
--name "Spark shell"
```

若通过 spark-submit 提交应用程序，则将默认传入以下参数：

```
org.apache.spark.deploy.SparkSubmit
```

下面接着分析 SparkSubmit 类，该类的定义源码如下：

```
/**
 * 运行 Spark 应用程序的入口点
 * 准备启动所需环境（与 Spark 依赖相关的类路径、系统参数等）
* 为不同的部署模式及集群管理器提供了统一的抽象层
*/
private[spark] class SparkSubmit extends Logging {
}
```

伴生对象的 main()方法是一个程序运行的入口，SparkSubmit 伴生对象的 main()方法源码如下：

```
  override def main(args: Array[String]): Unit = {
    val submit = new SparkSubmit() {
      self =>

      override protected def parseArguments(args: Array[String]):
        SparkSubmitArguments = {
          //解析和封装 spark-submit 脚本传入的参数。env 参数用于测试
         new SparkSubmitArguments(args) {
          //打印日志信息，调用了当前对象的 logInfo()方法
          override protected def logInfo(msg: =>String):Unit=self.logInfo(msg)
          //打印警告信息，调用了当前对象的 logWarning()方法
          override protected def logWarning(msg: => String): Unit =
            self.logWarning(msg)
        }
      }

      override protected def logInfo(msg: => String): Unit = printMessage(msg)
      override protected def logWarning(msg: => String): Unit =
        printMessage(s"Warning: $msg")
       //提交应用程序
      override def doSubmit(args: Array[String]): Unit = {
        try {
          super.doSubmit(args)
        } catch {
```

```
            case e: SparkUserAppException =>
              exitFn(e.exitCode)
          }
        }
    }
    //默认调用 SparkSubmit 类的 doSubmit 方法，也可以在上面重写该方法，完成特定需求
    submit.doSubmit(args)
  }
```

从上述代码可以看出，该 main()方法的主要作用如下：

（1）创建 SparkSubmit 对象，并在该对象中定义了几个重写方法。

（2）调用重写方法 doSubmit()提交应用程序。

在创建 SparkSubmit 对象的同时，定义的重写方法为：parseArguments()、logInfo()、logWarning()、doSubmit()。然后通过 submit.doSubmit(args)调用了重写方法 doSubmit()，而重写方法 doSubmit()中直接调用了 SparkSubmit 类中的 doSubmit()方法。下面分析一下该方法，源码如下：

```
/*
* 提交应用程序
*/
def doSubmit(args: Array[String]): Unit = {
    //初始化日志记录
    val uninitLog = initializeLogIfNecessary(true, silent = true)
    //对传入的参数进行解析和封装，并提供了一些默认参数
    val appArgs = parseArguments(args)
    //如果变量 verbose 为 true，就将所有参数拼接成字符串进行输出
    //变量 verbose 默认为 false，只要传入了--verbose 参数，verbose 的值就为 true
    if (appArgs.verbose) {
        logInfo(appArgs.toString)
    }
    //根据不同的提交行为调用不同的提交方法
    //变量 action 为提交应用程序时指定的提交行为，默认为 SUBMIT
    appArgs.action match {
        case SparkSubmitAction.SUBMIT => submit(appArgs, uninitLog)
        case SparkSubmitAction.KILL => kill(appArgs)
        case SparkSubmitAction.REQUEST_STATUS => requestStatus(appArgs)
        case SparkSubmitAction.PRINT_VERSION => printVersion()
    }
}
```

doSubmit()方法是应用程序提交的主要核心方法。下面介绍 doSubmit()方法的主要作用。

1. 解析和封装 spark-submit 脚本传入的参数

调用 parseArguments()方法对传入的参数进行解析和封装，该方法的源码如下：

```
protected def parseArguments(args: Array[String]):SparkSubmitArguments={
    new SparkSubmitArguments(args)
}
```

从上述代码可以看出，调用 parseArguments()方法将 spark-submit 脚本传入的参数使用 SparkSubmitArguments 类进行解析。查看 SparkSubmitArguments 类的源码，发现在实例化

SparkSubmitArguments 类时会调用 parse()方法解析所有的输入参数（执行 spark-submit 脚本的同时传入的参数，例如--master），并将解析的参数值赋给全局变量（master、deployMode、executorMemory 等），如图 4-1 所示。由于参数较多，此处只列出了一部分。

```
private[deploy] class SparkSubmitArguments(args : Seq[String], env :Map[String, String] = sys.env)
  extends SparkSubmitArgumentsParser with Logging {
  var master : String = null
  var deployMode : String = null
  var executorMemory : String = null
  var executorCores : String = null
  var totalExecutorCores : String = null
  var propertiesFile : String = null
  var driverMemory : String = null
  var driverExtraClassPath : String = null
  var driverExtraLibraryPath : String = null
  var driverExtraJavaOptions : String = null
  var queue : String = null
  var numExecutors : String = null
  var files : String = null
  var archives : String = null
  var mainClass : String = null
  var primaryResource : String = null
  var name : String = null
  var childArgs : ArrayBuffer[String] = new ArrayBuffer[String]()
  var jars : String = null
  //部分省略......

  //解析命令行参数
  parse(args.asJava)
}
```

图 4-1　调用 parse()方法解析所有的参数

调用 parse()方法对参数解析完毕后，会接着依次调用以下 4 个方法继续完善参数：

```
//合并通过--conf 参数和--properties-file 参数指定的属性
mergeDefaultSparkProperties()
//移除没有以“spark.”开头的属性
ignoreNonSparkProperties()
//从环境变量和属性文件中补充参数
loadEnvironmentArguments()
//验证参数值是否合法
validateArguments()
```

下面对其中的 3 个方法进行讲解。

（1）mergeDefaultSparkProperties()方法

该方法用于合并--properties-file 参数指定的属性文件中的属性和--conf 参数直接指定的属性。该方法的源码如下：

```
/**
  * 将属性文件中的属性与通过--conf 指定的属性值进行合并
  * 当该方法被调用时，--conf 指定的属性值已经提前添加到了变量 sparkProperties 中
  */
private def mergeDefaultSparkProperties(): Unit = {
    //如果用户没有指定属性文件，就使用公共默认文件（conf/spark-defaults.conf）
    //如果指定了，就只使用指定的属性文件
propertiesFile = Option(propertiesFile)
    .getOrElse(Utils.getDefaultPropertiesFile(env)) ❶
    //合并属性
    defaultSparkProperties.foreach { case (k, v) => ❷
```

```
        if (!sparkProperties.contains(k)) {
            sparkProperties(k) = v
        }
    }
}
```

上述代码解析如下：

❶ 变量 propertiesFile 存储了通过--properties-file 参数指定的属性文件的路径（在前面调用 parse()方法时已经给该变量赋值）。此处使用 getOrElse()方法获取其中的路径，若为空，则使用 getDefaultPropertiesFile()方法获取默认的属性文件。该方法的源码如下：

```
/** 得到默认 Spark 属性文件的路径 */
def getDefaultPropertiesFile(env: Map[String, String]=sys.env):String= {
    env.get("SPARK_CONF_DIR")
      .orElse(env.get("SPARK_HOME").map { t => s"$t${File.separator}conf" })
      .map { t => new File(s"$t${File.separator}spark-defaults.conf")}
      .filter(_.isFile)
      .map(_.getAbsolutePath)
      .orNull
}
```

从上述代码可以看出，首先获取环境变量 SPARK_CONF_DIR 指定的配置文件目录，若为空，则获取环境变量 SPARK_HOME 指定的路径，然后拼接上“/conf”。${File.separator}表示获取系统目录的分隔符，Linux 系统目录的分隔符是“/”。最后获取配置文件目录下的 spark-defaults.conf 文件，返回该文件的绝对路径。

❷ defaultSparkProperties 是一个 HashMap 集合，前面 propertiesFile 变量指定的属性文件中的所有属性和值会存储到该集合中。由于集合 defaultSparkProperties 使用 lazy 修饰，因此是一个惰性变量，只有使用的时候才会实例化该变量，并向集合中添加数据。

这里通过 defaultSparkProperties.foreach{}循环集合中的所有属性。sparkProperties 也是一个 HashMap 集合，存储了--conf 参数指定的属性和值。此处通过 if 判断，如果 sparkProperties 中不包含 defaultSparkProperties 中的属性，就将 defaultSparkProperties 中的属性和值添加到 sparkProperties 中。从而可以得出结论，如果--conf 和属性文件中指定了相同的属性，就以--conf 指定的属性为准。

（2）loadEnvironmentArguments()方法

该方法用于从系统环境变量和前面得到的 sparkProperties 集合（存储了--conf 指定的属性、--properties-file 文件中的属性或 spark-defaults.conf 文件中的属性）中获取相应属性，补充到为空的参数变量（执行 spark-submit 脚本的同时未传入的参数，例如，若不传入--master 参数，则 master 变量为空）中。loadEnvironmentArguments()方法的部分源码如下：

```
private def loadEnvironmentArguments(): Unit = {
    //如果 master 变量的值为空，就使用 sparkProperties 集合中的 spark.master 属性值
    //若仍然为空，则使用环境变量中的 MASTER
    master = Option(master)
      .orElse(sparkProperties.get("spark.master"))
      .orElse(env.get("MASTER"))
      .orNull
    //省略部分代码
```

```
    driverMemory = Option(driverMemory)
      .orElse(sparkProperties.get("spark.driver.memory"))
      .orElse(env.get("SPARK_DRIVER_MEMORY"))
      .orNull
    driverCores = Option(driverCores)
      .orElse(sparkProperties.get("spark.driver.cores"))
      .orNull
    executorMemory = Option(executorMemory)
      .orElse(sparkProperties.get("spark.executor.memory"))
      .orElse(env.get("SPARK_EXECUTOR_MEMORY"))
      .orNull
    executorCores = Option(executorCores)
      .orElse(sparkProperties.get("spark.executor.cores"))
      .orElse(env.get("SPARK_EXECUTOR_CORES"))
      .orNull
    //省略部分代码

    name = Option(name).orElse(sparkProperties.get("spark.app.name")).orNull
    jars = Option(jars).orElse(sparkProperties.get("spark.jars")).orNull
    //省略部分代码

    //若 master 变量的值为空，则默认为 local[*]
    master = Option(master).getOrElse("local[*]")

    //在 YARN 模式下，若 app name 未设置，则取环境变量 SPARK_YARN_APP_NAME
    if (master.startsWith("yarn")) {
      name = Option(name).orElse(env.get("SPARK_YARN_APP_NAME")).orNull
    }
    //省略部分代码

    //提交行为默认是 SUBMIT，除非有其他指定
    action = Option(action).getOrElse(SUBMIT)
  }
```

从上述代码可以看出，对于在执行 spark-submit 时未传入的参数，将使用属性文件中指定的属性值。在代码的最后，为应用程序的提交行为变量 action 设置了默认值 SUBMIT。关于提交行为，下面将详细讲解。

> **注意** 如果执行 spark-submit 时使用--properties-file 参数，在该参数指定的属性文件中或者在默认属性文件 conf/spark-defaults.conf 中定义的属性可以不在 spark-sumbit 中指定。例如，在 conf/spark-defaults.conf 中定义了属性 spark.master，则可以省略--master 参数。关于 Spark 属性的优先权：SparkConf 方式 > 命令行参数方式 >属性文件方式。

（3）validateArguments()方法

该方法用于对前面得到的参数值（赋给全局变量的参数）进行合法性验证。validateArguments()方法的源码如下：

```
/** 验证必须存在的参数是否非空，并且非空的参数值是否符合规范
  * 只在加载所有默认值之后调用此函数
  */
private def validateArguments(): Unit = {
  action match {
```

```
        //验证提交应用程序所需的参数
        case SUBMIT => validateSubmitArguments()
        //验证结束应用程序所需的参数
        case KILL => validateKillArguments()
        //验证查看应用程序状态所需的参数
        case REQUEST_STATUS => validateStatusRequestArguments()
        case PRINT_VERSION =>
    }
}
```

上述代码根据应用程序提交的 3 种行为（提交、结束、查看状态）将参数分为 3 类进行验证。全局变量 action 是一个 SparkSubmitAction 类型，在最初调用 parse()方法时已将其赋值。SparkSubmitAction 类的源码如下：

```
/**
 * 定义 Spark 提交行为：SUBMIT（提交程序）、KILL（杀死程序）、REQUEST_STATUS（查看状态）
 * 此处将 PRINT_VERSION（打印 Spark 版本）也归结为一种行为
 * KILL 和 REQUEST_STATUS 行为目前只支持独立模式和 Mesos 集群模式
 */
private[deploy] object SparkSubmitAction extends Enumeration {
    type SparkSubmitAction = Value
    val SUBMIT, KILL, REQUEST_STATUS, PRINT_VERSION = Value
}
```

下面看给全局变量 action 赋值时的部分源码：

```
/* 将用户传入的参数赋值给相应的全局变量
 * @param opt 参数名
 * @param value 参数值
*/
override protected def handle(opt: String, value: String): Boolean = {
    opt match {
        case MASTER =>
            master = value
        //省略代码

        //如果 opt（参数名）等于“--kill”，那么 action=KILL
        //KILL_SUBMISSION 是一个常量字符串“--kill”
        case KILL_SUBMISSION =>
            submissionToKill = value
            if (action != null) {
                error(s"Action cannot be both $action and $KILL.")
            }
            action = KILL
        //如果 opt（参数名）等于“--status”，那么 action=REQUEST_STATUS
        //STATUS 是一个常量字符串“--status”
        case STATUS =>
            submissionToRequestStatusFor = value
            if (action != null) {
                error(s"Action cannot be both $action and $REQUEST_STATUS.")
            }
            action = REQUEST_STATUS
```

```
      //省略代码
      //如果 opt（参数名）等于“--version”，那么 action=PRINT_VERSION
      //VERSION 是一个常量字符串“--version”
      case VERSION =>
        action = SparkSubmitAction.PRINT_VERSION
      //省略代码
    }
  action != SparkSubmitAction.PRINT_VERSION
}
```

在执行 spark-submit 命令时，默认提交行为是 SUBMIT，需要指定提交的 Spark 应用程序。也可以使用--version 参数打印当前 Spark 的版本信息，如图 4-2 所示。

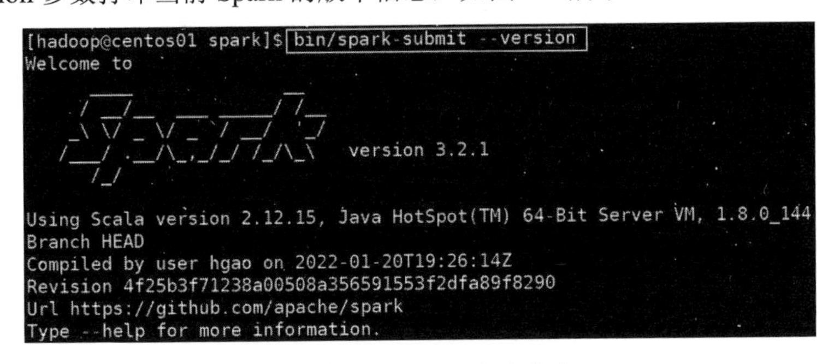

图 4-2　打印 Spark 版本信息

还可以针对正在运行的应用程序进行以下操作：

- 使用--kill 参数（后跟 ID 值）指定需要杀死的 Driver。
- 使用--status 参数（后跟 ID 值）指定需要查看的 Driver 运行状态。

当执行 bin/spark-submit --help 命令时，Spark 会调用 SparkSubmitArguments 类的 printUsageAndExit()方法输出帮助信息，帮助信息以字符串的形式封装到该方法中，如图 4-3 所示。

```
private def printUsageAndExit(exitCode: Int, unknownParam: Any = null): Unit = {
  if (unknownParam != null) {
    logInfo( msg = "Unknown/unsupported param " + unknownParam)
  }
  val command = sys.env.get("_SPARK_CMD_USAGE").getOrElse(
    """Usage: spark-submit [options] <app jar | python file | R file> [app arguments]
      |Usage: spark-submit --kill [submission ID] --master [spark://...]
      |Usage: spark-submit --status [submission ID] --master [spark://...]
      |Usage: spark-submit run-example [options] example-class [example args]""".stripMargin)
  logInfo(command)

  val mem_mb = Utils.DEFAULT_DRIVER_MEM_MB
  logInfo(
    s"""
      |Options:
      |  --master MASTER_URL         spark://host:port, mesos://host:port, yarn,
      |                              k8s://https://host:port, or local (Default: local[*]).
      |  --deploy-mode DEPLOY_MODE   Whether to launch the driver program locally ("client") or
      |                              on one of the worker machines inside the cluster ("cluster")
      |                              (Default: client).
      |  --class CLASS_NAME          Your application's main class (for Java / Scala apps).
      |  --name NAME                 A name of your application.
      |  --jars JARS                 Comma-separated list of jars to include on the driver
      |                              and executor classpaths.
      |  --packages                  Comma-separated list of maven coordinates of jars to include
```

图 4-3　调用 printUsageAndExit()方法输出帮助信息

2. 根据指定的提交行为提交应用程序

默认的提交行为是 SUBMIT，因此默认将调用 submit()方法提交应用程序，该方法的源码如下：

```
/**
  * 使用提供的参数提交应用程序
  */
@tailrec
private def submit(args: SparkSubmitArguments, uninitLog: Boolean):Unit={
    //准备提交环境
    val (childArgs, childClasspath, sparkConf, childMainClass) =
       prepareSubmitEnvironment(args)

    //省略

    //经过一系列判定，最终指向 runMain()方法
    runMain(childArgs, childClasspath, sparkConf, childMainClass, args.verbose)

}
```

submit()方法的主要功能是使用传进来的参数提交应用程序，整个提交过程主要执行了以下两步操作：

（1）准备提交环境。使用 prepareSubmitEnvironment()方法对应用程序提交所需的参数根据不同的集群模式（Standalone、YARN 等）和提交方式（client、cluster）进行设置和更改，并返回以下结果：

- 子进程运行所需的参数，存放于 childArgs 变量中。
- 子进程运行所需的 classpath 列表，存放于 childClasspath 变量中。
- Spark 系统属性，存放于 sparkConf 变量中。
- 子进程运行的主类，存放于 childMainClass 变量中。

在 prepareSubmitEnvironment()方法中，根据不同的集群模式和提交方式，所指定的运行主类也不同。对于 Standalone+client 方式，如果通过 spark-shell 启动，运行主类就是 org.apache.spark.repl.Main；如果通过 spark-submit 直接提交应用程序，运行主类就是--class 参数指定的用户编写的程序类。对于其他方式，则设置了不同的主类，这些设置的主类相当于封装了应用程序提交时的主类，这些封装类会向集群的 Master 申请提交应用程序的请求，然后在由集群调度分配得到的节点上启动所申请的应用程序。

此处只讲解 Standalone+client 方式下应用程序的提交。

（2）调用运行主类中的 main()方法。通过调用 runMain()方法来执行运行主类中的 main()方法。runMain()方法的部分源码如下：

```
/**
  * 执行运行主类的 main()方法
  */
private def runMain(
         childArgs: Seq[String],
         childClasspath: Seq[String],
         sparkConf: SparkConf,
```

```
        childMainClass: String,
        verbose: Boolean): Unit = {
    //如果传入了--verbose 参数，就打印详细日志信息
    if (verbose) {
      logInfo(s"Main class:\n$childMainClass")
      logInfo(s"Arguments:\n${childArgs.mkString("\n")}")
      logInfo(s"Spark
          config:\n${Utils.redact(sparkConf.getAll.toMap).mkString("\n")}")
      logInfo(s"Classpath elements:\n${childClasspath.mkString("\n")}")
      logInfo("\n")
    }
    //省略代码
    //将依赖 jar 添加到 classpath 中
    for (jar <- childClasspath) {
      addJarToClasspath(jar, loader)
    }
    var mainClass: Class[_] = null
    try {
      //加载运行主类
      mainClass = Utils.classForName(childMainClass)
    } catch {
      //省略异常信息代码
    }
    //定义 SparkApplication 类型的变量 app
    //如果运行主类可以强转为 SparkApplication 类型，就将运行主类的实例转为
    //SparkApplication 类型
    val app: SparkApplication =
    if(classOf[SparkApplication].isAssignableFrom(mainClass)) { ❶
      mainClass.newInstance().asInstanceOf[SparkApplication]
    } else {
      //如果运行主类可以强转为 scala.App 类型（继承了 App 类），就输出警告信息
      if (classOf[scala.App].isAssignableFrom(mainClass)) {
        logWarning("Subclasses of scala.App may not work correctly."+
            "Use a main() method instead.")
      }
      //实例化 JavaMainApplication 对象并传入运行主类
      new JavaMainApplication(mainClass) ❷
    }
    //省略代码
    try {
      //执行运行主类中的 main()方法
      app.start(childArgs.toArray, sparkConf) ❸
    } catch {
      case t: Throwable =>
        throw findCause(t)
    }
}
```

上述代码解析如下：

❶ 使用 isAssignableFrom()方法判断变量 mainClass（运行主类）是否继承了 SparkApplication 类，或者说是否可以强转为 SparkApplication 类型。如果可以，就进行类型转换。此处转为 SparkApplication 类型是为了最终调用 SparkApplication 类中的 start()方法。SparkApplication 是一个特质，其中定义了 start()方法，用于通过反射执行运行主类中的 main()方法。SparkApplication 特质的源码如下：

```
private[spark] trait SparkApplication {
  def start(args: Array[String], conf: SparkConf): Unit
}
```

❷ 实例化 JavaMainApplication 对象并传入运行主类。JavaMainApplication 类继承了 SparkApplication 特质，并实现了其中的 start()方法。JavaMainApplication 类的源码如下：

```
private[deploy] class JavaMainApplication(klass: Class[_]) extends
   SparkApplication {
    /**
     * 使用 Java 反射执行传入的运行主类中的 main()方法
     * @param args 运行主类的 main()方法所需的参数
     * @param conf SparkConf 对象
     */
    override def start(args: Array[String], conf: SparkConf): Unit = {
      //使用 Java 反射获取主类中的 main()方法
      val mainMethod = klass.getMethod("main", new Array[String](0).getClass)
      //判定是否是静态方法
      if (!Modifier.isStatic(mainMethod.getModifiers)) {
        throw new IllegalStateException("The main method in the given main
          class must be static")
      }

      //将 SparkConf 中的属性赋给系统属性 SystemProperties
      val sysProps = conf.getAll.toMap
      sysProps.foreach { case (k, v) =>
        sys.props(k) = v
      }

      //执行 main()方法
      mainMethod.invoke(null, args)
    }

}
```

❸ app 是前面已经实例化的 JavaMainApplication 类型变量，此处调用了 JavaMainApplication 中的 start()方法（该方法使用 Java 反射，调用了指定的运行主类中的 main()方法），传入了子进程运行所需的参数 childArgs 和存放 Spark 系统属性的 sparkConf 对象。

4.3　Spark 作业工作原理分析

本节对 Spark 作业的工作原理进行分析。在学习 Spark 作业的工作原理时，通常会引入 Hadoop MapReduce 的工作原理进行比较，因为 MapReduce 与 Spark 的工作原理有很多相似之处。

4.3.1　MapReduce 的工作原理

MapReduce 计算模型主要由 3 阶段组成：Map 阶段、Reduce 阶段和 Shuffle 阶段，如图 4-4 所示。

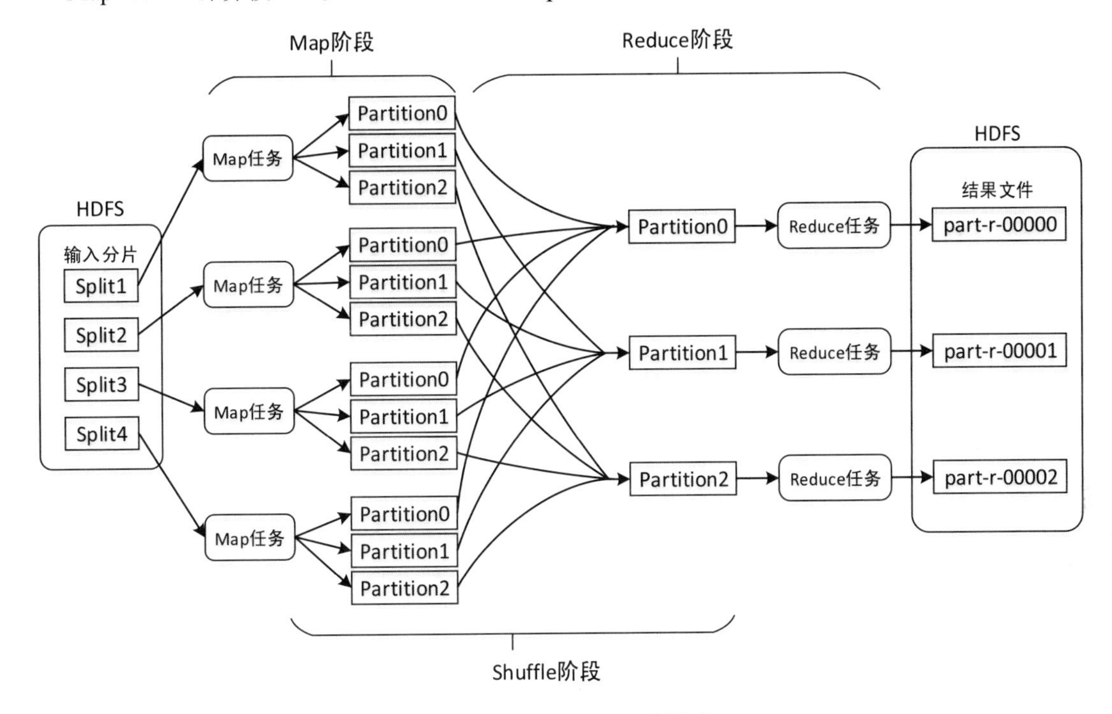

图 4-4　MapReduce 计算模型

1. Map 阶段

将输入的多个分片由 Map 任务以完全并行的方式处理。每个分片由一个 Map 任务来处理。默认情况下，输入分片的大小与 HDFS 中数据块的大小是相同的，即文件有多少个，数据块就有多少个输入分片，也就会有多少个 Map 任务，从而可以调整 HDFS 数据块的大小来间接改变 Map 任务的数量。

每个 Map 任务对输入分片中的记录按照一定的规则解析成多个<key,value>对。默认将文件中的每一行文本内容解析成一个<key,value>对，key 为每一行的起始位置，value 为本行的文本内容。然后将解析出的所有<key,value>对分别输入到 map()方法中进行处理（map()方法一次只处理一个<key,value>对）。map()方法将处理结果仍然以<key,value>对的形式进行输出。

由于频繁地进行磁盘 I/O 会降低效率，因此 Map 任务输出的<key,value>对会首先存储在 Map 任务所在节点（不同的 Map 任务可能运行在不同的节点）的内存缓冲区中，缓冲区默认大小为 100MB（可修改 mapreduce.task.io.sort.mb 属性进行调整）。当缓冲区中的数据量达到预先设置的阈值后（mapreduce.map.sort.spill.percent 属性的值，默认为 0.8，即 80%），便会将缓冲区中的数据溢写（Spill）到磁盘（mapreduce.cluster.local.dir 属性指定的目录，默认为${hadoop.tmp.dir}/mapred/local）的临时文件中。

在数据溢写到磁盘之前，会对数据进行分区，分区的数量与设置的 Reduce 任务的数量相同（默认 Reduce 任务的数量为 1，可以在编写 MapReduce 程序时对其修改）。这样每个 Reduce 任务会处理一个分区的数据，可以防止有的 Reduce 任务分配的数据量太大，而有的 Reduce 任务分配的数据量太小，从而可以使得负载均衡，避免数据倾斜。数据分区的划分规则为：取<key,value>对中 key 的 hashCode 值，然后除以 Reduce 任务数量后取余数，余数则是分区编号，分区编号一致的<key,value>对属于同一个分区。因此，key 值相同的<key,value>对一定属于同一个分区，但是同一个分区中可能有多个 key 值不同的<key,value>对。由于默认 Reduce 任务的数量为 1，而任何数字除以 1 的余数总是 0，因此分区编号从 0 开始。

MapReduce 提供的默认分区类为 HashPartitioner，该类的核心代码如下：

```
public class HashPartitioner<K2, V2> implements Partitioner<K2, V2> {
  /** 获取分区编号 */
  public int getPartition(K2 key, V2 value, int numReduceTasks) {
    return (key.hashCode() & Integer.MAX_VALUE) % numReduceTasks;
  }
}
```

getPartition()方法有 3 个参数，前两个参数指的是<key,value>对中的 key 和 value，第 3 个参数指的是 Reduce 任务的数量（默认值为 1）。由于一个 Reduce 任务会向 HDFS 中输出一个结果文件，而有时需要根据自身的业务将不同 key 值的结果数据输出到不同的文件中。例如，需要统计各个部门的年销售总额，每一个部门单独输出一个结果文件，这个时候就可以自定义分区（关于如何自定义分区，在 5.6 节将详细讲解）。

分区后，会对同一个分区中的<key,value>对按照 key 进行排序，默认升序。

2. Reduce 阶段

Reduce 阶段首先会对 Map 阶段的输出结果按照分区进行再一次合并，将同一分区的<key,value>对合并到一起，然后按照 key 对分区中的<key,value>对进行排序。

每个分区会将排序后的<key,value>对按照 key 进行分组，key 相同的<key,value>对将合并为<key,value-list>对，最终每个分区形成多个<key,value-list>对。例如，若 key 中存储的是用户 ID，则同一个用户的<key,value>对会合并到一起。

排序并分组后的分区数据会输入 reduce()方法中进行处理，reduce()方法一次只能处理一个<key,value-list>对。

最后，reduce()方法将处理结果仍然以<key,value>对的形式通过 context.write(key,value)进行输出。

3. Shuffle 阶段

Shuffle 阶段所处的位置是 Map 任务输出后，Reduce 任务接收前，主要是将 Map 任务的无规则输出形成一定的有规则数据，以便 Reduce 任务进行处理。

总结来说，MapReduce 的工作原理主要是：通过 Map 任务读取 HDFS 中的数据块，这些数据块由 Map 任务以完全并行的方式处理；然后将 Map 任务的输出进行排序后输入 Reduce 任务中；最后 Reduce 任务将计算的结果输出到 HDFS 文件系统中。

Map 任务中的 map()方法和 Reduce 任务中的 reduce()方法需要我们自己实现，而其他操作，MapReduce 已经帮我们实现了。

注意 通常 MapReduce 计算节点和数据存储节点是同一个节点，即 MapReduce 框架和 HDFS 文件系统运行在同一组节点上。这样的配置可以使 MapReduce 框架在有数据的节点上高效地调度任务，避免过度消耗集群的网络带宽。

4.3.2 Spark 作业的工作原理

典型的 Spark 作业的工作流程如图 4-5 所示。

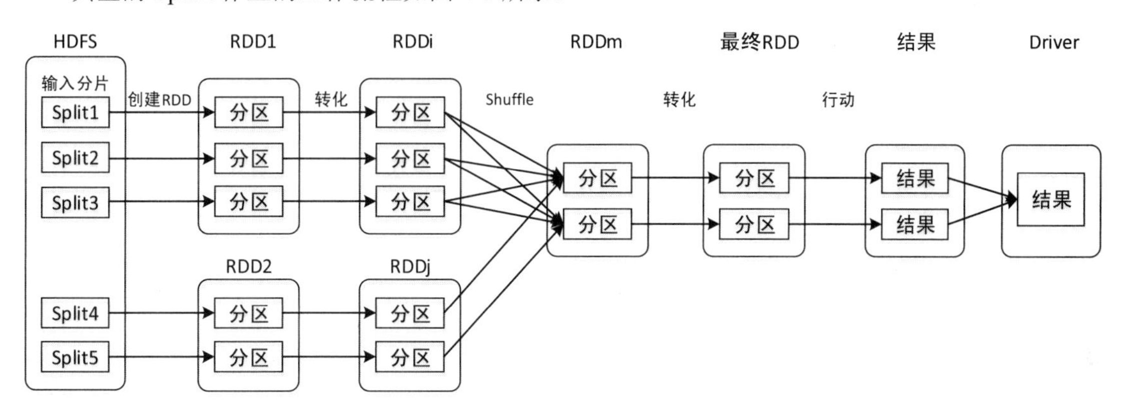

图 4-5 Spark 作业的工作流程

工作流程解析如下：

（1）从数据源（本地文件、HDFS、HBase 等）读取数据并创建 RDD。

（2）对 RDD 进行一系列的转化操作。

（3）对最终 RDD 执行行动操作，开始一系列的计算，产生计算结果。

（4）将计算结果发送到 Driver 端，进行查看和输出。

下面从源码的角度进行详细讲解。

1. 调度系统

在 Spark 的调度系统中，重要的是 DAGScheduler 和 TaskScheduler 两个调度器，DAGScheduler 是 Spark 作业的调度器，负责接收 Spark 提交的作业。作业触发后，根据 RDD 的依赖关系构建 DAG 图，然后将 DAG 图提交给 DAGScheduler 进行解析。DAGScheduler 根据 DAG 图将作业划分为多个 Stage，每个 Stage 包含一个或多个 Task 任务，然后将 Stage 提交给 TaskScheduler 进行调度运行。

TaskScheduler 是 Spark 的 Task 任务调度器，负责接收 DAGScheduler 提交过来的 Stage，然后把 Stage 中的 Task 任务提交到 Worker 节点的 Executor 中运行。如果某个 Task 任务运行失败，TaskScheduler 就会负责重新运行。此外，如果某个 Task 任务一直没有运行完，TaskScheduler 就会启动一个相同的 Task 任务运行，哪个 Task 任务先运行完，就使用哪个 Task 任务的结果。

Task 任务在 Worker 节点的 Executor 中以多线程的方式运行，每个线程运行一个 Task 任务。Spark 作业和 Task 任务调度系统如图 4-6 所示。

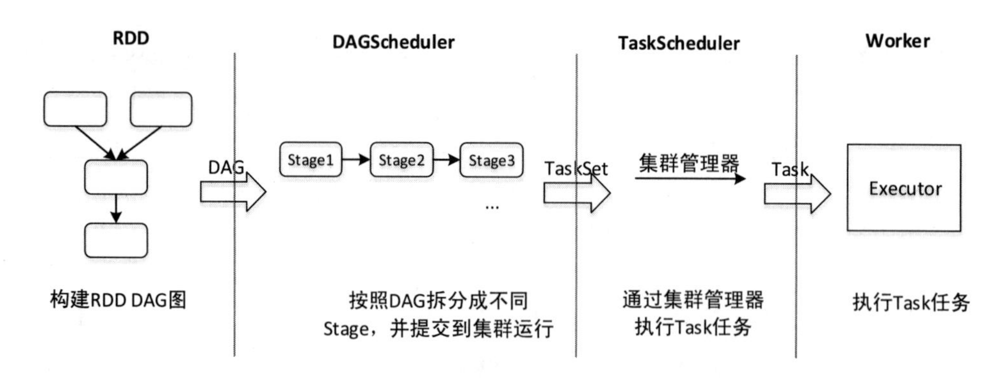

图 4-6　Spark 作业和 Task 任务调度系统

2. 作业的触发

以 RDD 的 count()算子为例，分析 Spark 作业的执行流程。count()算子的源码如下：

```
/**
  * 返回 RDD 的元素数量
  */
def count(): Long = sc.runJob(this, Utils.getIteratorSize _).sum
```

从上述代码可以看出，count()算子实际上执行了 SparkContext 对象的 runJob()方法。该方法的源码如下：

```
/**
  * 在一个 RDD 的所有分区上运行一个作业，并且将计算结果放入数组中返回
  *
  * @param rdd 需要计算的目标 RDD
  * @param func 运行在 RDD 每个分区上的函数
  * @return 在内存中的作业结果集合
  */
def runJob[T, U: ClassTag](rdd: RDD[T],func: Iterator[T] => U):Array[U] ={
  runJob(rdd, func, 0 until rdd.partitions.length)
}
```

runJob()方法中调用了自己的同名重载方法，该方法的源码如下：

```
/**
  *在一个 RDD 的所有分区上运行一个作业，并且将计算结果放入数组中返回
  *
  * @param rdd 需要计算的目标 RDD
  * @param func 运行在 RDD 每个分区上的函数
  * @param partitions 设置作业运行的分区，因为一些作业可能不希望在所有分区上运行，例如算子 first()
  * @return 在内存中的作业结果集合
  */
def runJob[T, U: ClassTag](
                       rdd: RDD[T],
                       func: Iterator[T] => U,
                       partitions: Seq[Int]): Array[U] = {
  val cleanedFunc = clean(func)
  runJob(rdd, (ctx: TaskContext, it: Iterator[T]) => cleanedFunc(it), partitions)
}
```

上述 runJob()方法中再一次调用了自己的同名重载方法，该方法的源码如下：

```
/**
 * 在一个 RDD 的所有分区上运行一个作业，并且将计算结果放入数组中返回
 *
 * @param rdd 需要计算的目标 RDD
 * @param func 运行在 RDD 每个分区上的函数
 * @param partitions 设置作业运行的分区，因为一些作业可能不希望在所有分区上运行，例如算子 first()
 * @return 在内存中的作业结果集合
 */
def runJob[T, U: ClassTag](
                         rdd: RDD[T],
                         func: (TaskContext, Iterator[T]) => U,
                         partitions: Seq[Int]): Array[U] = {
  val results = new Array[U](partitions.size)
  runJob[T, U](rdd, func, partitions, (index, res) => results(index) = res)
  results
}
```

上述 runJob()方法中最后一次调用了自己的同名重载方法，该方法的源码如下：

```
/**
 * 在 RDD 给定的一组分区上运行一个函数，并将结果传递给给定的处理函数。这是 Spark 中所有
 * Action 操作的主要入口点
 *
 * @param rdd 需要计算的目标 RDD
 * @param func 运行在 RDD 每个分区上的函数
 * @param partitions 设置作业运行的分区，因为一些作业可能不希望在所有分区上运行，例如算子 first()
 * @param resultHandler 将每一个结果传递给该回调函数
 */
def runJob[T, U: ClassTag](
                         rdd: RDD[T],
                         func: (TaskContext, Iterator[T]) => U,
                         partitions: Seq[Int],
                         resultHandler: (Int, U) => Unit): Unit = {
  if (stopped.get()) {
    throw new IllegalStateException("SparkContext has been shutdown")
  }
  val callSite = getCallSite
  //清除闭包，为了函数能够序列化
  val cleanedFunc = clean(func)
  logInfo("Starting job: " + callSite.shortForm)
  if (conf.getBoolean("spark.logLineage", false)) {
    logInfo("RDD's recursive dependencies:\n" + rdd.toDebugString)
  }
  //向调度器 DagScheduler 提交作业，从而获得作业执行结果
  dagScheduler.runJob(rdd, cleanedFunc, partitions, callSite, resultHandler,
localProperties.get)
  progressBar.foreach(_.finishAll())
  //对已经标记为检查点的 RDD 进行 Checkpoint（检查点）操作
  rdd.doCheckpoint()
}
```

从上述代码可以看出，最终的作业提交调用了 DAGScheduler 对象的 runJob()方法。该方法的部分源码如下：

```
def runJob[T, U](
              rdd: RDD[T],
              func: (TaskContext, Iterator[T]) => U,
              partitions: Seq[Int],
              callSite: CallSite,
              resultHandler: (Int, U) => Unit,
              properties: Properties): Unit = {
  //部分代码省略

  //提交作业
  val waiter = submitJob(rdd, func, partitions, callSite, resultHandler,
              properties)
  //部分代码省略

}
```

总结来说，一个 Spark 应用程序可以产生多个作业，作业是通过行动算子（例如 count()算子）触发的，每个行动算子会触发一个作业。每个作业是由一个或多个 Stage 构成的，且后面的 Stage 依赖于前面的 Stage，只有前面的 Stage 计算完毕后，后面的 Stage 才会运行。

Spark 通过调用 SparkContext 的 runJob()方法开始作业的运行，然后 DAGScheduler 根据宽依赖划分不同的 Stage，最后通过 DAGScheduler 的 submitJob()方法提交作业。

3. Task 任务的提交

当作业运行后，在 DAGScheduler 的 submitMissingTasks()方法中会根据分区数量拆分对应数量的 Task 任务，这些 Task 任务会组成一个任务集提交到 TaskScheduler 中进行处理。TaskScheduler 收到任务集后，会在 submitTasks()方法中创建一个 TaskSetManager 对象，用于管理任务集的生命周期。TaskSchedulerImpl 实现了 TaskScheduler 中的 submitTasks()方法，该方法源码如下：

```
override def submitTasks(taskSet: TaskSet) {
  val tasks = taskSet.tasks
  logInfo("Adding task set " + taskSet.id + " with " + tasks.length + " tasks")
  this.synchronized {
    //创建任务集管理对象 TaskSetManager，用于管理任务集的生命周期
    val manager = createTaskSetManager(taskSet, maxTaskFailures)
    //部分代码省略

    //将 TaskSetManager 对象添加到系统调度池中，由系统统一调配
    schedulableBuilder.addTaskSetManager(manager, manager.taskSet.properties)
    //部分代码省略

  }
  //分配资源并运行
  backend.reviveOffers()
}
```

4. Task 任务的执行

Executor 的 launchTask()方法负责执行 Task 任务。在 Executor 的 launchTask()方法中，首先会创建一个 TaskRunner 对象来封装 Task 任务，TaskRunner 对象用于管理 Task 任务运行的细节；然后将 TaskRunner 对象放入线程池中运行。launchTask()方法的源码如下：

```
/**
  * 执行 Task 任务
  */
def launchTask(
          context: ExecutorBackend, ❶
          taskDescription: TaskDescription ❷
        ): Unit = {
  //1. 创建 TaskRunner 对象，负责管理任务的运行
  val tr = new TaskRunner(context, taskDescription)
  //将 Task 任务 ID、TaskRunner 对象放入 Map 集合（runningTasks）中，记录正在运行的 Task 任务
  runningTasks.put(taskDescription.taskId, tr)
  //2. 将 TaskRunner 对象放入线程池中运行
  threadPool.execute(tr)
}
```

上述代码解析如下：

❶ launchTask()方法需要传入两个参数，分别为 ExecutorBackend 对象和 TaskDescription 对象。ExecutorBackend 对象被 Executor 用来向集群调度器发送更新状态，ExecutorBackend 是一个特质（接口），其实现类是 CoarseGrainedExecutorBackend。ExecutorBackend 的源码如下：

```
private[spark] trait ExecutorBackend {
  //发送状态更新信息
  def statusUpdate(taskId: Long, state: TaskState, data: ByteBuffer): Unit
}
```

❷ TaskDescription 对象用于对 Executor 中被执行的 Task 任务进行描述。当 Executor 接收到 TaskDescription 时，会根据 TaskDescription 得到需要执行的 JAR 和文件列表，并将它们添加到 classpath 路径中。

TaskRunner 继承了 java.lang.Runnable 接口，实现了其中的 run()方法。TaskRunner 中的 run()方法的源码如下：

```
override def run(): Unit = {
  //获得当前线程 ID
  threadId = Thread.currentThread.getId
  //设置线程名称
  Thread.currentThread.setName(threadName)
  //获得 Java 虚拟机线程系统的托管实例，使用该实例可以获得当前进程的线程信息，
  //方便监控 Java 虚拟机的整个运行状态
  val threadMXBean = ManagementFactory.getThreadMXBean
  //创建 Task 任务的内存管理对象，负责管理 Task 任务执行时的内存
  val taskMemoryManager = new TaskMemoryManager(env.memoryManager, taskId)
  //反序列化的开始时间
  val deserializeStartTime = System.currentTimeMillis()
```

```
//如果 Java 虚拟机支持测量当前线程的 CPU 时间，就返回当前线程的总 CPU 时间（以纳秒为单位）
val deserializeStartCpuTime =
  if (threadMXBean.isCurrentThreadCpuTimeSupported) {
    //返回当前线程的总 CPU 时间（以纳秒为单位）
    threadMXBean.getCurrentThreadCpuTime
  } else 0L
//设置当前线程的上下文类加载器
Thread.currentThread.setContextClassLoader(replClassLoader)
//创建序列化器
val ser = env.closureSerializer.newInstance()
logInfo(s"Running $taskName (TID $taskId)")
//给 Driver 发送信息汇报当前 Task 任务的运行状态（RUNNING）
execBackend.statusUpdate(taskId, TaskState.RUNNING, EMPTY_BYTE_BUFFER)
var taskStartTime: Long = 0
var taskStartCpu: Long = 0
//计算此 JVM 进程在垃圾收集中花费的总时间
startGCTime = computeTotalGcTime()

try {
  //给 Executor 设置 Task 任务的描述信息，必须在调用 updateDependencies()方法更新依赖项
  //之前进行设置，防止获取依赖项时需要访问其中包含的属性（例如用于访问控制）
  Executor.taskDeserializationProps.set(taskDescription.properties)
  //如果从 SparkContext 接收到一组新的文件和 jar，就下载缺少的依赖 jar，并在类加载器中
  //添加新的 jar
  updateDependencies( ❶
    taskDescription.addedFiles,
    taskDescription.addedJars
  )
  task = ser.deserialize[Task[Any]](
    taskDescription.serializedTask,
    Thread.currentThread.getContextClassLoader
  )
  task.localProperties = taskDescription.properties
  task.setTaskMemoryManager(taskMemoryManager)

  //如果这个 Task 任务在反序列化之前就被终止了，那么退出该 Task 任务；否则，继续执行任务
  val killReason = reasonIfKilled
  if (killReason.isDefined) {
    //抛出异常
    throw new TaskKilledException(killReason.get)
  }

  if (!isLocal) {
    logDebug("Task " + taskId + "'s epoch is " + task.epoch)
    env.mapOutputTracker.asInstanceOf[MapOutputTrackerWorker]
      .updateEpoch(task.epoch)
  }

  //运行实际的 Task 任务并测量其运行时间
  taskStartTime = System.currentTimeMillis()
  //如果 Java 虚拟机支持测量当前线程的 CPU 时间，就返回当前线程的总 CPU 时间（以纳秒为单位）
  taskStartCpu = if (threadMXBean.isCurrentThreadCpuTimeSupported) {
    threadMXBean.getCurrentThreadCpuTime
```

```
    } else 0L
    var threwException = true
    //执行给定的代码块
    val value = Utils.tryWithSafeFinally {
      //执行 Task 任务并获得执行结果
      val res = task.run( ❷
        taskAttemptId = taskId,
        attemptNumber = taskDescription.attemptNumber,
        metricsSystem = env.metricsSystem)
      threwException = false
      res
    } {
      //为给定的 Task 任务释放所有锁
      val releasedLocks = env.blockManager.releaseAllLocksForTask(taskId)
      //释放所有分配的内存，返回释放字节数
      val freedMemory = taskMemoryManager.cleanUpAllAllocatedMemory()

    //部分代码省略

    //如果任务失败了，就杀死任务
    task.context.killTaskIfInterrupted()

    val resultSer = env.serializer.newInstance()
    val beforeSerialization = System.currentTimeMillis()
    val valueBytes = resultSer.serialize(value)
    val afterSerialization = System.currentTimeMillis()

    //部分代码省略


  } catch {
    //省略代码
  } finally {
    //从正在运行的 Task 任务集合中移除指定的 Task 任务
    runningTasks.remove(taskId)
  }
}
```

上述代码解析如下：

❶ Executor 运行具体的 Task 任务时，需要通过 updateDependencies()方法下载 Task 任务所需的依赖。updateDependencies()方法的源码如下：

```
/**
  * 如果从 SparkContext 接收到一组新的文件和 jar，就下载缺少的依赖 jar
  * 并在类加载器中添加新的 jar
  */
private def updateDependencies(
                          newFiles: Map[String, Long],
                          newJars: Map[String, Long]) {
  lazy val hadoopConf = SparkHadoopUtil.get.newConfiguration(conf)
  synchronized {
    //获取丢失的依赖关系
    for ((name, timestamp) <- newFiles if currentFiles.getOrElse(name, -1L)
        < timestamp) {
```

```
          logInfo("Fetching " + name + " with timestamp " + timestamp)
          //使用缓存模式获取文件（本地模式将关闭缓存）
          Utils.fetchFile(
            name,
            new File(SparkFiles.getRootDirectory()),
            conf,
            env.securityManager,
            hadoopConf,
            timestamp,
            useCache = !isLocal
          )
          currentFiles(name) = timestamp
        }
        for ((name, timestamp) <- newJars) {
          val localName = new URI(name).getPath.split("/").last
          val currentTimeStamp = currentJars.get(name)
            .orElse(currentJars.get(localName))
            .getOrElse(-1L)
          if (currentTimeStamp < timestamp) {
            logInfo("Fetching " + name + " with timestamp " + timestamp)
            //使用缓存模式获取文件（本地模式将关闭缓存）
            Utils.fetchFile(
              name,
              new File(SparkFiles.getRootDirectory()),
              conf,
              env.securityManager,
              hadoopConf,
              timestamp,
              useCache = !isLocal
            )
            currentJars(name) = timestamp
            //将获取到的文件添加到类加载器中
            val url = new File(SparkFiles.getRootDirectory(), localName).toURI.toURL
            if (!urlClassLoader.getURLs().contains(url)) {
              logInfo("Adding " + url + " to class loader")
              urlClassLoader.addURL(url)
            }
          }
        }
      }
    }
```

从上述代码可以看出，使用 Utils.fetchFile()方法下载文件或文件夹到目标目录，支持 HTTP 等多种方式获取 Hadoop 兼容的文件系统、标准文件系统上的文件，只支持从 Hadoop 兼容的文件系统获取文件夹。如果 useCache 设置为 true，就先尝试将文件获取到一个本地缓存中，该缓存由运行相同应用程序的 Executor 共享。useCache 主要用于 Executor，而不是本地模式。如果目标文件已经存在并且内容与请求的文件不同，就抛出 SparkException 异常。

❷ 调用 Task 对象的 run()方法执行 Task 任务并获得执行结果。Task 对象的 run()方法的源码如下：

```
/**
 * 执行 Task 任务（被 Executor 调用）
 *
 * @param taskAttemptId 在 SparkContext 中 Task 任务执行的唯一标识符
 * @param attemptNumber 执行此 Task 任务的次数（第一次执行为 0）
 * @return 任务的执行结果
 */
final def run(
        taskAttemptId: Long,
        attemptNumber: Int,
        metricsSystem: MetricsSystem): T = {
  //向 BlockManager 注册一个 Task 任务
  SparkEnv.get.blockManager.registerTask(taskAttemptId)
  //创建 TaskContextImpl 对象，该对象存储了 Task 任务执行过程中的上下文信息，
  //可以在执行过程中对其读取或修改
  val taskContext = new TaskContextImpl(
    stageId,
    stageAttemptId, //stageAttemptId 和 stageAttemptNumber 在语义上相等
    partitionId,
    taskAttemptId,
    attemptNumber,
    taskMemoryManager,
    localProperties,
    metricsSystem,
    metrics)

  context = if (isBarrier) {
    new BarrierTaskContext(taskContext)
  } else {
    taskContext
  }

  //设置本地线程的 TaskContext（Task 任务上下文）
  TaskContext.setTaskContext(context)
  taskThread = Thread.currentThread()

  if (_reasonIfKilled != null) {
    //通过将中断标志设置为 true 来终止任务，此处为 false
    kill(interruptThread = false, _reasonIfKilled)
  }
  //创建 Spark 调用者的上下文环境对象 CallerContext。当 Spark 应用程序在 YARN 和 HDFS 上
  //运行时，其调用者上下文将被写入 YARN RM 审核日志和 hdfs-audit.log
  new CallerContext(
    "TASK",
    SparkEnv.get.conf.get(APP_CALLER_CONTEXT),
    appId,
    appAttemptId,
    jobId,
    Option(stageId),
    Option(stageAttemptId),
    Option(taskAttemptId),
    Option(attemptNumber)).setCurrentContext()
```

```
    try {
        //执行Task任务，传入上下文对象
        runTask(context)
    } catch {
        //异常处理

        //部分代码省略
    } finally {
        try {
            //将任务标记为已完成，并触发完成监听器。如果该方法被调用两次，那么第二次将被忽略
            context.markTaskCompleted(None)
        } finally {
            try {
                //执行给定的代码块
                //对于非致命错误，只以日志的形式记录；对于致命错误，进行抛出
                Utils.tryLogNonFatalError {
                    //释放当前Task任务的内存
                    //如果没有指定释放内存数量，就完全删除当前任务分配的内存
                    SparkEnv.get.blockManager.memoryStore
                        .releaseUnrollMemoryForThisTask(MemoryMode.ON_HEAP)
                    SparkEnv.get.blockManager.memoryStore
                        .releaseUnrollMemoryForThisTask(MemoryMode.OFF_HEAP)
                    //通知所有等待释放内存的Task任务，然后尝试再次获取内存
                    //这样可以使Task任务永远不会休眠。这种方式不是必需的，将来可能会被删除
                    val memoryManager = SparkEnv.get.memoryManager
                    memoryManager.synchronized { memoryManager.notifyAll() }
                }
            } finally {
                //取消本地线程的TaskContext
                TaskContext.unset()
            }
        }
    }
}
```

上述代码中，矩形选框标注的 runTask(context)方法是关键，该方法是 Task 类中的抽象方法，负责任务的执行。有两个类实现了该方法，分别是 ShuffleMapTask 和 ResultTask。ShuffleMapTask 主要是对 Task 任务所负责的 RDD 分区做对应的转化工作；ResultTask 主要是根据行动算子的触发，拉取 ShuffleMapTask 阶段的结果进行进一步的数据处理。ShuffleMapTask 中 runTask()方法的源码如下：

```
override def runTask(context: TaskContext): MapStatus = {
    //获得Java虚拟机线程系统的托管实例，使用该实例可以获得当前进程的线程信息，
    //方便监控Java虚拟机的整个运行状态
    val threadMXBean = ManagementFactory.getThreadMXBean
    //反序列化的开始时间
    val deserializeStartTime = System.currentTimeMillis()
    //如果Java虚拟机支持测量当前线程的CPU时间，就返回当前线程的总CPU时间（以纳秒为单位）
    val deserializeStartCpuTime =
        if (threadMXBean.isCurrentThreadCpuTimeSupported) {
        threadMXBean.getCurrentThreadCpuTime
```

```
    } else 0L
    val ser = SparkEnv.get.closureSerializer.newInstance()
    //使用广播变量反序列化 RDD
    val (rdd, dep) = ser.deserialize[(RDD[_], ShuffleDependency[_, _, _])](
      ByteBuffer.wrap(taskBinary.value),
      Thread.currentThread.getContextClassLoader
    )
    _executorDeserializeTime = System.currentTimeMillis() - deserializeStartTime
    _executorDeserializeCpuTime =
     if (threadMXBean.isCurrentThreadCpuTimeSupported) {
      threadMXBean.getCurrentThreadCpuTime - deserializeStartCpuTime
    } else 0L

    var writer: ShuffleWriter[Any, Any] = null
    try {
      val manager = SparkEnv.get.shuffleManager
      //获取给定分区的 ShuffleWriter 对象
      writer = manager.getWriter[Any, Any](
        dep.shuffleHandle,
        partitionId,
        context
      )
      //将一系列记录写入此 Task 任务的输出目的地
      writer.write(
        rdd.iterator(partition, context)
          .asInstanceOf[Iterator[_ <: Product2[Any, Any]]]
      )
      //关闭写入
      writer.stop(success = true).get
    } catch {
      //处理异常的代码省略
    }
  }
```

上述代码中，runTask()方法在最后调用了 ShuffleWriter 对象的 write()方法将计算的结果记录写入 Task 任务的输出目的地。计算结果的获取使用了 RDD 的 iterator()方法，该方法负责计算 RDD 某个分区的数据，源码如下：

```
  /**
   * 计算 RDD 某个分区的数据
   *@param split Partition 对象，记录 Task 任务要执行的某个分区信息
   */
  final def iterator(split: Partition, context: TaskContext):Iterator[T]={
    //如果为 RDD 设置了缓存（存储级别不为 NONE），那么可在 3.6.1 节查看 RDD 存储级别的相关知识点
    if (storageLevel != StorageLevel.NONE) {
      //从缓存中直接获取或者通过计算得到一个 RDD 分区的数据
      getOrCompute(split, context)
    } else {
      //从 RDD 检查点中直接获取（如果设置了检查点）或者通过计算得到一个 RDD 分区的数据
      //RDD 的检查点相关知识点详见 3.7 节
      computeOrReadCheckpoint(split, context)
    }
  }
```

同样，ResultTask 中的 runTask()方法最终调用了 RDD 的 iterator()方法计算 RDD 某个分区的数据。

4.4 Spark 检查点原理分析

在 3.7 节讲解了 Spark 检查点的使用，本节从源码分析的角度对 Spark 检查点进行详细讲解。

回顾 3.7 节的 RDD 检查点示例，通过调用 SparkContext 的 setCheckpointDir()方法指定检查点数据的存储路径（即把 RDD 数据放到什么位置），通常是放到 HDFS 中（如果在集群中运行，就必须是 HDFS 目录）。SparkContext 的 setCheckpointDir()方法源码如下：

```
/**
  * 设置 RDD 检查点的目录（RDD 数据的存储位置）
  * @param directory RDD 数据文件的存储路径
  * (如果运行在集群中，就必须是 HDFS 路径)
  */
def setCheckpointDir(directory: String) {

   //如果是集群模式，并且传入的检查点路径中不包括远程路径（都是本地路径），就记录警告
   if (!isLocal && Utils.nonLocalPaths(directory).isEmpty) {
      logWarning("Spark is not running in local mode, therefore the checkpoint
                 directory " + s"must not be on the local filesystem. Directory
                 '$directory' " +"appears to be on the local filesystem.")
   }
   //给 SparkContext 的 checkpointDir 属性赋值，并在 HDFS 上创建相应检查点目录
   checkpointDir = Option(directory).map { dir =>
      val path = new Path(dir, UUID.randomUUID().toString)
      //得到 Hadoop FileSystem 对象
      val fs = path.getFileSystem(hadoopConfiguration)
      //在指定的检查点路径上创建文件夹
      fs.mkdirs(path)
      fs.getFileStatus(path).getPath.toString
   }
}
```

将一个 RDD 标记为检查点，需要使用 RDD 的 checkpoint()方法，该方法的源码如下：

```
/**
  * 将 RDD 标记为检查点
  * 被标记为检查点的 RDD 的数据将以文件的形式保存在 setCheckpointDir()方法指定的
  * 文件系统目录中，并且该 RDD 的所有父 RDD 依赖关系将被移除，因为下一次对该 RDD 计算时
  * 将直接从文件系统中读取数据，而不需要根据依赖关系重新计算
  */
def checkpoint(): Unit = RDDCheckpointData.synchronized {
   //如果 checkpointDir 属性是空的，即没有设置检查点目录，就抛出异常
   if (context.checkpointDir.isEmpty) {
      throw new SparkException("Checkpoint directory has not been set in the
                               SparkContext")
   } else if (checkpointData.isEmpty) {
```

```
    //标识某个 RDD 为检查点 RDD
    checkpointData = Some(new ReliableRDDCheckpointData(this))
  }
}
```

上述代码中的 ReliableRDDCheckpointData 类是将 RDD 数据写入检查点目录的具体实现，该类继承了抽象类 RDDCheckpointData。RDDCheckpointData 类包含与 RDD 检查点有关的所有信息，该类的每个实例都与一个 RDD 相关联，它管理相关 RDD 的检查点过程，并通过提供检查点 RDD 的更新分区、迭代器和首选位置来管理检查后的状态。RDDCheckpointData 类的源码如下：

```
private[spark] abstract class RDDCheckpointData[T: ClassTag](@transient private
val rdd: RDD[T])
  extends Serializable {
  import CheckpointState._
  //相关 RDD 的检查状态
  protected var cpState = Initialized
  //包含检查点数据的 RDD
  private var cpRDD: Option[CheckpointRDD[T]] = None
  /**
   * 这个 RDD 的检查点数据是否已经被持久化
   */
  def isCheckpointed: Boolean = RDDCheckpointData.synchronized {
    cpState == Checkpointed
  }
  /**
   * 实例化此 RDD 并持久化其内容
   * 在此 RDD 上的第一个行动操作完成后，将立即调用此方法
   */
  final def checkpoint(): Unit = {
    //翻转 RDD 的检查点状态，防止多个线程同时对 RDD 进行检查点操作
    RDDCheckpointData.synchronized {
      if (cpState == Initialized) {
        cpState = CheckpointingInProgress
      } else {
        return
      }
    }
    //调用执行检查点方法 doCheckpoint()
    val newRDD = doCheckpoint()
    //更新 RDD 状态，并截断 RDD 的血统（该 RDD 的所有父 RDD 依赖关系将被移除）
    RDDCheckpointData.synchronized {
      cpRDD = Some(newRDD)
      cpState = Checkpointed
      //将此 RDD 的依赖关系从其原始父级更改为从检查点文件创建的新 RDD，并删除其旧的
      //依赖关系和分区
      rdd.markCheckpointed()
    }
  }
```

```
    /**
     * 实例化 RDD 并持久化 RDD 数据到检查点指定的目录（HDFS 中）
     * @return 从外部存储（HDFS）中恢复检查点数据的 RDD
     */
    protected def doCheckpoint(): CheckpointRDD[T]

    /**
     * 返回包含检查点数据的 RDD
     * 这仅在检查点状态为 Checkpointed 时定义
     */
    def checkpointRDD: Option[CheckpointRDD[T]] =
      RDDCheckpointData.synchronized { cpRDD }

    /**
     * 返回结果检查点 RDD 的分区
     * 仅供测试
     */
    def getPartitions: Array[Partition] = RDDCheckpointData.synchronized {
      cpRDD.map(_.partitions).getOrElse { Array.empty }
    }

  }

  /**
   * 用于同步检查点操作的全局锁
   */
  private[spark] object RDDCheckpointData
```

从上述代码可以看出，当在 RDD 上运行一个作业后，会立即触发 RDDCheckpointData 中的 checkpoint()方法，在 checkpoint()方法中又执行了 doCheckpoint()方法，doCheckpoint()方法在类 ReliableRDDCheckpointData 中进行了实现，该方法的实现源码如下：

```
  /**
   * 实例化 RDD 并持久化 RDD 数据到检查点指定的目录（HDFS 中）
   */
  protected override def doCheckpoint(): CheckpointRDD[T] ={
    //将 RDD 写入检查点文件，并返回一个 ReliableCheckpointRDD 类型的新 RDD
    val newRDD = ReliableCheckpointRDD.writeRDDToCheckpointDirectory(rdd, cpDir)

    //如果引用超出范围，那么可选择清除检查点文件
    if (rdd.conf.getBoolean(
      "spark.cleaner.referenceTracking.cleanCheckpoints",
      false
    )) {
      rdd.context.cleaner.foreach { cleaner =>
        cleaner.registerRDDCheckpointDataForCleanup(newRDD, rdd.id)
      }
    }

    logInfo(s"Done checkpointing RDD ${rdd.id} to $cpDir, new parent is RDD
${newRDD.id}")
    //返回一个新 RDD
    newRDD
  }
```

从上述代码可以看出，doCheckpoint()方法中调用了 writeRDDToCheckpointDirectory()方法将 RDD 数据写入外部存储目录，并且返回一个 ReliableCheckpointRDD 类型的新 RDD。在 writeRDDToCheckpointDirectory()方法的内部则调用了 SparkContext 的 runJob()方法执行了一个作业，把当前 RDD 的数据写入了检查点指定的外部存储目录中。相关源码如下：

```
sc.runJob(
   originalRDD,
   writePartitionToCheckpointFile[T](checkpointDirPath.toString,
broadcastedConf) _
)
```

总结来说，RDD 检查点的运行流程如下：

（1）通过 SparkContext 的 setCheckpointDir()方法设置 RDD 检查点数据的存储路径。

（2）调用 RDD 的 checkpoint()方法将 RDD 标记为检查点。

（3）当在 RDD 上运行一个作业后，会立即触发 RDDCheckpointData 中的 checkpoint()方法。

（4）在 checkpoint()方法中又执行了 doCheckpoint()方法。

（5）在 doCheckpoint()方法中执行了 writeRDDToCheckpointDirectory()方法。

（6）writeRDDToCheckpointDirectory()方法内部通过调用 runJob()方法运行一个作业，真正将 RDD 数据写入检查点目录中，写入完成后返回一个 ReliableCheckpointRDD 实例。

第 5 章 Spark SQL 结构化数据处理引擎

本章首先讲解 Spark SQL、DataFrame、Dataset 的基本概念，然后讲解 Spark SQL 常用数据源以及内置函数的使用，最后通过几个实际案例讲解 Spark SQL 应用程序的编写以及具体应用。

本章学习目标

- 了解 Spark SQL 的基本概念以及 DataFrame 与 Dataset 的基本概念
- 掌握 Spark SQL 常用数据源和内置函数的使用
- 掌握使用 Spark SQL 编写结构化数据处理程序

5.1 什么是 Spark SQL

Spark SQL 是一个用于结构化数据处理的 Spark 组件。所谓结构化数据，是指具有 Schema 信息的数据，例如 JSON、Parquet、Avro、CSV 格式的数据。与基础的 Spark RDD API 不同，Spark SQL 提供了对结构化数据的查询和计算接口。

下面介绍 Spark SQL 的主要特点。

1. 将 SQL 查询与 Spark 应用程序无缝组合

Spark SQL 允许使用 SQL 或熟悉的 DataFrame API（后续会详细讲解）在 Spark 程序中查询结构化数据。与 Hive 不同的是，Hive 是将 SQL 翻译成 MapReduce 作业，底层是基于 MapReduce 的；而 Spark SQL 底层使用的是 Spark RDD。在 Spark 应用程序中嵌入 SQL 语句，代码如下：

```
results = spark.sql( "SELECT * FROM people")
```

2. 以相同的方式连接到多种数据源

Spark SQL 提供了访问各种数据源的通用方法，数据源包括 Hive、Avro、Parquet、ORC、JSON、JDBC 等。例如用以下代码读取 HDFS 中的 JSON 文件，然后将该文件的内容创建为临时视图，最后与其他表根据指定的字段关联查询：

```
//读取 JSON 文件
val userScoreDF = spark.read.json("hdfs://centos01:9000/people.json")
//创建临时视图 user_score
userScoreDF.createTempView("user_score")
//根据 name 关联查询
val resDF=spark.sql("SELECT i.age,i.name,c.score FROM user_info i " +
                    "JOIN user_score c ON i.name=c.name")
```

3. 在现有的数据仓库上运行 SQL 或 HiveQL 查询

Spark SQL 支持 HiveQL 语法以及 Hive SerDes 和 UDF（用户自定义函数），允许访问现有的 Hive 仓库。

5.2　DataFrame 和 Dataset

DataFrame 是 Spark SQL 提供的一个编程抽象，与 RDD 类似，也是一个分布式的数据集合。但与 RDD 不同的是，DataFrame 的数据都被组织到有名字的列中，就像关系型数据库中的表一样。此外，多种数据都可以转化为 DataFrame，例如 Spark 计算过程中生成的 RDD、结构化数据文件、Hive 中的表、外部数据库等。

DataFrame 在 RDD 的基础上添加了数据描述信息（Schema，即元信息），因此看起来更像是一张数据库表。例如，在一个 RDD 中有 3 行数据，如图 5-1 所示。

图 5-1　RDD 中的数据

将该 RDD 转成 DataFrame 后，其中的数据可能如图 5-2 所示。

DataFrame
id:int
name:String
age:int
1
张三
25
2
李四
22
3
王五
30

图 5-2　DataFrame 中的数据

使用 DataFrame API 结合 SQL 处理结构化数据比 RDD 更容易，而且通过 DataFrame API 或 SQL 处理数据后，Spark 优化器会自动对其优化，即使程序或 SQL 不高效，也可以运行得很快。

Dataset 是一个分布式数据集，是 Spark 1.6 中添加的一个新的 API。相比于 RDD，Dataset 提供了强类型支持，在 RDD 的每行数据加了类型约束。而且使用 Dataset API 同样会经过 Spark SQL 优化器的优化，从而提高程序执行效率。

同样是对图 5-1 中的 RDD 数据，将其转换为 Dataset 后的数据可能如图 5-3 所示。

图 5-3　Dataset 中的数据

在 Spark 中，一个 DataFrame 代表的是一个元素类型为 Row 的 Dataset，即 DataFrame 只是 Dataset[Row] 的一个类型别名。

5.3 Spark SQL 的基本使用

Spark Shell 启动时除了默认创建一个名为 sc 的 SparkContext 的实例外，还创建了一个名为 spark 的 SparkSession 实例，该 spark 变量可以在 Spark Shell 中直接使用。

SparkSession 只是在 SparkContext 基础上的封装，应用程序的入口仍然是 SparkContext。SparkSession 允许用户通过它调用 DataFrame 和 Dataset 相关 API 来编写 Spark 程序，支持从不同的数据源加载数据，并把数据转换成 DataFrame，然后使用 SQL 语句来操作 DataFrame 数据。

例如，在 HDFS 中有一个文件/input/person.txt，文件内容如下：

```
1,zhangsan,25
2,lisi,22
3,wangwu,30
```

现需要使用 Spark SQL 将该文件中的数据按照年龄降序排列，步骤如下：

1. 加载数据为 Dataset

调用 SparkSession 的 API read.textFile()可以读取指定路径中的文件内容，并加载为一个 Dataset，代码如下：

```
scala> val d1=spark.read.textFile("hdfs://centos01:9000/input/person.txt")
d1: org.apache.spark.sql.Dataset[String] = [value: string]
```

从变量 d1 的类型可以看出，textFile()方法将读取的数据转为了 Dataset。除了使用 textFile()方法读取文本内容外，还可以使用 csv()、jdbc()、json()等方法读取 CSV 文件、JDBC 数据源、JSON 文件等数据。

调用 Dataset 中的 show()方法可以输出 Dataset 中的数据内容。查看 d1 中的数据内容，代码如下：

```
scala> d1.show()
+-------------+
|        value|
+-------------+
|1,zhangsan,25|
|    2,lisi,22|
|  3,wangwu,30|
+-------------+
```

从上述代码可以看出，Dataset 将文件中的每一行看作一个元素，并且所有元素组成了一列，列名默认为 value。

2. 给 Dataset 添加元数据信息

定义一个样例类 Person，用于存放数据描述信息，代码如下：

```
scala> case class Person(id:Int,name:String,age:Int)
defined class Person
```

导入 SparkSession 的隐式转换，以便后续可以使用 Dataset 的算子，代码如下：

```
scala> import spark.implicits._
```

调用 Dataset 的 map()算子将每一个元素拆分并存入 Person 类中，代码如下：

```
scala> val personDataset=d1.map(line=>{
     | val fields = line.split(",")
     | val id = fields(0).toInt
     | val name = fields(1)
     | val age = fields(2).toInt
     | Person(id, name, age)
     | })
personDataset: org.apache.spark.sql.Dataset[Person] = [id: int, name: string ...
1 more field]
```

此时可查看 personDataset 中的数据内容，代码如下：

```
scala> personDataset.show()
+---+--------+---+
| id|    name|age|
+---+--------+---+
|  1|zhangsan| 25|
|  2|    lisi| 22|
|  3|  wangwu| 30|
+---+--------+---+
```

可以看到，personDataset 中的数据类似于一张关系型数据库的表。

3. 将 Dataset 转为 DataFrame

Spark SQL 查询的是 DataFrame 中的数据，因此需要将存有元数据信息的 Dataset 转为 DataFrame。调用 Dataset 的 toDF()方法，将存有元数据的 Dataset 转为 DataFrame，代码如下：

```
scala> val pdf = personDataset.toDF()
pdf: org.apache.spark.sql.DataFrame = [id: int, name: string ... 1 more field]
```

4. 执行 SQL 查询

在 DataFrame 上创建一个临时视图 v_person，代码如下：

```
scala> pdf.createTempView("v_person")
```

使用 SparkSession 对象执行 SQL 查询，代码如下：

```
scala> val result = spark.sql("select * from v_person order by age desc")
result: org.apache.spark.sql.DataFrame = [id: int, name: string ... 1 more field]
```

调用 show()方法输出结果数据，代码如下：

```
scala> result.show()
+---+--------+---+
| id|    name|age|
+---+--------+---+
|  3|  wangwu| 30|
|  1|zhangsan| 25|
|  2|    lisi | 22|
+---+--------+---+
```

可以看到，结果数据已按照 age 字段降序排列。

5.4 Spark SQL 数据源

Spark SQL 支持通过 DataFrame 接口对各种数据源进行操作。DataFrame 可以使用相关转换算子进行操作，也可以用于创建临时视图。将 DataFrame 注册为临时视图可以使用 SQL 对其中的数据进行查询。本节对常用的 Spark 数据源的使用方法进行讲解。

5.4.1 基本操作

Spark SQL 的基本操作方法如下。

1. 默认数据源

Spark SQL 提供了两个常用的加载数据和写入数据的方法：load()方法和 save()方法。load()方法可以加载外部数据源为一个 DataFrame，save()方法可以将一个 DataFrame 写入指定的数据源。

默认情况下，load()方法和 save()方法只支持 Parquet 格式的文件。Parquet 文件是以二进制方式存储数据的，因此不可以直接读取，Parquet 文件中包括该文件的实际数据和 Schema 信息（关于 Parquet 格式文件，本书不做过多讲解）。也可以在配置文件中通过参数 spark.sql.sources.default 对默认文件格式进行更改。

Spark SQL 可以很容易地读取 Parquet 文件并将其数据转为 DataFrame 数据集。例如，读取 HDFS 中的文件/users.parquet，并将其中的 name 列与 favorite_color 列写入 HDFS 的/result 目录，代码如下：

```
//创建或得到 SparkSession
val spark = SparkSession.builder()
  .appName("SparkSQLDataSource")
  .master("local[*]")
  .getOrCreate()
//加载 parquet 格式的文件，返回一个 DataFrame 集合
val usersDF = spark.read.load("hdfs://centos01:9000/users.parquet")
usersDF.show()
// +------+--------------+----------------+
// |  name|favorite_color|favorite_numbers|
// +------+--------------+----------------+
// |Alyssa|          null|  [3, 9, 15, 20]|
// |   Ben|           red|              []|
// +------+--------------+----------------+

//查询 DataFrame 中的 name 列和 favorite_color 列，并写入 HDFS
usersDF.select("name","favorite_color")
  .write.save("hdfs://centos01:9000/result")
```

上述代码使用 load()方法加载指定路径的文件为一个 DataFrame；使用 select()方法对 DataFrame 中的指定列进行查询，查询结果仍然是 DataFrame；使用 save()方法将查询结果写入指定目录。

上述代码执行成功后，会在 HDFS 中生成一个/result 目录，实际文件数据则存在于该目录中，如图 5-4 所示。

```
[hadoop@centos01 resources]$ hdfs dfs -ls /result
Found 2 items
-rw-r--r--   3 root supergroup          0 2022-04-11 14:04 /result/_SUCCESS
-rw-r--r--   3 root supergroup        619 2022-04-11 14:04 /result/part-00000-404a3d80-4f94-4d5b-bebf-a46aa0bc00ed-c000.snappy.parquet
```

图 5-4　写入 HDFS 中的 Parquet 文件数据

除了使用 select()方法查询外，也可以使用 SparkSession 对象的 sql()方法执行 SQL 语句进行查询，该方法的返回结果仍然是一个 DataFrame。上述代码的最后一句可以替换为以下代码：

```
//创建临时视图
usersDF.createTempView("t_user")
//执行 SQL 查询，并将结果写入 HDFS
spark.sql("SELECT name,favorite_color FROM t_user")
  .write.save("hdfs://centos01:9000/result")
```

2. 手动指定数据源

使用 format()方法可以手动指定数据源。数据源需要使用完全限定名（例如 org.apache.spark.sql.parquet），但对于 Spark SQL 的内置数据源，也可以使用它们的缩写名（JSON、Parquet、JDBC、ORC、Libsvm、CSV、Text）。例如，手动指定 CSV 格式的数据源，代码如下：

```
val peopleDFCsv=
  spark.read.format("csv").load("hdfs://centos01:9000/people.csv")
```

通过手动指定数据源，可以将 DataFrame 数据集保存为不同的文件格式或者在不同的文件格式之间转换。例如以下代码，读取 HDFS 中的 JSON 格式文件，并将其中的 name 列和 age 列保存为 Parquet 格式文件：

```
val peopleDF =
  spark.read.format("json").load("hdfs://centos01:9000/people.json")
peopleDF.select("name", "age")
  .write.format("parquet").save("hdfs://centos01:9000/result")
```

在指定数据源的同时，可以使用 option()方法向指定的数据源传递所需参数。例如，向 JDBC 数据源传递账号、密码等参数，代码如下：

```
val jdbcDF = spark.read.format("jdbc")
  .option("url", "jdbc:mysql://192.168.1.69:3306/spark_db")
  .option("driver","com.mysql.cj.jdbc.Driver")
  .option("dbtable", "student")
  .option("user", "root")
  .option("password", "123456")
  .load()
```

关于 JDBC 数据源，5.4.5 节将详细讲解。

3. 数据写入模式

在写入数据的同时，可以使用 mode()方法指定如何处理已经存在的数据，该方法的参数是一个枚举类 SaveMode，其取值解析如下：

- SaveMode.ErrorIfExists：默认值。当向数据源写入一个 DataFrame 时，如果数据或表已经存在，就会抛出异常。

- SaveMode.Append：当向数据源写入一个 DataFrame 时，如果数据或表已经存在，会在原有的基础上进行追加。
- SaveMode.Overwrite：当向数据源写入一个 DataFrame 时，如果数据或表已经存在，就会将其覆盖（包括数据或表的 Schema）。
- SaveMode.Ignore：当向数据源写入一个 DataFrame 时，如果数据或表已经存在，就不会写入内容，类似 SQL 中的 CREATE TABLE IF NOT EXISTS。

例如，HDFS 中有一个 JSON 格式的文件/people.json，内容如下：

```
{"name":"Michael"}
{"name":"Andy", "age":30}
{"name":"Justin", "age":19}
```

现需要查询该文件中的 name 列，并将结果写入 HDFS 的/result 目录中，若该目录存在，则将其覆盖，代码如下：

```
val peopleDF = spark.read.format("json")
  .load("hdfs://centos01:9000/people.json")
peopleDF.select("name")
  .write.mode(SaveMode.Overwrite).format("json")
  .save("hdfs://centos01:9000/result")
```

执行上述代码后，会在 HDFS 中生成一个/result 目录，实际文件数据则存在于该目录中，如图 5-5 所示。

```
[hadoop@centos01 resources]$ hdfs dfs -ls /result
Found 2 items
-rw-r--r--   3 root supergroup          0 2022-04-11 13:43 /result/_SUCCESS
-rw-r--r--   3 root supergroup         53 2022-04-11 13:43 /result/part-00000-5c1b7cb0-a2f4-4514-95ca-78d0197d752c-c000.json
[hadoop@centos01 resources]$ hdfs dfs -cat /result/part-00000-5c1b7cb0-a2f4-4514-95ca-78d0197d752c-c000.json
{"name":"Michael"}
{"name":"Andy"}
{"name":"Justin"}
```

图 5-5　写入 HDFS 中的 JSON 文件数据

接着查询 HDFS 文件/people.json 的 age 列，并将结果写入 HDFS 的/result 目录中，若该目录存在，则向其追加数据，代码如下：

```
val peopleDF = spark.read.format("json")
  .load("hdfs://centos01:9000/people.json")
peopleDF.select("age")
  .write.mode(SaveMode.Append).format("json")
  .save("hdfs://centos01:9000/result")
```

执行上述代码后，查看 HDFS 的/result 目录，发现多了一个结果文件，如图 5-6 所示。

```
[hadoop@centos01 resources]$ hdfs dfs -ls /result
Found 3 items
-rw-r--r--   3 root supergroup          0 2022-04-11 13:48 /result/_SUCCESS
-rw-r--r--   3 root supergroup         25 2022-04-11 13:48 /result/part-00000-38273221-9be3-4667-b30d-8a7859f40133-c000.json
-rw-r--r--   3 root supergroup         53 2022-04-11 13:43 /result/part-00000-5c1b7cb0-a2f4-4514-95ca-78d0197d752c-c000.json
[hadoop@centos01 resources]$ hdfs dfs -cat /result/part-00000-38273221-9be3-4667-b30d-8a7859f40133-c000.json
{}
{"age":30}
{"age":19}
```

图 5-6　查看 HDFS 的/result 目录

4. 分区自动推断

表分区是 Hive 等系统中常用的优化查询效率的方法（Spark SQL 的表分区与 Hive 的表分区类似，本书不做详细讲解）。在分区表中，数据通常存储在不同的分区目录中，分区目录通常以“分区列名=值”的格式进行命名。例如，以 people 作为表名，gender 和 country 作为分区列，存储数据的目录结构如下：

```
path
└── to
    └── people
        ├── gender=male
        │   ├── ...
        │   │
        │   ├── country=US
        │   │   └── data.parquet
        │   ├── country=CN
        │   │   └── data.parquet
        │   └── ...
        └── gender=female
            ├── ...
            │
            ├── country=US
            │   └── data.parquet
            ├── country=CN
            │   └── data.parquet
            └── ...
```

对于所有内置的数据源（包括 Text/CSV/JSON/ORC/Parquet），Spark SQL 都能够根据目录名自动发现和推断分区信息。下面以一个实际例子进行讲解。

（1）在本地（或 HDFS）新建以下 3 个目录及文件，其中 people 代表表名，gender 和 country 代表分区列，people.json 存储实际人口数据：

```
D:\people\gender=male\country=CN\people.json
D:\people\gender=male\country=US\people.json
D:\people\gender=female\country=CN\people.json
```

3 个 people.json 文件的数据分别如下：

```
{"name":"zhangsan","age":32}
{"name":"lisi", "age":30}
{"name":"wangwu", "age":19}

{"name":"Michael"}
{"name":"Jack", "age":20}
{"name":"Justin", "age":18}

{"name":"xiaohong","age":17}
{"name":"xiaohua", "age":22}
{"name":"huanhuan", "age":16}
```

（2）执行以下代码，读取表 people 的数据并显示：

```
//读取表数据为一个 DataFrame
val usersDF = spark.read.format("json").load("D:\\people")
//输出 Schema 信息
usersDF.printSchema()
//输出表数据
usersDF.show()
```

控制台输出的 Schema 信息如下：

```
root
 |-- age: long (nullable = true)
 |-- name: string (nullable = true)
 |-- gender: string (nullable = true)
 |-- country: string (nullable = true)
```

控制台输出的表数据如下：

```
+----+--------+------+-------+
| age|    name|gender|country|
+----+--------+------+-------+
|  17|xiaohong|female|     CN|
|  22| xiaohua|female|     CN|
|  16|huanhuan|female|     CN|
|  32|zhangsan|  male|     CN|
|  30|    lisi|  male|     CN|
|  19|  wangwu|  male|     CN|
|null| Michael|  male|     US|
|  20|    Jack|  male|     US|
|  18|  Justin|  male|     US|
+----+--------+------+-------+
```

从控制台输出的 Schema 信息和表数据可以看出，Spark SQL 在读取数据时，自动推断出了两个分区列 gender 和 country，并将这两列的值添加到了 DataFrame 中。

注意 分区列的数据类型是自动推断的，目前支持数字、日期、时间戳、字符串数据类型。若不希望自动推断分区列的数据类型，则可以在配置文件中将 spark.sql.sources.partitionColumnTypeInference 的值设置为 false（默认为 true，表示启用）。当禁用自动推断时，分区列将使用字符串数据类型。

5.4.2 Parquet 文件

Apache Parquet 是 Hadoop 生态系统中任何项目都可以使用的列式存储格式，不受数据处理框架、数据模型和编程语言的影响。Spark SQL 支持对 Parquet 文件的读写，并且可以自动保存源数据的 Schema。当写入 Parquet 文件时，为了提高兼容性，所有列都会自动转换为“可为空”状态。

加载和写入 Parquet 文件时，除了可以使用 load()方法和 save()方法外，还可以直接使用 Spark SQL 内置的 parquet()方法，例如以下代码：

```
//读取 Parquet 文件为一个 DataFrame
val usersDF = spark.read.parquet("hdfs://centos01:9000/users.parquet")
```

```
//将 DataFrame 相关数据保存为 Parquet 文件，包括 Schema 信息
usersDF.select("name","favorite_color")
  .write.parquet("hdfs://centos01:9000/result")
```

与 Protocol Buffer、Avro 和 Thrift 一样，Parquet 也支持 Schema 合并。刚开始可以先定义一个简单的 Schema，然后根据业务需要逐步向 Schema 中添加更多的列，最终会产生多个 Parquet 文件，各个 Parquet 文件的 Schema 不同，但是相互兼容。对于这种情况，Spark SQL 读取 Parquet 数据源时可以自动检测并合并所有 Parquet 文件的 Schema。

由于 Schema 合并是一个相对耗时的操作，并且在多数情况下不是必需的，因此从 Spark 1.5.0 开始默认将 Schema 自动合并功能关闭，可以通过以下两种方式开启：

（1）读取 Parquet 文件时，通过调用 option()方法将数据源的属性 mergeSchema 设置为 true，代码如下：

```
val mergedDF = spark.read.option("mergeSchema", "true")
  .parquet("hdfs://centos01:9000/students")
```

（2）构建 SparkSession 对象时，通过调用 config()方法将全局 SQL 属性 spark.sql.parquet.mergeSchema 设置为 true，代码如下：

```
val spark = SparkSession.builder()
  .appName("SparkSQLDataSource")
  .config("spark.sql.parquet.mergeSchema",true)
  .master("local[*]")
  .getOrCreate()
```

例如，向 HDFS 的目录/students 中首先写入两个学生的姓名和年龄信息，然后写入另外两个学生的姓名和成绩信息，最后读取/students 目录中的所有学生数据并合并 Schema，代码如下：

```
import org.apache.spark.sql.{SaveMode, SparkSession}
/**
 * SparkSQL 读取 HDFS 数据，并合并数据 Schema 信息
 */
object SparkSQLMergeSchemaDemo {
  def main(args: Array[String]): Unit = {
    //创建或得到 SparkSession
    val spark = SparkSession.builder()
      .appName("SparkSQLDataSource")
      .config("spark.sql.parquet.mergeSchema",true)
      .master("local[*]")
      .getOrCreate()
    //导入隐式转换
    import spark.implicits._

    //创建 List 集合，存储姓名和年龄
    val studentList=List(("jock",22),("lucy",20))
    //将集合转为 DataFrame，并指定列名为 name 和 age
    val studentDF = spark.sparkContext ❶
      .makeRDD(studentList)
      .toDF("name", "age")
    //将 DataFrame 写入 HDFS 的/students 目录
    studentDF.write.mode(SaveMode.Append)
      .parquet("hdfs://centos01:9000/students")
```

```
        //创建List集合，存储姓名和成绩
        val studentList2=List(("tom",98),("mary",100))
        //将集合转为DataFrame，并指定列名为name和grade
        val studentDF2 = spark.sparkContext ❷
          .makeRDD(studentList2)
          .toDF("name", "grade")
        //将DataFrame写入HDFS的/students目录（写入模式为Append）
        studentDF2.write.mode(SaveMode.Append)
          .parquet("hdfs://centos01:9000/students")
        //读取HDFS目录/students的Parquet文件数据，并合并Schema
        val mergedDF = spark.read.option("mergeSchema", "true")
          .parquet("hdfs://centos01:9000/students") ❸
        //输出Schema信息
        mergedDF.printSchema()
        //输出数据内容
        mergedDF.show()
    }
}
```

上述代码解析如下：

❶ 创建一个DataFrame集合，该集合包括name和age两列，数据如下：

```
+----+---+
|name|age|
+----+---+
|jock| 22|
|lucy| 20|
+----+---+
```

❷ 创建一个DataFrame集合，该集合包括name和grade两列，数据如下：

```
+----+-----+
|name|grade|
+----+-----+
| tom|   98|
|mary|  100|
+----+-----+
```

❸ 通过代码option("mergeSchema", "true")开启Schema自动合并功能，然后读取HDFS目录/students中的所有Parquet文件数据，输出数据的Schema信息和数据内容。Schema信息输出如下：

```
root
 |-- name: string (nullable = true)
 |-- age: integer (nullable = true)
 |-- grade: integer (nullable = true)
```

数据内容输出如下：

```
+----+----+-----+
|name| age|grade|
+----+----+-----+
|mary|null|  100|
|jock|  22| null|
|lucy|  20| null|
```

```
| tom|null|   98|
+----+----+-----+
```

从输出的 Schema 信息和数据内容可以看出，Spark SQL 在读取 Parquet 文件数据时，自动将不同文件的 Schema 信息进行合并。

5.4.3 JSON 数据集

Spark SQL 可以自动推断 JSON 文件的 Schema，并将其加载为 DataFrame。在加载和写入 JSON 文件时，除了可以使用 load()方法和 save()方法外，还可以直接使用 Spark SQL 内置的 json()方法。使用该方法不仅可以读写 JSON 文件，还可以将 Dataset[String]类型的数据集转为 DataFrame。

需要注意的是，要想成功地将一个 JSON 文件加载为 DataFrame，JSON 文件的每一行必须包含一个独立有效的 JSON 对象，而不能将一个 JSON 对象分散在多行。例如以下 JSON 内容可以被成功加载：

```
{"name":"zhangsan","age":32}
{"name":"lisi", "age":30}
{"name":"wangwu", "age":19}
```

使用 json()方法加载 JSON 数据，代码如下：

```
import org.apache.spark.sql._
/**
  * Spark SQL 加载 JSON 文件
  */
object SparkSQLJSONDemo{
  def main(args: Array[String]): Unit = {
    //创建或得到 SparkSession
    val spark = SparkSession.builder()
      .appName("SparkSQLDataSource")
      .config("spark.sql.parquet.mergeSchema",true)
      .master("local[*]")
      .getOrCreate()

    /****1. 创建用户基本信息表*****/
    import spark.implicits._
    //创建用户信息 Dataset 集合
    val arr=Array(
      "{'name':'zhangsan','age':20}",
      "{'name':'lisi','age':18}"
    )
    val userInfo: Dataset[String] = spark.createDataset(arr)
    //将 Dataset[String]转为 DataFrame
    val userInfoDF = spark.read.json(userInfo)
    //创建临时视图 user_info
    userInfoDF.createTempView("user_info")
    //显示数据
    userInfoDF.show()
    // +---+--------+
    // |age|    name|
    // +---+--------+
    // | 20|zhangsan|
```

```
        // | 18|    lisi|
        // +---+--------+

        /****2. 创建用户成绩表*****/
        //读取JSON文件
        val userScoreDF = spark.read.json("D:\\people\\people.json")
        //创建临时视图user_score
        userScoreDF.createTempView("user_score")
        userScoreDF.show()
        // +--------+-----+
        // |    name|score|
        // +--------+-----+
        // |zhangsan|   98|
        // |    lisi|   88|
        // |  wangwu|   95|
        //      +--------+-----+
        /****3. 根据name字段关联查询*****/
        val resDF=spark.sql("SELECT i.age,i.name,c.score FROM user_info i " +
                            "JOIN user_score c ON i.name=c.name")
        resDF.show()
        // +---+--------+-----+
        // |age|    name|score|
        // +---+--------+-----+
        // | 20|zhangsan|   98|
        // | 18|    lisi|   88|
        // +---+--------+-----+
    }
}
```

上述代码使用json()方法首先将存储用户基本信息的Dataset转为一个DataFrame，然后加载本地存储用户成绩的JSON文件为一个DataFrame，最后将两个DataFrame根据name字段进行了关联查询。

5.4.4 Hive表

Spark SQL还支持读取和写入存储在Apache Hive中的数据。然而，由于Hive有大量依赖项，这些依赖项不包括在默认的Spark发行版中，如果在classpath上配置了这些Hive依赖项，Spark就会自动加载它们。需要注意的是，这些Hive依赖项必须出现在所有Worker节点上，因为它们需要访问Hive序列化和反序列化库（SerDes），以便访问存储在Hive中的数据。

在使用Hive时，必须实例化一个支持Hive的SparkSession对象。若系统中没有部署Hive，则仍然可以启用Hive支持（Spark SQL充当Hive查询引擎）。Spark对Hive的支持包括连接到持久化的Hive元数据库、Hive SerDe、Hive用户定义函数、HiveQL等。如果没有配置hive-site.xml文件，Spark应用程序启动时，就会自动在当前目录中创建Derby元数据库metastore_db，并创建一个由spark.sql.warehouse.dir指定的数据仓库目录（若不指定，则默认启动Spark应用程序当前目录中的spark-warehouse目录）。需要注意的是，从Spark2.0.0版本开始，hive-site.xml中的hive.metastore.warehouse.dir属性不再使用了，代替它的是使用spark.sql.warehouse.dir指定默认的数据仓库目录。

下面讲解如何使用 Spark SQL 读取和写入 Hive 数据。

1. 创建 SparkSession 对象

创建一个 SparkSession 对象，并开启 Hive 支持，代码如下：

```
val spark = SparkSession
  .builder()
  .appName("Spark Hive Demo")
  .enableHiveSupport()                    //开启 Hive 支持
  .getOrCreate()
```

2. 执行 HiveQL 语句

调用 SparkSession 对象的 sql()方法可以传入需要执行的 HiveQL 语句，步骤如下：

步骤 01 创建 Hive 表。创建一张 Hive 表 students，并指定字段分隔符为制表符“\t”，代码如下：

```
spark.sql("CREATE TABLE IF NOT EXISTS students (name STRING, age INT) " +
  "ROW FORMAT DELIMITED FIELDS TERMINATED BY '\t'")
```

步骤 02 导入本地数据到 Hive 表。本地文件/home/hadoop/students.txt 的内容如下（字段之间以制表符“\t”分隔）：

```
zhangsan20
lisi25
wangwu  19
```

将本地文件/home/hadoop/students.txt 中的数据导入表 students 中，代码如下：

```
spark.sql("LOAD DATA LOCAL INPATH '/home/hadoop/students.txt' " +
  "INTO TABLE students")
```

步骤 03 查询表数据。查询表 students 的数据并显示到控制台，代码如下：

```
spark.sql("SELECT * FROM students").show()
```

显示结果如下：

```
+--------+---+
|    name|age|
+--------+---+
|zhangsan| 20|
|    lisi| 25|
|  wangwu| 19|
+--------+---+
```

使用聚合查询，查询表 students 的所有数据并显示到控制台，代码如下：

```
spark.sql("SELECT COUNT(*) FROM students").show()
```

显示结果如下：

```
+--------+
|count(1)|
+--------+
|       3|
+--------+
```

步骤04 创建表的同时指定存储格式。创建一个 Hive 表 hive_records，数据存储格式为 Parquet（默认为普通文本格式），代码如下：

```
spark.sql("CREATE TABLE hive_records(key STRING, value INT) STORED AS PARQUET")
```

步骤05 将 DataFrame 写入 Hive 表。使用 saveAsTable()方法可以将一个 DataFrame 写入指定的 Hive 表中。例如，加载 students 表的数据并转为 DataFrame，然后将 DataFrame 写入 Hive 表 hive_records 中，代码如下：

```
//加载 students 表的数据为 DataFrame
val studentsDF = spark.table("students")
//将 DataFrame 写入表 hive_records 中
studentsDF.write.mode(SaveMode.Overwrite).saveAsTable("hive_records")
//查询 hive_records 表数据并显示到控制
spark.sql("SELECT * FROM hive_records").show()
```

Spark SQL 应用程序写完后，需要提交到 Spark 集群中运行。若以 Hive 为数据源，则提交之前需要做好 Hive 数据仓库、元数据库等的配置，具体配置方式将在 5.7 节的 Spark SQL 整合 Hive 中详细讲解。

5.4.5 JDBC

Spark SQL 还可以使用 JDBC API 从其他关系型数据库读取数据，返回的结果仍然是一个 DataFrame，可以很容易地在 Spark SQL 中处理，也可以与其他数据源进行连接查询。

在使用 JDBC 连接数据库时可以指定相应的连接属性，常用的连接属性介绍如表 5-1 所示。

表 5-1　JDBC 常用的连接属性及介绍

属　性	介　绍
url	连接的JDBC URL
driver	JDBC驱动的类名
user	数据库用户名
password	数据库密码
dbtable	数据库表名或能代表一张数据库表的子查询。在读取数据时，若只使用数据库表名，则将查询整张表的数据；若希望查询部分数据或多表关联查询时，则可以使用SQL查询的FROM子句中有效的任何内容，例如放入括号中的子查询。该属性的值会被当作一张表进行查询，查询格式：select * from <dbtable属性值> where 1=1。注意，不允许同时指定dbtable和query属性
query	指定查询的SQL语句。注意，不允许同时指定dbtable和query属性，也不允许同时指定query和partitionColumn属性。当需要指定partitionColumn属性时，可以使用dbtable属性指定子查询，并使用子查询的别名对分区列进行限定
partitionColumn，lowerBound，upperBound	这几个属性，若有一个被指定，则必须全部指定，且必须指定numPartitions属性。它们描述了如何在从多个Worker中并行读取数据时对表进行分区。partitionColumn必须是表中的数字、日期或时间戳列。注意，lowerBound和upperBound只是用来决定分区跨度的，而不是用来过滤表中的行的。因此，表中的所有行都将被分区并返回

（续表）

属　性	介　绍
numPartitions	对表并行读写数据时的最大分区数，这也决定了并发JDBC连接的最大数量。如果要写入数据的分区数量超过了此限制的值，那么在写入之前可以调用coalesce(numpartition)将分区数量减少到此限制的值

例如，使用 JDBC API 对 MySQL 表 student 和表 score 进行关联查询，代码如下：

```
val jdbcDF = spark.read.format("jdbc")
  .option("url", "jdbc:mysql://192.168.1.69:3306/spark_db")
  .option("driver","com.mysql.cj.jdbc.Driver")
  .option("dbtable", "(select st.name,sc.score from student st,score sc " +
    "where st.id=sc.id) t")
  .option("user", "root")
  .option("password", "123456")
  .load()
```

上述代码中，dbtable 属性的值是一个子查询，相当于 SQL 查询中的 FROM 关键字后的一部分。

除了上述查询方式外，使用 query 属性编写完整 SQL 语句进行查询也能达到同样的效果，代码如下：

```
val jdbcDF = spark.read.format("jdbc")
  .option("url", "jdbc:mysql://192.168.1.234:3306/spark_db")
  .option("driver","com.mysql.cj.jdbc.Driver")
  .option("query", "select st.name,sc.score from student st,score sc " +
    "where st.id=sc.id")
  .option("user", "root")
  .option("password", "123456")
  .load()
```

在 5.8 节的 Spark SQL 读写 MySQL 案例中，将进一步对 JDBC 数据源进行讲解。

5.5　Spark SQL 内置函数

Spark SQL 内置了大量的函数，位于 API org.apache.spark.sql.functions 中。这些函数主要分为 10 类：UDF 函数、聚合函数、日期函数、排序函数、非聚合函数、数学函数、混杂函数、窗口函数、字符串函数、集合函数，其中大部分函数与 Hive 中的相同。

使用内置函数有两种方式：一种是通过编程的方式使用；另一种是在 SQL 语句中使用。

（1）以编程的方式使用 lower()函数将用户姓名转为小写，代码如下：

```
//显示 DataFrame 数据（df 指 DataFrame 对象）
df.show()
// +--------+
// |    name|
// +--------+
// |ZhangSan|
// |    LiSi|
```

```
// |  WangWu|
// +--------+
//使用 lower()函数将某列转为小写
import org.apache.spark.sql.functions._
df.select(lower(col("name")).as("name")).show()
// +--------+
// |    name|
// +--------+
// |zhangsan|
// |    lisi|
// |  wangwu|
// +--------+
```

上述代码中，使用 select()方法传入需要查询的列，使用 as()方法指定列的别名。代码 col("name")指定要查询的列，也可以使用$"name"代替，代码如下：

```
// 使用$符号需要进行导入
import spark.implicits._
df.select(lower($"name").as("name")).show()
```

（2）以 SQL 语句的方式使用 lower()函数，代码如下：

```
//定义临时视图
df.createTempView("t_name")
//执行 SQL 查询（spark 指 SparkSession 对象）
spark.sql("select lower(name) as name from t_name").show();
```

除了可以使用 select()方法查询指定的列外，还可以直接使用 filter()、groupBy()等方法对 DataFrame 数据进行过滤和分组，例如以下代码：

```
// 使用$符号需要进行导入
import spark.implicits._
// 打印 Schema 信息
df.printSchema()
// root
// |-- age: long (nullable = true)
// |-- name: string (nullable = true)

// 查询 name 列
df.select("name").show()
// +-------+
// |   name|
// +-------+
// |Michael|
// |   Andy|
// | Justin|
// +-------+

// 查询 name 列和 age 列，其中将 age 列的值增加 1
df.select($"name", $"age" + 1).show()
// +-------+---------+
// |   name|(age + 1)|
// +-------+---------+
// |Michael|     null|
```

```
// |   Andy|     31|
// | Justin|      20|
// +-------+---------+

// 查询 age>21 的所有数据
df.filter($"age" > 21).show()
// +---+----+
// |age|name|
// +---+----+
// | 30|Andy|
// +---+----+

// 根据 age 进行分组，并求每一组的数量
df.groupBy("age").count().show()
// +----+-----+
// | age|count|
// +----+-----+
// |  19|    1|
// |null|    1|
// |  30|    1|
// +----+-----+
```

5.5.1 自定义函数

当 Spark SQL 提供的内置函数不能满足查询需求时，用户可以根据需求编写自定义函数（User Defined Functions，UDF），然后在 Spark SQL 中调用。

例如有这样一个需求：为了保护用户的隐私，当查询数据的时候，需要将用户手机号的中间 4 位数字用星号（*）代替，比如手机号 180****2688。这时就可以编写一个自定义函数来实现这个需求，实现代码如下：

```
import org.apache.spark.rdd.RDD
import org.apache.spark.sql.types.{StringType, StructField, StructType}
import org.apache.spark.sql.{Row, SparkSession}

/**
  * 用户自定义函数，隐藏手机号中间 4 位
  */
object SparkSQLUDF {
  def main(args: Array[String]): Unit = {
    //创建或得到 SparkSession
    val spark = SparkSession.builder()
      .appName("SparkSQLUDF")
      .master("local[*]")
      .getOrCreate()
    //第一步：创建测试数据（或直接从文件中读取）
    //模拟数据
    val arr=Array("18001292080","13578698076","13890890876")
    //将数组数据转为 RDD
    val rdd: RDD[String] = spark.sparkContext.parallelize(arr)
    //将 RDD[String]转为 RDD[Row]
```

```
    val rowRDD: RDD[Row] = rdd.map(line=>Row(line))
    //定义数据的 schema
    val schema=StructType(
      List{
        StructField("phone",StringType,true)
      }
    )
    //将 RDD[Row]转为 DataFrame
    val df = spark.createDataFrame(rowRDD, schema)
    //第二步：创建自定义函数（phoneHide）
    val phoneUDF=(phone:String)=>{
      var result = "手机号码错误！"
      if (phone != null && (phone.length==11)) {
        val sb = new StringBuffer
        sb.append(phone.substring(0, 3))
        sb.append("****")
        sb.append(phone.substring(7))
        result = sb.toString
      }
      result
    }
    //注册函数（第一个参数为函数名称，第二个参数为自定义的函数）
    spark.udf.register("phoneHide",phoneUDF)
    //第三步：调用自定义函数
    df.createTempView("t_phone")          //创建临时视图
    spark.sql("select phoneHide(phone) as phone from t_phone").show()
    // +-----------+
    // |      phone|
    // +-----------+
    // |180****2080|
    // |135****8076|
    // |138****0876|
    // +-----------+
  }
}
```

上述代码通过 spark.udf.register()方法注册一个自定义函数 phoneHide，然后使用 spark.sql()方法传入 SQL 语句，在 SQL 语句中调用自定义函数 phoneHide 并传入指定的列，该列的每一个值将依次被自定义函数 phoneHide 处理。

5.5.2 自定义聚合函数

Spark SQL 提供了一些常用的聚合函数，如 count()、countDistinct()、avg()、max()、min()等。此外，用户也可以根据需求编写自定义聚合函数（User Defined Aggregate Functions，UDAF）。

UDF 主要是针对单个输入返回单个输出，而 UDAF 则可以针对多个输入进行聚合计算返回单个输出，功能更加强大。

要编写 UDAF，需要新建一个类，继承抽象类 UserDefinedAggregateFunction，并实现其中未实现的方法。例如，编写一个求员工平均工资功能的 UDAF，员工工资数据存储于 employees.json 文件中，内容如下：

```
{"name":"Michael", "salary":3000}
{"name":"Andy", "salary":4500}
{"name":"Justin", "salary":3500}
{"name":"Berta", "salary":4000}
```

实现的完整代码如下：

```
import org.apache.spark.sql.{Row, SparkSession}
import org.apache.spark.sql.expressions.MutableAggregationBuffer
import org.apache.spark.sql.expressions.UserDefinedAggregateFunction
import org.apache.spark.sql.types._

/**
 * 用户自定义聚合函数类，实现求平均值
 */
class MyAverage extends UserDefinedAggregateFunction {
  // 聚合函数输入参数的类型，运行时会将需要聚合的每一个值输入聚合函数中
  //inputColumn 为输入的列名，不作特殊要求，相当于一个列名占位符
  override def inputSchema: StructType = StructType(List(
    StructField("inputColumn", LongType)
  ))
  // 定义存储聚合运算产生的中间数据的 Schema
  // sum 和 count 不作特殊要求，为自定义名称
  override def bufferSchema: StructType = StructType(List(
    StructField("sum", LongType),          //参与聚合的数据总和
    StructField("count", LongType)         //参与聚合的数据数量
  ))
  override def dataType: DataType = DoubleType
  // 针对给定的同一组输入，聚合函数是否返回相同的结果，通常为 true
  override def deterministic: Boolean = true
  // 初始化聚合运算的中间结果，中间结果存储于 buffer 中，buffer 是一个 Row 类型
  override def initialize(buffer: MutableAggregationBuffer): Unit = {
    buffer(0)=0L //与 bufferSchema 中的第一个字段（sum）对应，即 sum 的初始值
    buffer(1)=0L //与 bufferSchema 中的第二个字段（count）对应，即 count 的初始值
  }
  // 由于参与聚合的数据会依次输入聚合函数，因此每当向聚合函数输入新的数据时，都会调用
  // 该函数更新聚合中间结果
  override def update(buffer: MutableAggregationBuffer,input: Row):Unit ={
    if (!input.isNullAt(0)) {
      buffer(0)= buffer.getLong(0)+input.getLong(0)       //更新参与聚合的数据总和
      buffer(1) = buffer.getLong(1) + 1                   //更新参与聚合的数据数量
    }
  }
  // 合并多个分区的 buffer 中间结果（分布式计算，参与聚合的数据存储于多个分区，
  // 每个分区都会产生 buffer 中间结果）
  override def merge(buffer1: MutableAggregationBuffer, buffer2: Row):Unit={
   buffer1(0)=buffer1.getLong(0)+buffer2.getLong(0)       //合并参与聚合的数据总和
   buffer1(1)= buffer1.getLong(1)+buffer2.getLong(1)      //合并参与聚合的数据数量
  }
  // 计算最终结果，数据总和/数据数量=平均值
  override def evaluate(buffer: Row): Double =
```

```
      buffer.getLong(0).toDouble / buffer.getLong(1)
  }

  /**
    * 测试自定义聚合函数
    */
  object MyAverage{
    def main(args: Array[String]): Unit = {
      //创建或得到 SparkSession
      val spark = SparkSession
        .builder()
        .appName("Spark SQL UDAF example")
        .master("local[*]")
        .getOrCreate()
      // 注册自定义聚合函数
      spark.udf.register("MyAverage",new MyAverage)
      // 读取 JSON 数据
      val df = spark.read.json("D:/test/employees.json")
      //创建临时视图
      df.createOrReplaceTempView("employees")
      df.show()
      // +-------+------+
      // |   name|salary|
      // +-------+------+
      // |Michael|  3000|
      // |   Andy|  4500|
      // | Justin|  3500|
      // |  Berta|  4000|
      // +-------+------+
      // 调用聚合函数进行查询
      val result = spark.sql(
        "SELECT myAverage(salary) as average_salary FROM employees"
      )
      //显示查询结果
      result.show()
      // +--------------+
      // |average_salary|
      // +--------------+
      // |        3750.0|
      // +--------------+
      spark.stop()
    }
  }
```

5.5.3 开窗函数

开窗函数 row_number()是 Spark SQL 中常用的一个窗口函数，使用该函数可以在查询结果中对每个分组的数据，按照其排列的顺序添加一列行号（从 1 开始），根据行号可以方便地对每一组数据取前 N 行（分组取 TopN）。row_number()函数的使用格式如下：

```
row_number() over (partition by 列名 order by 列名 desc) 行号列别名
```

上述格式说明如下：

- partition by：按照某一列进行分组。
- order by：分组后按照某一列进行组内排序。
- desc：降序，默认升序。

例如，统计每一个产品类别的销售额前 3 名，代码如下：

```
import org.apache.spark.sql.types._
import org.apache.spark.sql.{Row, SparkSession}

/**
  * 统计每一个产品类别的销售额前 3 名（相当于分组求 TopN）
  */
object SparkSQLWindowFunctionDemo {
  def main(args: Array[String]): Unit = {
    //创建或得到 SparkSession
    val spark = SparkSession.builder()
      .appName("SparkSQLWindowFunctionDemo")
      .master("local[*]")
      .getOrCreate()
    //第一步：创建测试数据（字段：日期、产品类别、销售额）
    val arr=Array(
      "2019-06-01,A,500",
      "2019-06-01,B,600",
      "2019-06-01,C,550",
      "2019-06-02,A,700",
      "2019-06-02,B,800",
      "2019-06-02,C,880",
      "2019-06-03,A,790",
      "2019-06-03,B,700",
      "2019-06-03,C,980",
      "2019-06-04,A,920",
      "2019-06-04,B,990",
      "2019-06-04,C,680"
    )
    //转为 RDD[Row]
    val rowRDD=spark.sparkContext
      .makeRDD(arr)
      .map(line=>Row(
            line.split(",")(0),
            line.split(",")(1),
            line.split(",")(2).toInt
      ))
    //构建 DataFrame 元数据
    val structType=StructType(Array(
      StructField("date",StringType,true),
      StructField("type",StringType,true),
      StructField("money",IntegerType,true)
    ))
    //将 RDD[Row]转为 DataFrame
    val df=spark.createDataFrame(rowRDD,structType)
```

```
    //第二步: 使用开窗函数取每一个类别的金额前 3 名
    df.createTempView("t_sales")          //创建临时视图
    //执行 SQL 查询
    spark.sql(
      "select date,type,money,rank from " +
        "(select date,type,money," +
       "row_number() over (partition by type order by money desc) rank "+
        "from t_sales) t " +
      "where t.rank<=3"
    ).show()
    // +----------+----+-----+----+
    // |      date|type|money|rank|
    // +----------+----+-----+----+
    // |2019-06-04|   B|  990|   1|
    // |2019-06-02|   B|  800|   2|
    // |2019-06-03|   B|  700|   3|
    // |2019-06-03|   C|  980|   1|
    // |2019-06-02|   C|  880|   2|
    // |2019-06-04|   C|  680|   3|
    // |2019-06-04|   A|  920|   1|
    // |2019-06-03|   A|  790|   2|
    // |2019-06-02|   A|  700|   3|
    // +----------+----+-----+----+
  }
}
```

5.6 案例分析：使用 Spark SQL 实现单词计数

本节讲解使用 Spark SQL 实现经典的单词计数程序 WordCount。数据来源仍然是 HDFS 中的 /input/words.txt 文件，该文件内容如下：

```
hello hadoop
hello java
hello scala
java
```

具体操作步骤如下：

1. 新建 Maven 项目

在 IDEA 中新建 Maven 项目的操作步骤可回顾 3.9 节，此处不再讲解。在 Maven 项目的 pom.xml 中添加 Spark SQL 的 Maven 依赖库，代码如下：

```
<!-- Spark 核心依赖库 -->
<dependency>
   <groupId>org.apache.spark</groupId>
   <artifactId>spark-core_2.12</artifactId>
   <version>3.2.1</version>
</dependency>
```

```
<!-- Spark SQL依赖库 -->
<dependency>
  <groupId>org.apache.spark</groupId>
  <artifactId>spark-sql_2.12</artifactId>
  <version>3.2.1</version>
</dependency>
```

2. 编写程序

首先需要创建一个 SparkSession 对象，并设置应用程序名称和运行模式。创建方法是使用 SparkSession.builder()创建一个 Builder 类型的构建器，然后调用 Builder 的 getOrCreate()方法获取已有的 SparkSession 对象。如果不存在已有的 SparkSession 对象，就根据构建器配置的参数创建一个新的 SparkSession 对象，代码如下：

```
val session=SparkSession.builder()
  .appName("SparkSQLWordCount")
  .master("local[*]")
  .getOrCreate()
```

接下来使用 SparkSession 对象读取 HDFS 中的单词文件，并将单词数据转为一个 Dataset，代码如下：

```
val lines: Dataset[String] = session.read.textFile(
  "hdfs://centos01:9000/input/words.txt")
```

上述代码首先使用 SparkSession 对象的 read 方法获取一个 DataFrameReader 对象，该对象用于加载非流式数据为 DataFrame 或 Dataset；然后调用 DataFrameReader 对象的 textFile()方法将单词文件中的数据加载到一个 Dataset 中。

写到这里可以先测试一下，使用以下代码查看 lines Dataset 的数据内容：

```
lines.show()
```

输出内容如下：

```
+--------------+
|         value |
+--------------+
|hello Hadoop |
|   hello java |
|  hello scala |
|        java  |
+--------------+
```

可以看出，lines Dataset 将单词文件中的每一行看作一个元素，并且所有元素组成了一列，列名默认为 value。

接下来使用 lines Dataset 的 flatMap()算子将单词按照空格进行切分并合并。使用前要导入 SparkSession 对象的隐式转换，代码如下：

```
import session.implicits._
val words: Dataset[String] = lines.flatMap(_.split(" "))
```

写到这里再测试一下，使用以下代码查看 words Dataset 的数据内容：

```
words.show()
```

输出内容如下：

```
+-------+
| value|
+-------+
| hello|
|hadoop|
| hello|
|  java|
| hello|
| scala|
|  java|
+-------+
```

可以看出，所有单词都已经合并到了一列，列名仍然为 value。

使用 Dataset 的 withColumnRenamed()方法将列名 value 修改为 word（若不修改列名，则后续的查询要使用 value 列），同时将 Dataset 转为 DataFrame，代码如下：

```
val df: DataFrame = words.withColumnRenamed("value","word")
```

有了列名，还缺少表名，使用 DataFrame 的 createTempView()方法给 df DataFrame 起一个临时视图名称，代码如下：

```
df.createTempView("v_words")
```

接下来可以执行 SQL 命令了。使用 SparkSession 对象的 sql()方法执行 SQL 命令，从 DataFrame 中查询数据，代码如下：

```
val result: DataFrame = session.sql(
  "select word,count(*) as count from v_words group by word order by count desc")
```

上述 SQL 命令使用 group by 关键字按照 word 列进行分组，并聚合每一组的单词数量，最终将分组结果按照每一组的单词数量降序排列。

使用以下代码显示查询结果：

```
result.show()
```

输出内容如下：

```
+------+-----+
|  word|count|
+------+-----+
| hello|    3|
|  java|    2|
|hadoop|    1|
| scala|    1|
+------+-----+
```

可以看出，数据分为了两列：单词和单词数量，并根据单词数量对单词进行了降序排列。

最后执行以下代码关闭 SparkContext，以释放资源：

```
session.close()
```

上述代码会调用 SparkContext 对象的 stop()方法来关闭 SparkContext（创建 SparkSession 对象的同时会创建 SparkContext 对象）。

3. 完整代码

在 Maven 项目中新建单词计数程序类 SparkSQLWordCount.scala，完整代码如下：

```
import org.apache.spark.sql.{DataFrame, Dataset, Row, SparkSession}
/**
  * Spark SQL 单词计数程序
  */
object SparkSQLWordCount {

  def main(args: Array[String]): Unit = {
    //创建 SparkSession 对象，并设置应用程序名称、运行模式
    val session=SparkSession.builder()
      .appName("SparkSQLWordCount")
      .master("local[*]")
      .getOrCreate()

    //读取 HDFS 中的单词文件
    val lines: Dataset[String] = session.read.textFile(
      "hdfs://centos01:9000/input/words.txt")
    lines.show()
    // +--------------+
    // |         value |
    // +--------------+
    // |hello Hadoop |
    // |   hello java|
    // |  hello scala|
    // |         java   |
    // +--------------+
    //导入 session 对象中的隐式转换
    import session.implicits._
    //将 Dataset 中的数据按照空格进行切分并合并
    val words: Dataset[String] = lines.flatMap(_.split(" "))
    words.show()
    // +-------+
    // | value|
    // +-------+
    // | hello|
    // |hadoop|
    // | hello|
    // |  java|
    // | hello|
    // | scala|
    // |  java|
    // +-------+
    //将 Dataset 中默认的列名 value 改为 word，同时把 Dataset 转为 DataFrame
    val df: DataFrame = words.withColumnRenamed("value","word")
    df.show()
    // +-------+
    // |  word|
    // +-------+
    // | hello|
    // |hadoop|
    // | hello|
    // |  java|
```

```
    // | hello|
    // | scala|
    // |  java|
    // +------+
    //给 DataFrame 创建临时视图
    df.createTempView("v_words")
    //执行 SQL，从 DataFrame 中查询数据，按照单词进行分组
    val result: DataFrame = session.sql(
      "select word,count(*) as count from v_words group by word order by count desc")
    //显示查询结果
    result.show()
    // +------+-----+
    // |  word|count|
    // +------+-----+
    // | hello|    3|
    // |  java|    2|
    // |hadoop|    1|
    // | scala|    1|
    // +------+-----+
    //关闭 SparkContext
    session.close()
  }
}
```

4. 运行程序

可以直接在 IDEA 中运行上述单词计数程序，也可以将 master("local[*]")中的 local[*]改为 Spark 集群的 Master 地址，然后提交到 Spark 集群中运行。

本例中的数据转化流程如图 5-7 所示。

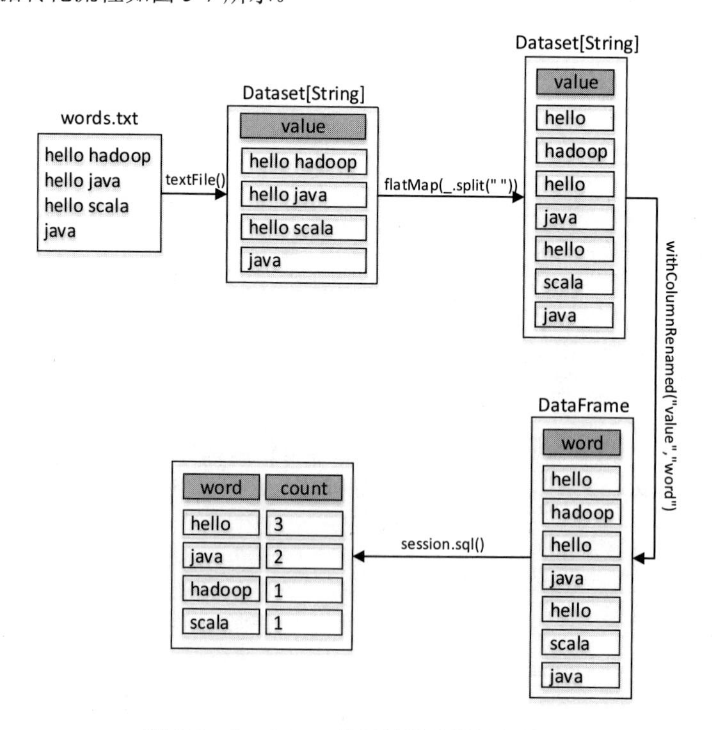

图 5-7　Spark SQL 单词计数数据转化流程

5.7 案例分析：Spark SQL 与 Hive 的整合

Hive 是一个基于 Hadoop 的数据仓库架构，使用 SQL 语句读、写和管理大型分布式数据集。Hive 可以将 SQL 语句转化为 MapReduce（或 Apache Spark、Apache Tez）任务执行，大大降低了 Hadoop 的使用门槛，减少了开发 MapReduce 程序的时间成本。可以将 Hive 理解为一个客户端工具，它提供了一种类 SQL 查询语言，称为 HiveQL。这使得 Hive 十分适合数据仓库的统计分析，能够轻松使用 HiveQL 开启数据仓库任务，如提取/转换/加载（ETL）、分析报告和数据分析。Hive 不仅可以分析 HDFS 文件系统中的数据，也可以分析其他存储系统（例如 HBase）中的数据。

Spark SQL 与 Hive 整合后，可以在 Spark SQL 中使用 HiveQL 轻松操作数据仓库。与 Hive 不同的是，Hive 的执行引擎为 MapReduce，而 Spark SQL 的执行引擎为 Spark RDD。

5.7.1 整合 Hive 的步骤

Spark SQL 与 Hive 的整合比较简单，总体来说只需要以下两个步骤：

（1）将$HIVE_HOME/conf 中的 hive-site.xml 文件复制到$SPARK_HOME/conf 中。

（2）在 Spark 配置文件 spark-env.sh 中指定 Hadoop 及其配置文件的主目录。

Hive 的安装不是必需的，如果没有安装 Hive，那么可以手动在$SPARK_HOME/conf 中创建 hive-site.xml，并加入相应配置信息。Spark SQL 相当于一个命令执行的客户端，只需在一台机器上配置即可。

本例以 MySQL 作为元数据库配置 Spark SQL 与 Hive 整合，Spark 集群使用 Standalone 模式，且集群中未安装 Hive 客户端。在 Spark 集群中选择一个节点作为 Spark SQL 客户端，进行以下操作：

步骤 01 创建 Hive 配置文件。在$SPARK_HOME/conf 目录中创建 Hive 的配置文件 hive-site.xml，内容如下：

```
<configuration>
  <!--MySQL 数据库连接信息 -->
  <property><!--连接 MySQL 的驱动类 -->
    <name>javax.jdo.option.ConnectionDriverName</name>
    <value>com.mysql.cj.jdbc.Driver</value>
  </property>
  <property><!--MySQL 连接地址，此处连接远程数据库，可根据实际情况进行修改 -->
    <name>javax.jdo.option.ConnectionURL</name>
<value>jdbc:mysql://192.168.1.69:3306/hive_db?createDatabaseIfNotExist=
    true</value>
  </property>
  <property><!--MySQL 用户名 -->
    <name>javax.jdo.option.ConnectionUserName</name>
    <value>hive</value>
  </property>
  <property><!--MySQL 密码 -->
    <name>javax.jdo.option.ConnectionPassword</name>
    <value>hive</value>
```

```
  </property>
</configuration>
```

Spark SQL 启动时会读取该文件，并连接 MySQL 数据库。

通过在数据库连接字符串中添加 createDatabaseIfNotExist=true，可以在 MySQL 中不存在元数据库的情况下让 Spark SQL 自动创建。

步骤02 修改 Spark 配置文件。修改 Spark 配置文件$SPARK_HOME/conf/spark-env.sh，加入以下内容，指定 Hadoop 及配置文件的主目录：

```
export HADOOP_HOME=/opt/modules/hadoop-3.3.1
export HADOOP_CONF_DIR=/opt/modules/hadoop-3.3.1/etc/hadoop
```

步骤03 启动 HDFS，代码如下：

```
$ start-dfs.sh
```

步骤04 启动 Spark SQL 终端。进入 Spark 安装目录，执行以下命令，启动 Spark SQL 终端，并指定 Spark 集群 Master 的地址和 MySQL 连接驱动的路径：

```
$ bin/spark-sql \
--master spark://centos01:7077 \
--driver-class-path /opt/softwares/mysql-connector-java-8.0.11.jar
```

上述命令中的参数--driver-class-path 表示指定 Driver 依赖的第三方 JAR 包，多个之间以逗号分隔。该参数会将指定的 JAR 包添加到 Driver 端的 classpath 中，此处指定 MySQL 的驱动包。

Spark SQL 启动后，在浏览器中访问 Spark WebUI 地址 http://centos01:8080/，发现有一个正在运行的名为 SparkSQL::192.168.170.133 的应用程序，如图 5-8 所示。

Application ID	Name	Cores	Memory per Executor	Resources Per Executor	Submitted Time	User	State	Duration
app-20220404223246-0011 (kill)	SparkSQL::192.168.170.133	2	1024.0 MiB		2022/04/04 22:32:46	hadoop	RUNNING	14 s

图 5-8　Spark SQL 启动的应用程序

如果 Spark SQL 不退出，那么该应用程序将一直存在，与 Spark Shell 启动后产生的应用程序类似。

此时在 MySQL 中查看数据库列表，发现新增了一个数据库 hive_db，该数据库即为 Hive 的元数据库，用于存储表的元数据信息，如图 5-9 所示。

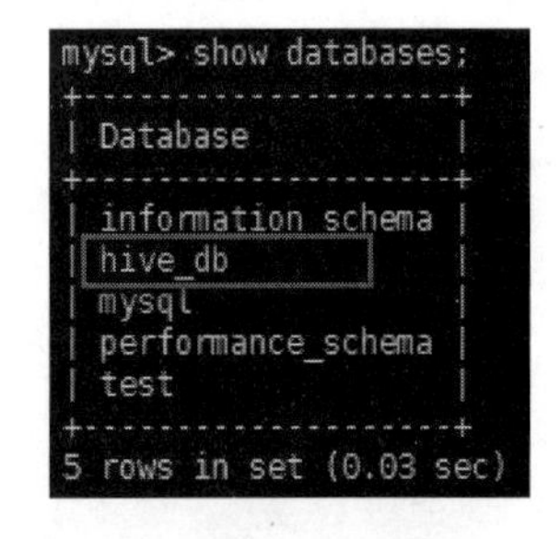

图 5-9　查看 MySQL 数据库列表

切换到元数据库 hive_db，查询表 DBS 的所有内容，可以看到，Spark SQL 默认的数据仓库位置为 hdfs://centos01:9000/user/hive/warehouse，与使用 Hive 时相同，如图 5-10 所示。

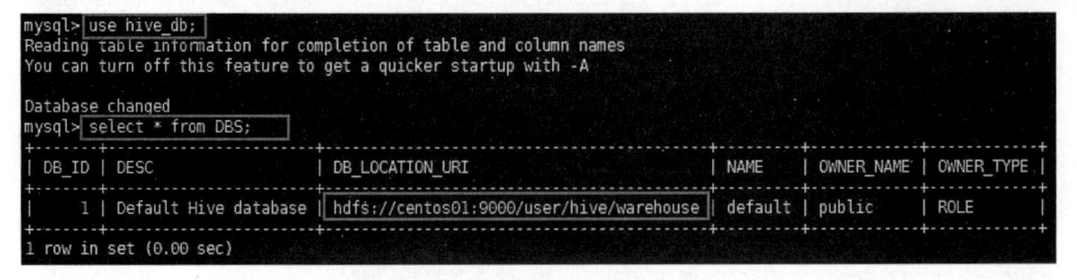

图 5-10　查看数据仓库位置

若 HDFS 中不存在数据仓库目录，则 Spark SQL 在第一次向表中添加数据时会自动创建。

5.7.2　操作 Hive 的几种方式

Spark SQL 与 Hive 整合成功后，可以使用以下几种方式对 Hive 数据仓库进行操作。

1. Spark SQL 终端操作

Spark SQL 终端启动后，可以直接使用 HiveQL 语句对 Hive 数据仓库进行操作。

例如，列出当前所有数据库，代码如下：

```
spark-sql> show databases;
default
Time taken: 3.66 seconds, Fetched 1 row(s)
```

可以看到，默认有一个名为 default 的数据库。

创建表 student，其中字段 id 为整型，字段 name 为字符串，代码如下：

```
spark-sql> CREATE TABLE student(id INT,name STRING);
Time taken: 1.351 seconds
```

向表 student 中插入一条数据，代码如下：

```
spark-sql> INSERT INTO student VALUES(1000,'xiaoming');
Time taken: 10.338 seconds
```

此时查看 HDFS 的数据仓库目录，可以看到，在数据仓库目录中生成了一个文件夹 student，表 student 的数据存放于该文件夹中，如图 5-11 所示。

```
[hadoop@centos01 ~]$ hdfs dfs -ls -R /user/hive/warehouse
drwxrwxr-x   - hadoop supergroup          0 2022-04-04 22:37 /user/hive/warehouse/student
-rwxrwxr-x   2 hadoop supergroup         14 2022-04-04 22:37 /user/hive/warehouse/student/part-00000-21e4f6db-38e3-4256-9bfd-bc26dd98c648-c000
```

图 5-11　查看数据仓库生成的目录

2. Spark Shell 操作

在 Spark Shell 中，使用 SparkSession 对象的 sql()方法传入相应的 HiveQL 语句，可以对 Hive 数据仓库进行操作。但要注意的是，启动 Spark Shell 时，需要使用--driver-class-path 参数指定数据库的 JDBC 驱动 JAR，该参数可以将指定的驱动 JAR 添加到 Driver 端的 classpath 中。例如，使用 MySQL 作为 Hive 元数据库，启动 Spark Shell 的命令如下：

```
$ bin/spark-shell --master spark://centos01:7077 \
--driver-class-path /opt/softwares/mysql-connector-java-8.0.11.jar
```

除了在启动 Spark Shell 时指定数据库的驱动 JAR 外，还可以将驱动 JAR 提前复制到 $SPARK_HOME/jars 目录中，Spark Shell 启动时会自动加载该目录中的 JAR 到 classpath 中。

成功启动 Spark Shell 后，即可对 Hive 进行操作。

例如，显示 Hive 中的所有数据库，代码如下：

```
scala> spark.sql("show databases").show()
+------------+
|databaseName|
```

```
+------------+
|     default|
+------------+
```

显示当前数据库中所有的表，代码如下：

```
scala> spark.sql("show tables").show()
+--------+------------+-----------+
|database|   tableName|isTemporary|
+--------+------------+-----------+
| default|hive_records|      false|
| default|    students|      false|
| default|        test|      false|
+--------+------------+-----------+
```

查询表 students 的所有数据，代码如下：

```
scala> spark.sql("select * from students").show()
+--------+---+
|    name|age|
+--------+---+
|zhangsan| 20|
|    lisi| 25|
|  wangwu| 19|
+--------+---+
```

删除表 test，然后查询当前数据库中所有的表，代码如下：

```
scala> spark.sql("drop table test")
res13: org.apache.spark.sql.DataFrame = []

scala> spark.sql("show tables").show()
+--------+------------+-----------+
|database|   tableName|isTemporary|
+--------+------------+-----------+
| default|hive_records|      false|
| default|    students|      false|
+--------+------------+-----------+
```

3. 提交 Spark SQL 应用程序

在 IDEA 中编写 Spark SQL 操作 Hive 的应用程序，然后将编写好的应用程序打包为 JAR，提交到 Spark 集群中运行，即可对 Hive 进行数据的读写与分析。

例如，在 IDEA 中编写以下程序：

```
package spark.demo

import org.apache.spark.sql.SparkSession
/**
  * Spark SQL操作Hive
  */
object SparkSQLHiveDemo{
   def main(args: Array[String]): Unit = {
      //创建SparkSession对象
      val spark = SparkSession
        .builder()
```

```
        .appName("Spark Hive Demo")
        .enableHiveSupport()//开启 Hive 支持
        .getOrCreate()

      //创建表 students
      spark.sql("CREATE TABLE IF NOT EXISTS students (name STRING, age INT) " +
                "ROW FORMAT DELIMITED FIELDS TERMINATED BY '\t'")
      //导入数据到表 students
      spark.sql("LOAD DATA LOCAL INPATH '/home/hadoop/students.txt' " +
                "INTO TABLE students")
      // 使用 HiveQL 查询表 students 的数据
      spark.sql("SELECT * FROM students").show()
    }
  }
```

将上述程序打包为 spark.demo.jar，然后上传到 Spark 集群的 Master 节点的/opt/softwares 目录中，执行以下命令提交 spark.demo.jar 到 Spark 集群：

```
$ bin/spark-submit --class spark.demo.SparkSQLHiveDemo \
/opt/softwares/spark.demo.jar \
--driver-class-path /opt/softwares/mysql-connector-java-8.0.11.jar
```

若提前将数据库驱动 JAR 复制到了$SPARK_HOME/jars 目录中，则上述命令中的参数--driver-class-path 可以省略。

5.8 案例分析：Spark SQL 读写 MySQL

本例讲解使用 Spark SQL 的 JDBC API 读取 MySQL 数据库中的表数据，并将 DataFrame 中的数据写入 MySQL 表中。Spark 集群仍然使用 Standalone 模式。

具体操作步骤如下。

1. MySQL 数据准备

在 MySQL 中新建一个用于测试的数据库 spark_db，命令如下：

```
mysql> create database spark_db;
```

在该数据库中新建表 student 并添加 3 列，分别为 id（学号）、name（姓名）、age（年龄），命令如下：

```
mysql> use spark_db;
mysql> create table student (id int, name varchar(20), age int);
```

向表 student 中插入 3 条测试数据，命令如下：

```
mysql> insert into student values(1,'zhangsan',23);
mysql> insert into student values(2,'lisi',19);
mysql> insert into student values(3,'wangwu',25);
```

查询该表中的所有数据，命令如下：

```
mysql> select * from student;
+------+---------+------+
| id   | name    | age  |
+------+---------+------+
|    1 | zhangsan |   23 |
|    2 | lisi    |   19 |
|    3 | wangwu  |   25 |
+------+---------+------+
3 rows in set (0.00 sec)
```

2. 读取 MySQL 表数据

为了演示方便，本次使用 Spark Shell 进行操作。首先进入 Spark 安装目录，执行以下命令，启动 Spark Shell：

```
$ bin/spark-shell \
--master spark://centos01:7077 \
--jars /opt/softwares/mysql-connector-java-8.0.11.jar
```

上述命令中的参数--jars 表示指定 Driver 和 Executor 依赖的第三方 JAR 包，多个之间以逗号分隔，该参数会将指定的 JAR 包添加到 Driver 端和 Executor 端的 classpath 中。此处指定 MySQL 的驱动包。

> 注意　在 Spark Shell 中，Driver 运行于客户端，负责读取 MySQL 中的元数据信息；Executor 运行于 Worker 节点，负责读取实际数据。两者都需要连接 MySQL，因此使用--jars 参数指定两者需要的驱动。

然后在 Spark Shell 中使用 Spark SQL 读取 MySQL 表 student 的所有数据。若命令代码分多行，则可以先执行:past 命令，将整段代码粘贴到命令行。粘贴完毕后，按回车键新起一行，然后按快捷键 Ctrl+D 结束粘贴并执行该命令，代码如下：

```
scala> :past
//Entering paste mode (ctrl-D to finish)

val jdbcDF = spark.read.format("jdbc")
     .option("url", "jdbc:mysql://192.168.1.69:3306/spark_db")
     .option("driver","com.mysql.cj.jdbc.Driver")
     .option("dbtable", "student")
     .option("user", "root")
     .option("password", "123456")
     .load()

//Exiting paste mode, now interpreting

jdbcDF: org.apache.spark.sql.DataFrame = [id: int, name: string ... 1 more field]
```

执行上述代码后，虽然没有触发任务，但是 Spark SQL 连接了 MySQL 数据库，并从表 student 中读取了数据描述信息，然后存储到了变量 jdbcDF 中。变量 jdbcDF 为 DataFrame 类型。

最后调用 show()方法显示 DataFrame 中的数据，代码如下：

```
scala> jdbcDF.show()
+---+--------+---+
| id|    name|age|
+---+--------+---+
```

```
|  1|zhangsan| 23|
|  2|    lisi| 19|
|  3|  wangwu| 25|
+---+--------+---+
```

JDBC 的连接属性设置方式有很多种，除了依次调用 option()方法添加外，也可以直接将所有属性放入一个 Map 中，然后将 Map 传入方法 options()，代码如下：

```
//新建 Map，存储 JDBC 连接属性
val mp = Map(
  ("driver","com.mysql.cj.jdbc.Driver"),                       //驱动
  ("url", "jdbc:mysql://192.168.1.69:3306/spark_db"),         //连接地址
  ("dbtable", "student"),                                     //表名
  ("user", "root"),                                           //用户名
  ("password", "123456")                                      //密码
)
//加载数据
val jdbcDF = spark.read.format("jdbc").options(mp).load()
//显示数据
jdbcDF.show();
```

还可以使用 Java 的 Properties（需提前导入 java.util.Properties 类）存放部分连接属性，然后调用 jdbc()方法传入 Properties 对象。这种方式可以使连接属性中的用户名、密码与数据库、表名分离，降低编码耦合度，代码如下：

```
//创建 Properties 对象用于存储 JDBC 连接属性
val prop = new Properties()
prop.put("driver", "com.mysql.cj.jdbc.Driver")
prop.put("user", "root")
prop.put("password", "123456")
//读取数据
val jdbcDF=spark.read.jdbc(
 "jdbc:mysql://192.168.1.69:3306/spark_db","student",prop)
//显示数据
jdbcDF.show()
```

上述几种方式讲解的都是查询 MySQL 中的整张表，若需查询表的部分数据，则可在设置表名时将表名替换为相应的 SQL 语句。例如，查询 student 表中的前两行数据，在 Spark Shell 中，执行过程如图 5-12 所示。

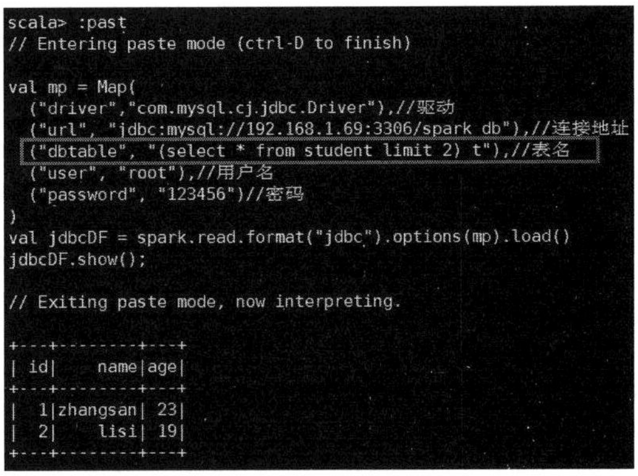

```
scala> :past
// Entering paste mode (ctrl-D to finish)

val mp = Map(
  ("driver","com.mysql.cj.jdbc.Driver"),//驱动
  ("url", "jdbc:mysql://192.168.1.69:3306/spark_db"),//连接地址
  ("dbtable", "(select * from student limit 2) t"),//表名
  ("user", "root"),//用户名
  ("password", "123456")//密码
)
val jdbcDF = spark.read.format("jdbc").options(mp).load()
jdbcDF.show();

// Exiting paste mode, now interpreting.

+---+--------+---+
| id|    name|age|
+---+--------+---+
|  1|zhangsan| 23|
|  2|    lisi| 19|
+---+--------+---+
```

图 5-12　使用 SQL 查询 MySQL 表的部分数据

3. 写入数据到 MySQL 表

有时需要将 RDD 的计算结果写入关系型数据库中，以便用于前端展示。本例使用 Spark SQL 将 DataFrame 中的数据通过 JDBC 直接写入 MySQL 中，操作流程如下：

（1）编写程序

在 IDEA 中新建 SparkSQLJDBC.scala 类，完整代码如下：

```
import org.apache.spark.sql.SparkSession
import org.apache.spark.sql.types._
import org.apache.spark.sql.Row
/**
  * 将 RDD 中的数据写入 MySQL
  */
object SparkSQLJDBC {

  def main(args: Array[String]): Unit = {
    //创建或得到 SparkSession
    val spark = SparkSession.builder()
      .appName("SparkSQLJDBC")
      .getOrCreate()

    //创建存放两条学生信息的 RDD
    val studentRDD = spark.sparkContext.parallelize(
      Array("4 xiaoming 26", "5 xiaogang 27")
    ).map(_.split(" "))
    //通过 StructType 指定每个字段的 schema
    val schema = StructType(
      List(
        StructField("id", IntegerType, true),
        StructField("name", StringType, true),
        StructField("age", IntegerType, true))
    )
    //将 studentRDD 映射为 rowRDD，rowRDD 中的每个元素都为一个 Row 对象
    val rowRDD = studentRDD.map(line =>
      Row(line(0).toInt, line(1).trim, line(2).toInt)
    )
    //建立 rowRDD 和 schema 之间的对应关系，返回 DataFrame
    val studentDF = spark.createDataFrame(rowRDD, schema)

    //将 DataFrame 数据追加到 MySQL 的 student 表中
    studentDF.write.mode("append")    //保存模式为追加，即在原来的表中追加数据
      .format("jdbc")
      .option("url","jdbc:mysql:  //192.168.1.69:3306/spark_db")
      .option("driver","com.mysql.cj.jdbc.Driver")
      .option("dbtable","student")    //表名
      .option("user","root")
      .option("password","123456")
      .save()
  }
}
```

上述代码的执行过程如下：

（1）构建一个结果数据集 studentRDD（RDD[String]）。

（2）将 studentRDD 中的元素映射为对象 Row，即将 studentRDD 转为 rowRDD（RDD[Row]）。

（3）将 rowRDD 与 schema 进行关联，转为 studentDF（DataFrame）。

（4）将 studentDF 中的数据追加到 MySQL 表 student 中。

（2）打包提交程序

将程序打包为 spark.demo-1.0-SNAPSHOT.jar，然后上传到 Spark 集群任一节点。进入 Spark 安装目录，执行以下命令，提交程序到集群：

```
$ bin/spark-submit \
--master spark://centos01:7077 \
--jars /opt/softwares/mysql-connector-java-8.0.11.jar \
--class spark.demo.SparkSQLJDBC \
/opt/softwares/spark.demo-1.0-SNAPSHOT.jar
```

（3）查看结果

查看 MySQL 中 student 表的数据，发现增加了两条数据：

```
mysql> select * from spark_db.student;
+------+----------+------+
| id   | name     | age  |
+------+----------+------+
|    1 | zhangsan |   23 |
|    2 | lisi     |   19 |
|    3 | wangwu   |   25 |
|    5 | xiaogang |   27 |
|    4 | xiaoming |   26 |
+------+----------+------+
5 rows in set (0.01 sec)
```

5.9　案例分析：Spark SQL 每日 UV 统计

UV（Unique Visitor，独立访客）指访问网站的一台计算机客户端，即为一个访客，一天内相同的客户端只被计算一次。使用 UV 作为统计量，可以更加准确地了解单位时间内实际上有多少个访问者访问了网站。

本例使用 Spark SQL 根据某网站的用户访问日志对每日 UV 进行统计，日志测试数据及格式如下：

```
2019-06-01,0001
2019-06-01,0001
2019-06-01,0002
2019-06-01,0003
2019-06-02,0001
2019-06-02,0003
```

Spark SQL 应用程序的完整代码如下：

```
import org.apache.spark.sql.types._
import org.apache.spark.sql.{Row, SparkSession}
/**
  * 统计用户 UV（每天的用户访问量）
  */
object SparkSQLAggFunctionDemo {
  def main(args: Array[String]): Unit = {
    //创建或得到 SparkSession
    val spark = SparkSession.builder()
      .appName("SparkSQLAggFunctionDemo")
      .master("local[*]")
      .getOrCreate()
    //导入函数
    import org.apache.spark.sql.functions._
    //构造测试数据（第一列：日期，第二列：用户 ID）
    val arr=Array(
      "2019-06-01,0001",
      "2019-06-01,0001",
      "2019-06-01,0002",
      "2019-06-01,0003",
      "2019-06-02,0001",
      "2019-06-02,0003"
    )
    //转为 RDD[Row]
    val rowRDD=spark.sparkContext.makeRDD(arr).map(line=>
        Row(line.split(",")(0),line.split(",")(1).toInt)
      )
    //构建 DataFrame 元数据
    val structType=StructType(Array(
      StructField("date",StringType,true),
      StructField("userid",IntegerType,true)
    ))
    //将 RDD[Row]转为 DataFrame
    val df=spark.createDataFrame(rowRDD,structType)
    //聚合查询
    //根据日期分组，然后将每一组的用户 ID 去重后统计数量
    df.groupBy("date")
      .agg(countDistinct("userid") as "count")
      .show()
      // +----------+-----+
      // |      date|count|
      // +----------+-----+
      // |2019-06-02|    2|
      // |2019-06-01|    3|
      // +----------+-----+
  }
}
```

本例中的数据转化流程如图 5-13 所示。

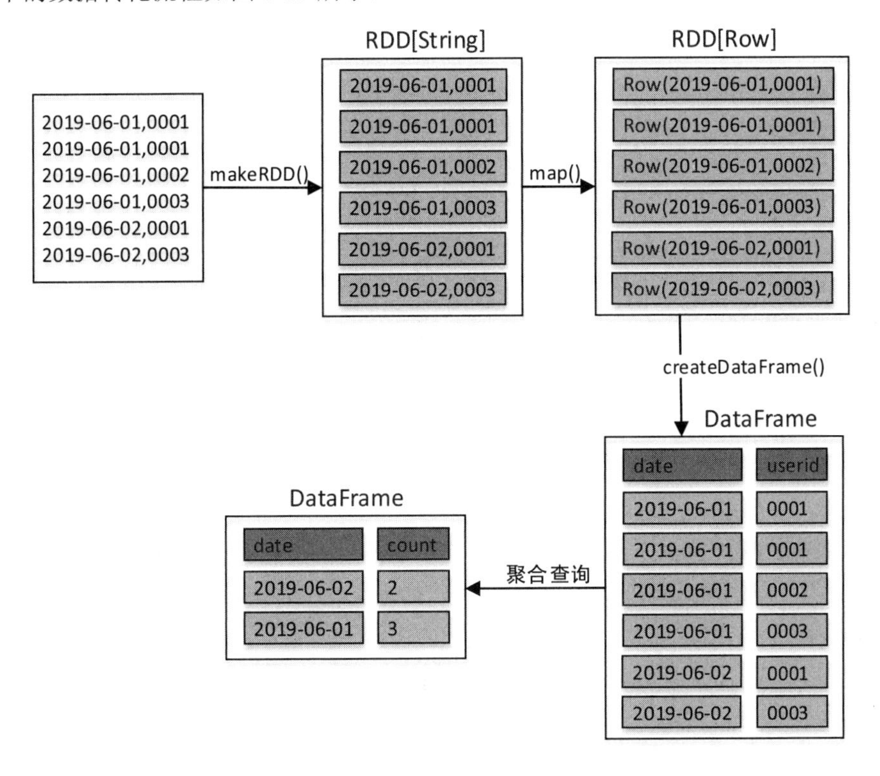

图 5-13 Spark SQL 每日 UV 统计数据转化流程

5.10 案例分析：Spark SQL 热点搜索词统计

本例根据用户上网的搜索记录对每天的热点搜索词进行统计，以了解用户所关心的热点话题。搜索记录来源于日志文件，数据格式如下：

```
日期        用户 搜索词
2019-10-01,tom,小吃街
2019-10-01,jack,谷歌浏览器
2019-10-01,jack,小吃街
2019-10-01,look,小吃街
2019-10-01,steven,烤肉
2019-10-01,lojas,烤肉
2019-10-01,look,小吃街
2019-10-02,marry,安全卫士
2019-10-02,tom,名胜古迹
2019-10-02,marry,安全卫士
2019-10-02,leo,名胜古迹
2019-10-03,tom,名胜古迹
2019-10-03,leo,小吃街
```

统计每天搜索数量前 3 名的搜索词（同一天中同一用户多次搜索同一个搜索词视为 1 次），代码如下：

```
import org.apache.spark.rdd.RDD
import org.apache.spark.sql.{Row, SparkSession}
import org.apache.spark.sql.types._
import scala.collection.mutable.ListBuffer
/**
  * 每天热点搜索关键词统计
  */
object SparkSQLKeywords {

  def main(args: Array[String]): Unit = {

    //构建 SparkSession
    val spark=SparkSession.builder()
      .appName("")
      .master("local[*]")
      .getOrCreate()

    /**1.加载数据，转换数据**********************/
    //读取 HDFS 数据，创建 RDD
    val linesRDD: RDD[String] = spark.sparkContext.textFile("D:/test/keywords.txt")
    //将 RDD 元素转为((日期,关键词),用户)格式的元组
    val tupleRDD: RDD[((String, String), String)] = linesRDD.map(line => {
      val date = line.split(",")(0)         //日期
      val user = line.split(",")(1)         //用户
      val keyword = line.split(",")(2)//关键词
      ((date, keyword), user)
    })
    //根据(日期,关键词)进行分组，获取每天每个搜索词被哪些用户进行了搜索
    val groupedRDD: RDD[((String, String), Iterable[String])] = tupleRDD.groupByKey()
    //对每天每个搜索词的用户进行去重，并统计去重后的数量，获得其 UV
    val uvRDD: RDD[((String, String), Int)] = groupedRDD.map(line => {
      val dateAndKeyword: (String, String) = line._1
      //用户数据去重
      val users: Iterator[String] = line._2.iterator
      val distinctUsers = new ListBuffer[String]()
      while (users.hasNext) {
        val user = users.next
        if (!distinctUsers.contains(user)) {
          distinctUsers += user
        }
      }
      val uv = distinctUsers.size //数量即 UV
      //返回((日期,关键词),uv)
      (dateAndKeyword, uv)
    })

    /**2.转为 DataFrame************************/
    //转为 RDD[Row]
    val rowRDD: RDD[Row] = uvRDD.map(line => {
      Row(
```

```
      line._1._1,        //日期
      line._1._2,        //关键词
      line._2.toInt      //UV
    )
  })
  //构建 DataFrame 元数据
  val structType=StructType(Array(
    StructField("date",StringType,true),
    StructField("keyword",StringType,true),
    StructField("uv",IntegerType,true)
  ))
  //将 RDD[Row]转为 DataFrame
  val df=spark.createDataFrame(rowRDD,structType)
  df.createTempView("date_keyword_uv")

  /**3.执行 SQL 查询************************/
  // 使用 Spark SQL 的开窗函数统计每天搜索 UV 排名前 3 的搜索词
  spark.sql(""
    + "SELECT date,keyword,uv "
    + "FROM ("
      + "SELECT "
      + "date,"
      + "keyword,"
      + "uv,"
      + "row_number() OVER (PARTITION BY date ORDER BY uv DESC) rank "
      + "FROM date_keyword_uv "
    + ") t "
    + "WHERE t.rank<=3").show()
  // +----------+----------+---+
  // |      date|   keyword| uv|
  // +----------+----------+---+
  // |2019-10-03|  名胜古迹|  1|
  // |2019-10-03|    小吃街|  1|
  // |2019-10-01|    小吃街|  3|
  // |2019-10-01|      烤肉|  2|
  // |2019-10-01|谷歌浏览器|  1|
  // |2019-10-02|  名胜古迹|  2|
  // |2019-10-02|  安全卫士|  1|
  // +----------+----------+---+

  //关闭 SparkSession
  spark.close()
 }
}
```

本例的数据转化流程如图 5-14 所示。

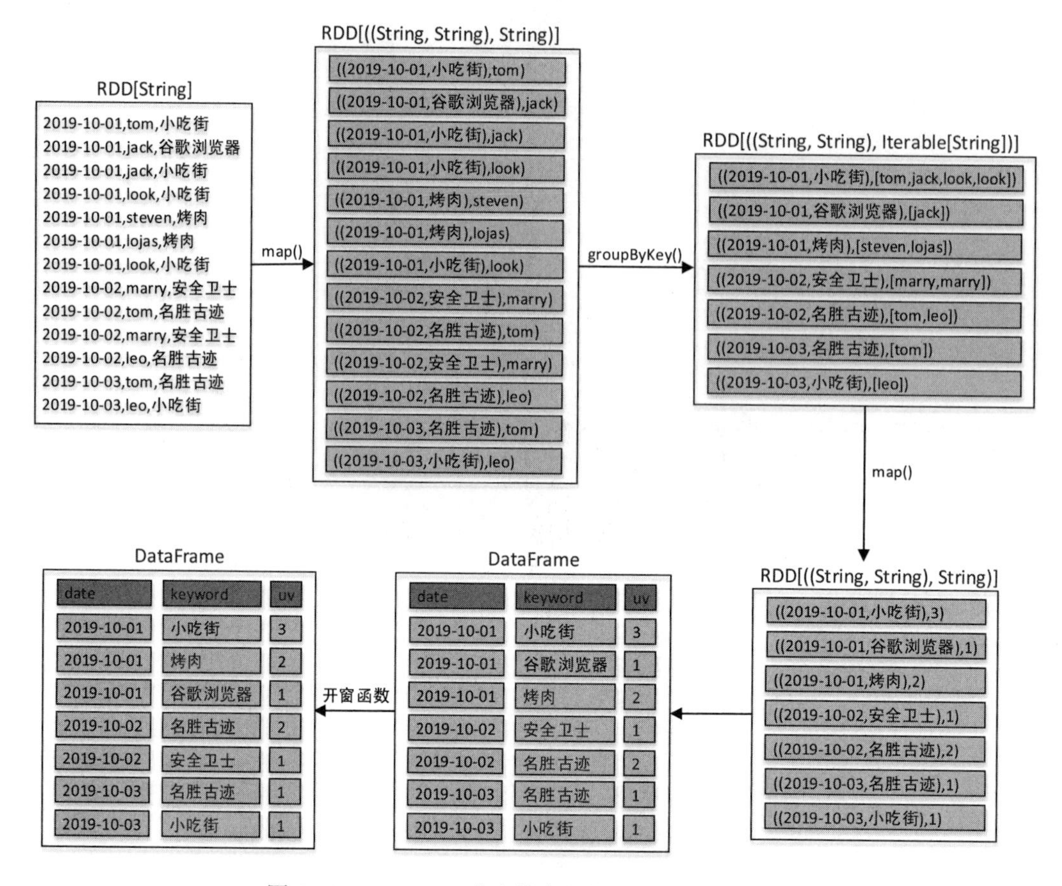

图 5-14　Spark SQL 热点搜索词统计数据转化流程图

5.11　综合案例：Spark SQL 智慧交通数据分析

本项目通过分析道路摄像头拍摄的车辆数据，对各卡口和摄像头的状态、卡口的车流量、道路安全情况等进行监测，以便进行合理的道路交通规划和管制。

5.11.1　项目介绍

1. 数据概念

卡口号：在一条道路的红绿灯位置有两个卡口，分别拍摄不同方向的车辆，每个卡口的编号称为卡口号。卡口位置示意图如图 5-15 所示。

摄像头编号：每一个卡口都有多个摄像头，同一卡口的所有摄像头拍摄的都是同一方向的车辆，每一个方向会有多条不同的车道，每一条车道对应一个摄像头，每个摄像头都有各自的编号。

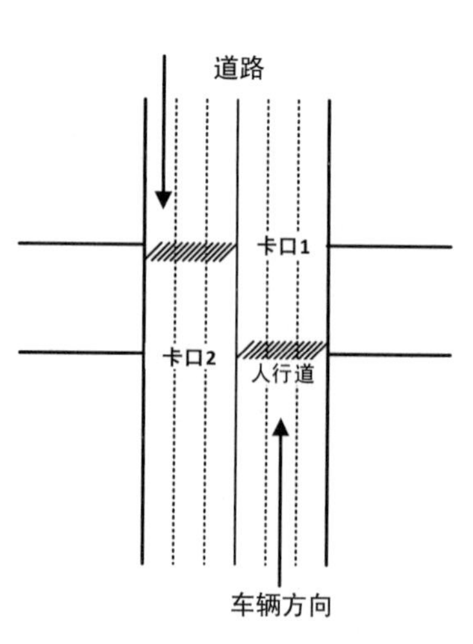

图 5-15　卡口位置示意图

2. 项目架构

整个项目架构可以使用离线计算和实时计算两种模式。

- 针对实时计算，需要将摄像头拍摄的数据实时写入分布式消息队列 Kafka 中；然后由后端实时数据处理程序（Storm 或 Spark Streaming）实时从 Kafka 中读取数据；最后对实时的数据进行处理和计算，实现实时的车辆调度、内容推荐等。
- 针对离线计算，需要将摄像头每次拍摄的数据传输到服务器端的文本文件中，然后使用离线计算框架（Hive、Spark SQL）分析文本文件中的数据。

本案例重点讲解离线计算。

3. 环境搭建

需提前搭建好 Spark 3.2.1 Standalone 模式集群（参考 2.5 节），并配置与 Hive 整合（参考 5.7 节），使用 MySQL 作为 Hive 的元数据库。Spark 集群角色分配如表 5-2 所示。

表5-2　Spark集群角色分配

节　点	角　色
centos01	Master
centos02	Worker
centos03	Worker

5.11.2　数据准备

1. 数据库表设计

本项目使用两张数据库表记录数据，解析如下：

- monitor_flow_action 表：记录车辆流动数据。
- monitor_camera_info 表：记录卡口编号与摄像头编号的对应关系（一个卡口有多个摄像头）。

monitor_flow_action 表字段设计如下：

- date：日期。
- monitor_id：卡口号。
- camera_id：摄像头编号。
- car：车牌号。
- action_time：某个摄像头的拍摄时间。
- speed：车辆通过卡口的速度。
- road_id：道路 ID。
- area_id：区域 ID。

monitor_camera_info 表字段设计如下：

- monitor_id：卡口号。
- camera_id：摄像头编号。

2. 数据文件准备

新建表数据文件 monitor_flow_action，用于记录车辆流动情况。字段之间使用制表符分隔，从左到右依次为：日期、卡口号、摄像头编号、车牌号、拍摄时间、车速、道路 ID、区域 ID，数据格式如下：

```
2018-04-26   000787299   深W619952018-04-26 02:03:42      194      1   02
2018-04-26   000626095   深W619952018-04-26 02:07:31      235      4   04
2018-04-26   000543356   深W619952018-04-26 02:13:57      174      32  05
2018-04-26   000484544   深W619952018-04-26 02:42:09      22       16  03
2018-04-26   000761695   深M374372018-04-26 18:19:41      167      49  05
2018-04-26   000714168   深M374372018-04-26 18:45:05      143      16  05
2018-04-26   000008079   深M374372018-04-26 18:10:50      145      36  06
2018-04-26   000443477   鲁P995592018-04-26 03:23:34      19       38  01
2018-04-26   000443155   鲁P995592018-04-26 03:47:14      129      36  08
2018-04-26   000782075   鲁P995592018-04-26 03:01:18      235      25  08
2018-04-26   000499554   鲁P995592018-04-26 03:50:55      142      21  05
2018-04-26   000003025   京S539092018-04-26 23:13:29      215      43  07
2018-04-26   000457346   京S539092018-04-26 23:34:34      176      35  05
2018-04-26   000575666   京S539092018-04-26 23:40:28      103      21  02
2018-04-26   000080158   京S539092018-04-26 23:29:37      257      48  01
2018-04-26   000667219   京S539092018-04-26 23:28:34      158      12  02
```

新建表数据文件 monitor_camera_info，用于记录卡口与摄像头的对应关系。字段之间使用制表符分隔，从左到右依次为：卡口号、摄像头编号，数据格式如下：

```
0007    78805
0007    63126
0007    84359
0007    15842
0007    84356
0007    15841
0007    45300
0007    06281
0007    15845
0006    85661
0006    89329
0006    69665
0006    86717
0006    20434
```

3. 导入数据到 Hive

具体步骤如下：

步骤01 启动 HDFS。

步骤02 启动 Spark 集群。

步骤03 启动 Spark SQL。在 centos01 节点执行以下命令，启动 Spark SQL：

```
bin/spark-sql \
--master spark://centos01:7077 \
```

```
--driver-class-path /opt/softwares/mysql-connector-java-8.0.11.jar \
--conf spark.sql.warehouse.dir=hdfs://centos01:9000/user/hive/warehouse
```

步骤04 创建数据库。在 Spark SQL 命令行模式中执行以下命令，创建数据库 traffic_db：

```
spark-sql> create database traffic_db;
```

步骤05 编写应用程序。编写在 Hive 数据库 traffic_db 中建表并导入数据的应用程序，代码如下：

```
import org.apache.spark.sql.SparkSession
/**
  * 数据导入 Hive
  */
object Data2Hive {
   def main(args: Array[String]): Unit = {
      //构建 SparkSession
      val spark=SparkSession.builder()
        .appName("Data2Hive")
        .enableHiveSupport()//开启 Hive 支持
        .getOrCreate()

      //使用数据库 traffic_db
      spark.sql("USE traffic_db");
      spark.sql("DROP TABLE IF EXISTS monitor_flow_action");
      //在 hive 中创建 monitor_flow_action 表
      spark.sql("CREATE TABLE IF NOT EXISTS monitor_flow_action " +
        "(date STRING,monitor_id STRING,camera_id STRING,car STRING," +
        "action_time STRING,speed STRING,road_id STRING,area_id STRING) " +
        "row format delimited fields terminated by '\t' ")
      //导入数据到表 monitor_flow_action
      spark.sql("load data local inpath " +
        "'/opt/softwares/resources/monitor_flow_action' " +
        "into table monitor_flow_action")

      //在 Hive 中创建 monitor_camera_info 表
      spark.sql("DROP TABLE IF EXISTS monitor_camera_info")
      spark.sql("CREATE TABLE IF NOT EXISTS monitor_camera_info " +
        "(monitor_id STRING, camera_id STRING) " +
        "row format delimited fields terminated by '\t'")
      //导入数据到表 monitor_camera_info
      spark.sql("LOAD DATA LOCAL INPATH " +
        "'/opt/softwares/resources/monitor_camera_info' " +
        "INTO TABLE monitor_camera_info")

      System.out.println("========data2hive finish========")
   }

}
```

将上述代码导出为 spark.demo.jar，上传到 Master 节点的/opt/softwares 目录中，并将数据文件 monitor_flow_action 和 monitor_camera_info 上传到/opt/softwares/resources/目录；然后执行以下命令，提交该 spark.demo.jar 到 Spark 集群（后续提交应用程序 JAR 时都使用该方式）：

```
$ bin/spark-submit --class spark.traffic.Data2Hive \
/opt/softwares/spark.demo.jar \
```

```
--driver-class-path /opt/softwares/mysql-connector-java-8.0.11.jar \
--conf spark.sql.warehouse.dir=hdfs://centos01:9000/user/hive/warehouse
```

5.11.3 统计正常卡口数量

1. 实现思路

查询 monitor_flow_action 表中卡口号去重后的数量即为正常卡口数量。

2. 编码实操

可以直接在 Spark SQL 命令行界面执行以下命令进行查询：

```
spark-sql> select count(distinct monitor_id) from monitor_flow_action;
```

或者根据日期进行筛选查询，命令如下：

```
spark-sql> select count(distinct monitor_id) from monitor_flow_action where
date>='2018-04-26' and date<='2018-04-27';
```

也可以编写 Spark SQL 应用程序进行查询，代码如下：

```
object MonitorFlowAnalyze {
  def main(args: Array[String]): Unit = {
    //构建 SparkSession
    val spark=SparkSession.builder()
      .appName("Data2Hive")
      .enableHiveSupport()//开启 Hive 支持
      .getOrCreate()

    spark.sql("USE traffic_db");
    //统计正常卡口数量
    //思路: monitor_flow_action 表中卡口号去重后的数量即为正常卡口数量
    val result=spark.sql("select count(distinct monitor_id) from
      monitor_flow_action");
    result.show();
  }
}
```

将上述应用程序打包为 JAR，提交到 Spark 集群中运行，即可在控制台打印出查询结果。若需统计异常卡口数量，则使用卡口总数减去正常数量即为异常数量。

5.11.4 统计车流量排名前 3 的卡口号

1. 实现思路

查询 monitor_flow_action 表，按照卡口号分组，统计每一组的数量，最后根据每一组的数量降序排列取前 3 个。

2. 编码实操

Spark SQL 命令行查询方式，代码如下：

```
spark-sql> select monitor_id,count(*) as count from monitor_flow_action group by monitor_id order by count desc limit 3;
00087354
00047278
00007252
```

Spark SQL 应用程序查询方式，代码如下：

```
//构建 SparkSession
val spark=SparkSession.builder()
  .appName("Data2Hive")
  .enableHiveSupport()   //开启 Hive 支持
  .getOrCreate()
//执行查询
val result=spark.sql("select monitor_id,count(*) as count " +
       "from monitor_flow_action " +
       "group by monitor_id " +
       "order by count desc " +
       "limit 3")
//显示查询结果
result.show()
```

5.11.5 统计车辆高速通过的卡口 Top5

1. 需求描述

车速（Speed）定义：

- 高速：120≤speed。
- 中速：90≤speed<120。
- 正常：60≤speed<90。
- 低速：0<speed<60。

排序规则：一定时间内高速车辆数量多的卡口排在前面，若高速车辆数量相同则比较中速车辆数量，以此类推，取前 5 个卡口编号。

2. 实现思路

（1）每一辆车都有通过速度，按照车速定义划分每一辆车是高速、中速、正常还是低速。

（2）对每一个卡口数据进行聚合，获取高速、中速、正常、低速通过的车辆数量。

（3）进行 4 次排序，将高速车辆数量多的卡口排在前面，若高速车辆数量相同，则比较中速车辆数量，以此类推。

使用 Spark Core 进行业务的计算，RDD 的转换过程如图 5-16 所示。

3. 编码实操

新建 Spark 四次排序的自定义 key 类，完整代码如下：

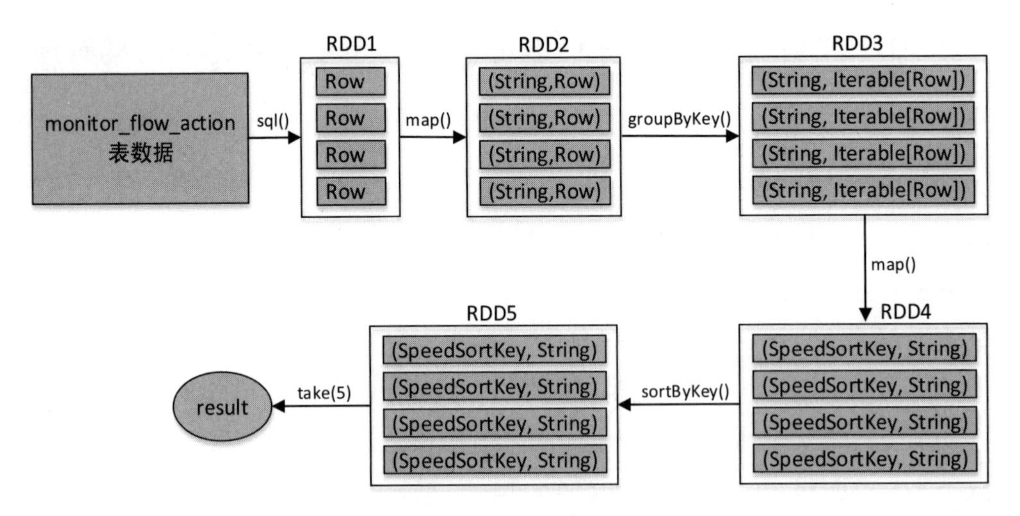

图 5-16 Spark Core 的 RDD 转换过程

```
/**
  * 4 次排序自定义 key 类
  * @param lowSpeedCount 低速车辆的数量
  * @param normalSpeedCount 正常速度车辆的数量
  * @param mediumSpeedCount 中速车辆的数量
  * @param highSpeedCount 高速车辆的数量
  */
class SpeedSortKey(val lowSpeedCount:Int,val normalSpeedCount:Int,val
mediumSpeedCount:Int,val highSpeedCount:Int)
  extends Ordered[SpeedSortKey] with Serializable {

  /**
    * 实现 compare()方法
    */
  override def compare(that: SpeedSortKey): Int = {
    //排序规则：高速车辆数量多的卡口排在前面，若高速车辆的数量相同，则比较中速车辆的数量，以此
类推。若 highSpeedCount 字段不相等，则按照 highSpeedCount 字段升序（默认）排列，可以在排序时调用
sortByKey(false)进行降序排列，false 代表降序
    if (this.highSpeedCount - that.highSpeedCount != 0) {
      this.highSpeedCount - that.highSpeedCount
    }else if (this.mediumSpeedCount - that.mediumSpeedCount!=0) {
      this.mediumSpeedCount - that.mediumSpeedCount
    }else if (this.normalSpeedCount - that.normalSpeedCount!=0) {
      this.normalSpeedCount - that.normalSpeedCount
    }else if (this.lowSpeedCount - that.lowSpeedCount!=0) {
      this.lowSpeedCount - that.lowSpeedCount
    }else{
      0
    }

  }

  /**
    * 重写 toString，便于查看结果
    * 直接输出该类的实例时，默认调用 toString 方法
    */
```

```
    override def toString: String = {
      "SpeedSortKey [lowSpeedCount=" + lowSpeedCount +
        ", normalSpeedCount=" + normalSpeedCount +
        ", mediumSpeedCount=" + mediumSpeedCount +
        ", highSpeedCount=" + highSpeedCount + "]"
    }
}
```

新建程序运行主类，取高速通过的前 5 个卡口编号，完整代码如下：

```
import org.apache.spark.rdd.RDD
import org.apache.spark.sql.{Row, SparkSession}
/**
  * 计算高速通过的前 5 个卡口编号
  */
object MonitorFlowAnalyze {
   def main(args: Array[String]): Unit = {
      //构建 SparkSession
      val spark=SparkSession.builder()
        .appName("MonitorFlowAnalyze")
        .enableHiveSupport()//开启 Hive 支持
        .getOrCreate()
      //使用数据库 traffic_db
      spark.sql("USE traffic_db");
      //1. 将表 monitor_flow_action 的数据转为 RDD[Row]
      val monitorFlowRDD: RDD[Row] = spark.sql("select * from
        monitor_flow_action").rdd
      //2. 将 RDD[Row]转为 RDD[(String, Row)]，String 为 monitor_id
      val monitorFlowRDDKV: RDD[(String, Row)] =
        monitorFlowRDD.map(row=>(row(1).toString,row))
      //3. 将 RDD[(String, Row)]按照 key 进行分组，即按照卡口号 monitor_id 分组
      //每个卡口号对应多个 Row
      val groupByMonitorIdRDD: RDD[(String, Iterable[Row])] =
        monitorFlowRDDKV.groupByKey()
      //4. 将 RDD[(String, Iterable[Row])]转为 RDD[(SpeedSortKey, String)]
      //SpeedSortKey 为自定义排序类，存储每个卡口高速、中速、正常、低速通过的车辆数量
      val sortKeyRDD: RDD[(SpeedSortKey, String)] = groupByMonitorIdRDD.map(line
        => {
        val monitorId: String = line._1
        val speedIterator: Iterator[Row] = line._2.iterator
        //统计各类速度的车辆数量
        var lowSpeedCount = 0
        var normalSpeedCount = 0
        var mediumSpeedCount = 0
        var highSpeedCount = 0
        while (speedIterator.hasNext) {
           val speed = speedIterator.next.getString(5).toInt
           if (speed >= 0 && speed < 60) lowSpeedCount += 1
           else if (speed >= 60 && speed < 90) normalSpeedCount += 1
           else if (speed >= 90 && speed < 120) mediumSpeedCount += 1
           else if (speed >= 120) highSpeedCount += 1
```

```
            }
            //将各类速度的车辆数量存入自定义排序类 SpeedSortKey
            val speedSortKey = new SpeedSortKey(lowSpeedCount, normalSpeedCount,
              mediumSpeedCount, highSpeedCount)
            (speedSortKey, monitorId)
        })
        //5. 根据 key 降序排列
        val sortResult: RDD[(SpeedSortKey, String)] = sortKeyRDD.sortByKey(false)
        //6. 取前 5 个
        val result:Array[(SpeedSortKey, String)]=sortResult.take(5)
        //7. 打印结果
        result.foreach(line=>println("monitor_id = "+line._2+"-------"+line._1))

    }
}
```

将上述应用程序导出为 spark.demo.jar，提交到 Spark 集群中运行，提交代码如下：

```
$ bin/spark-submit \
--class spark.traffic.MonitorFlowAnalyze \
/opt/softwares/spark.demo.jar \
--driver-class-path /opt/softwares/mysql-connector-java-8.0.11.jar \
--conf spark.sql.warehouse.dir=hdfs://centos01:9000/user/hive/warehouse
```

控制台输出结果如下：

```
    monitor_id = 0008-------SpeedSortKey [lowSpeedCount=1647, normalSpeedCount=891,
mediumSpeedCount=785, highSpeedCount=4031]
    monitor_id = 0004-------SpeedSortKey [lowSpeedCount=1621, normalSpeedCount=811,
mediumSpeedCount=833, highSpeedCount=4013]
    monitor_id = 0007-------SpeedSortKey [lowSpeedCount=1616, normalSpeedCount=808,
mediumSpeedCount=818, highSpeedCount=3984]
    monitor_id = 0000-------SpeedSortKey [lowSpeedCount=1651, normalSpeedCount=809,
mediumSpeedCount=817, highSpeedCount=3975]
    monitor_id = 0003-------SpeedSortKey [lowSpeedCount=1546, normalSpeedCount=864,
mediumSpeedCount=838, highSpeedCount=3974]
```

从上述输出结果可以看出，高速通过的前 5 个卡口编号分别为：0008、0004、0007、0000、0003。

5.11.6　统计每个卡口通过速度最快的前 3 辆车

1. 实现思路

对于分组求 TopN 的需求可以使用开窗函数，开窗函数的格式如下：

```
row_number() over (partition by 分组列 order by 排序列 desc) rank
```

上述格式解析如下：

- partition by：按照某一列进行分组。
- order by：分组后按照某一列进行组内排序。
- desc：降序，默认升序。

- rank：每一组中的每一行的行号，从 1 开始。根据行号可以取每一组的前 N 个值。

2. 编码实操

使用 Spark SQL 命令行查询方式，代码如下：

```
spark-sql>select * from (select *,row_number() over (partition by monitor_id order by cast(speed as int) desc) rank from monitor_flow_action) t where t.rank<=3;
```

上述代码中，cast(speed as int)表示将 speed 字段转为 int 类型进行排序（该字段在表中的类型为 string，直接使用 string 类型排序的结果不准确）。

部分查询结果如下：

```
2018-04-26   000290967   京U755902018-04-26 03:07:39 260 28  01  1
2018-04-26   000244665   深E092242018-04-26 12:53:16 260 19  02  2
2018-04-26   000290751   深S575302018-04-26 07:22:02 260 17  01  3
2018-04-26   000363482   京Y645502018-04-26 15:53:41 260 9   01  1
2018-04-26   000300850   京M624662018-04-26 07:20:06 260 38  02  2
2018-04-26   000306651   京A032912018-04-26 12:58:55 260 5   06  3
```

5.11.7 车辆轨迹分析

1. 需求描述

查询指定日期内某一车辆的运行轨迹。例如，查询车牌号为“京 U75590”的车辆在 2018 年 4 月 26 日至 2018 年 4 月 27 日期间的运行轨迹。

2. 实现思路

查询指定日期内某一车辆经过了哪些卡口，按照时间升序排列，最后打印卡口号和时间两个字段。

3. 编码实操

使用 Spark SQL 命令行查询方式，代码如下：

```
spark-sql> use traffic_db;
spark-sql> select monitor_id,date from monitor_flow_action where car='京U75590' and date>='2018-04-26' and date<='2018-04-27' order by date asc;
```

查询结果如下：

```
00022018-04-26
00002018-04-26
00072018-04-26
00072018-04-26
00012018-04-26
00062018-04-26
00032018-04-26
00062018-04-26
```

5.12 动手练习

已知有以下电影评分数据（截取部分数据，从左到右依次为用户ID、电影ID、评分、时间）：

```
1001,2098,4,2022-01-02,12:30
1002,2098,5,2022-01-05,13:40
1001,2008,5,2022-01-03,11:10
1003,2098,4,2022-01-04,15:15
1005,2008,3,2022-01-07,15:28
1007,2010,4,2022-01-07,14:37
1008,2010,5,2022-01-02,17:30
```

使用Spark SQL对电影评分数据进行统计分析，获取Top10电影（电影评分平均值最高，并且每个电影被评分的次数大于200）。

第 6 章 Kafka 分布式消息系统

本章主要讲解 Kafka 的基本架构、主题和分区、数据的存储机制以及集群环境的搭建和 Java API 的操作，最后通过几个实际案例讲解 Kafka 生产者拦截器的使用。

本章学习目标

❖ 掌握 Kafka 的架构原理以及主题、分区、消费者组的概念和数据存储机制

❖ 掌握 Kafka 集群环境的搭建、Java API 的操作以及生产者拦截器的使用

6.1 什么是 Kafka

在 Spark 生态体系中，Kafka 占有非常重要的位置。Kafka 是一个使用 Scala 语言编写的基于 ZooKeeper 的高吞吐量、低延迟的分布式发布与订阅消息系统，它可以实时处理大量消息数据以满足各种需求，比如基于 Hadoop 的批处理系统、低延迟的实时系统等。即便使用非常普通的硬件，Kafka 每秒也可以处理数百万条消息，其延迟最低只有几毫秒。

在实际开发中，Kafka 常常作为 Spark Streaming 的实时数据源，Spark Streaming 从 Kafka 中读取实时消息进行处理，保证了数据的可靠性与实时性。二者是实时消息处理系统的重要组成部分。

那么 Kafka 到底是什么？简单来说，Kafka 是消息中间件的一种。举一个生产者与消费者的例子：生产者生产鸡蛋，消费者消费鸡蛋。假设消费者消费鸡蛋的时候噎住了（系统宕机了），而生产者还在生产鸡蛋，那么新生产的鸡蛋就丢失了；再比如，生产者 1 秒钟生产 100 个鸡蛋（大交易量的情况），而消费者 1 秒钟只能消费 50 个鸡蛋，那过不了多长时间，消费者就吃不消了（消息堵塞，最终导致系统超时），又导致鸡蛋丢失了。这个时候我们放个篮子在生产者与消费者中间，生产者生产出来的鸡蛋都放到篮子里，消费者去篮子里拿鸡蛋，这样鸡蛋就不会丢失了，这个篮子就相当于 Kafka。

上述例子中的鸡蛋则相当于 Kafka 中的消息，篮子相当于存放消息的消息队列，也就是 Kafka 集群。当篮子满了，鸡蛋放不下了，这时再加几个篮子，就是 Kafka 集群扩容。

说到这里，不得不提一下 Kafka 中的一些基本概念。

- 消息（Message）：Kafka 的数据单元被称为消息。可以把消息看成是数据库里的一行数据或一条记录。为了提高效率，消息可以分组传输，每一组消息就是一个批次，分成批次传

输可以减少网络开销。但是批次越大，单位时间内处理的消息就越大，因此要在吞吐量和时间延迟之间做出权衡。

- 服务器节点：Kafka 集群包含一个或多个服务器节点，一个独立的服务器节点被称为 Broker。
- 主题：每条发布到 Kafka 集群的消息都有一个类别，这个类别被称为主题。在物理上，不同主题的消息分开存储；在逻辑上，一个主题的消息虽然保存在一个或多个 Broker 上，但用户只需指定消息的主题即可生产或消费消息，而不必关心消息存于何处。主题在逻辑上可以被认为是一个队列。每条消息都必须指定它的主题，可以简单理解为必须指明把这条消息放进哪个队列里。
- 分区：为了使 Kafka 的吞吐率可以水平扩展，物理上把主题分成一个或多个分区。创建主题时可指定分区数量。每个分区对应于一个文件夹，该文件夹下存储该分区的数据和索引文件。
- 生产者：负责发布消息到 Kafka 的 Broker，实际上属于 Broker 的一种客户端。生产者负责选择哪些消息应该分配到哪个主题内的哪个分区。默认生产者会把消息均匀地分布到特定主题的所有分区上，但在某些情况下，生产者会将消息直接写到指定的分区。
- 消费者：从 Kafka 的 Broker 上读取消息的客户端。读取消息时需要指定读取的主题，通常消费者会订阅一个或多个主题，并按照消息生成的顺序读取它们。

针对上面的概念，我们可以这样理解：不同的主题好比不同的高速公路，分区好比某条高速公路上的车道，消息就是车道上运行的车辆。如果车流量大，则拓宽车道；反之，则减少车道。而消费者就好比高速公路上的收费窗口，开放的窗口越多，车辆通过的速度就越快。

6.2 Kafka 架构

在 Kafka 中，客户端和服务器之间的通信是通过一个简单的、高性能的、与语言无关的 TCP 协议完成的。该协议进行了版本控制，并与旧版本保持向后兼容。Kafka 不仅提供 Java 客户端，也提供其他多种语言的客户端。

一个典型的 Kafka 集群中包含若干生产者（数据可以是 Web 前端产生的页面内容或者服务器日志等）、若干 Broker、若干消费者（可以是 Hadoop 集群、实时监控程序、数据仓库或其他服务）以及一个 ZooKeeper 集群。ZooKeeper 用于管理和协调 Broker。当 Kafka 系统中新增了 Broker 或者某个 Broker 故障失效时，ZooKeeper 将通知生产者和消费者。生产者和消费者据此开始与其他 Broker 协调工作。从 Kafka 2.8.0 开始，可以配置不使用 ZooKeeper，而使用 Kafka 内部的 Quorum 控制器代替 ZooKeeper。

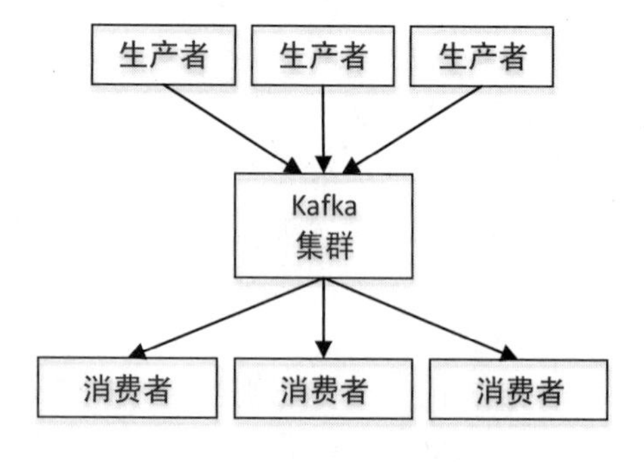

图 6-1 Kafka 消息传递流程

Kafka 的消息传递流程如图 6-1 所示。生产者将消息发送给 Kafka 集群，同时 Kafka 集群将消息转发给消费者。

Kafka 的集群架构如图 6-2 所示。生产者使用 Push 模式将消息发送到 Broker，而消费者使用 Pull 模式从 Broker 订阅并消费消息。

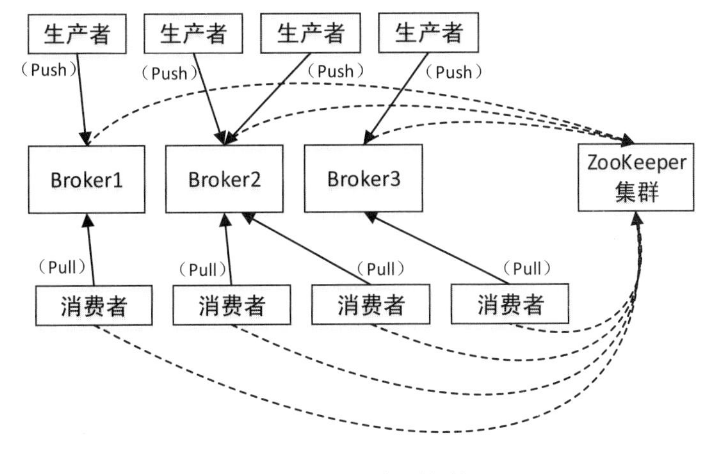

图 6-2　Kafka 集群架构

6.3　主题与分区

Kafka 通过主题对消息进行分类，一个主题可以分为多个分区，且每个分区可以存储于不同的 Broker 上，也就是说，一个主题可以横跨多个服务器。

如果读者对 HBase 的集群架构比较了解，可以用 HBase 数据库做类比，将主题看作 HBase 数据库中的一张表，而分区则是将表数据拆分成多个部分，即 HRegion。不同的 HRegion 可以存储于不同的服务器上，而分区也是如此。

主题与分区的关系如图 6-3 所示。

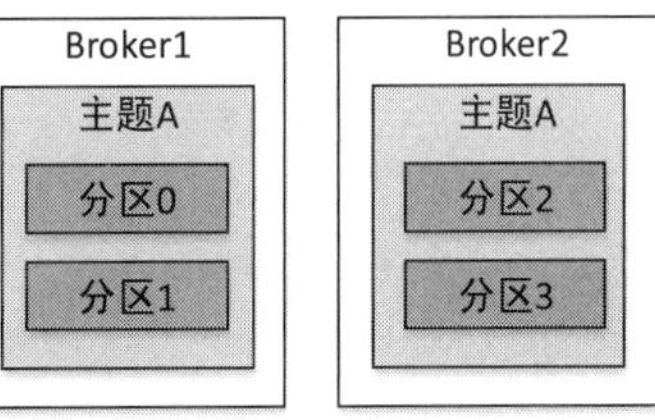

图 6-3　主题与分区的关系

对主题进行分区的好处是：允许主题消息规模超出一台服务器的文件大小上限。因为一个主题可以有多个分区，且可以存储在不同的服务器上，当一个分区的文件大小超出了所在服务器的文件大小上限时，可以动态添加其他分区，因此可以处理无限量的数据。

Kafka 会为每个主题维护一个分区日志，记录各个分区的消息存放情况。消息以追加的方式写入每个分区的尾部，然后以先入先出的顺序进行读取。由于一个主题包含多个分区，因此无法在整个主题范围内保证消息的顺序，但可以保证单个分区内消息的顺序。

当一条消息被发送到 Broker 时，会根据分区规则被存储到某个分区里。如果分区规则设置得合理，所有消息将被均匀地分配到不同的分区里，这样就实现了水平扩展。如果一个主题的消息都存放到一个文件中，那么该文件所在的 Broker 的 I/O 将成为主题的性能瓶颈，而分区正好解决了这个问题。

分区中的每个记录都被分配了一个偏移量（Offset），偏移量是一个连续递增的整数值，标识分区中的某个记录，而消费者只需保存该偏移量即可。当消费者客户端向 Broker 发起消息请求时需要携带偏移量。例如，消费者向 Broker 请求主题 test 的分区 0 中的偏移量从 20 开始的所有消息，以及主题 test 的分区 1 中的偏移量从 35 开始的所有消息。当消费者读取消息后，偏移量会线性递增。当然，消费者也可以按照任意顺序消费消息，比如读取已经消费过的历史消息（将偏移量重置到之前版本）。此外，消费者还可以指定从某个分区中一次最多返回多少条数据，防止一次返回数据太多而耗尽客户端的内存。

Kafka 分区消息的读写如图 6-4 所示。

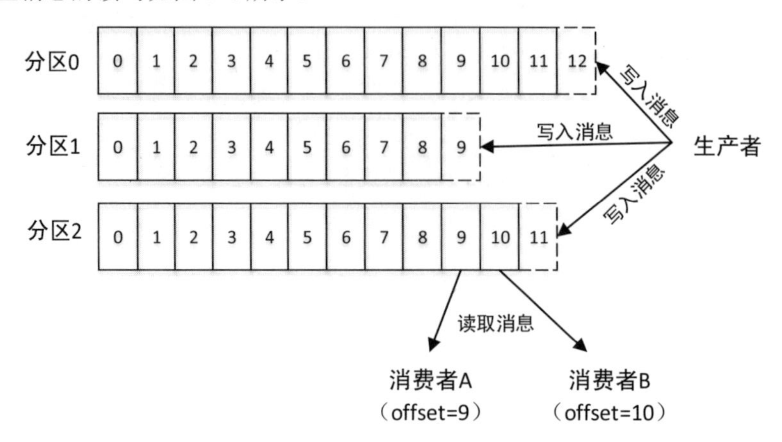

图 6-4　Kafka 分区消息的读写

此外，对于已经发布的消息，无论这些消息是否被消费，Kafka 都将会保留一段时间，具体的保留策略有两种：根据时间保留（例如 7 天）和根据消息大小保留（例如 1GB），可以进行相关参数配置，选择具体策略。当消息数量达到配置的策略上限时，Kafka 就会为节省磁盘空间而将旧消息删除。例如，设置消息保留两天，则两天内该消息可以随时被消费，但两天后该消息将被删除。Kafka 的性能对数据大小不敏感，因此保留大量数据毫无压力。

每个主题也可以配置自己的保留策略，可以根据具体的业务进行设置。例如，用于跟踪用户活动的数据可能需要保留几天，而应用程序的度量指标可能只需要保留几个小时。

6.4　分区副本

在 Kafka 集群中，为了提高数据的可靠性，同一个分区可以复制多个副本分配到不同的 Broker，这种方式类似于 HDFS 中的副本机制。如果其中一个 Broker 宕机，其他 Broker 可以代替宕机的 Broker，不过生产者和消费者需要重新连接到新的 Broker。Kafka 分区的复制如图 6-5 所示。

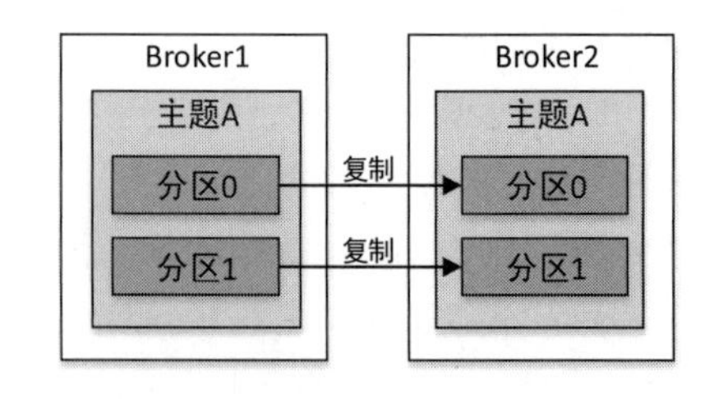

图 6-5　Kafka 分区的复制

Kafka 每个分区的副本都被分为两种类型：领导者副本和跟随者副本。领导者副本只有一个，其余的都是跟随者副本。所有生产者和消费者都向领导者副本发起请求，进行消息的写入与读取，而跟随者副本并不处理客户端的请求，它唯一的任务是从领导者副本复制消息，以保持与领导者副本数据及状态一致。

如果领导者副本崩溃，就会从其余的跟随者副本中选出一个作为新的领导者副本。领导者与跟随者在 Kafka 集群中的分布如图 6-6 所示。

既然跟随者副本会从领导者副本那里复制消息，那么这种复制是领导者主动向跟随者发起 Push（推送）请求还是跟随者向领导者发起 Pull（拉取）请求？

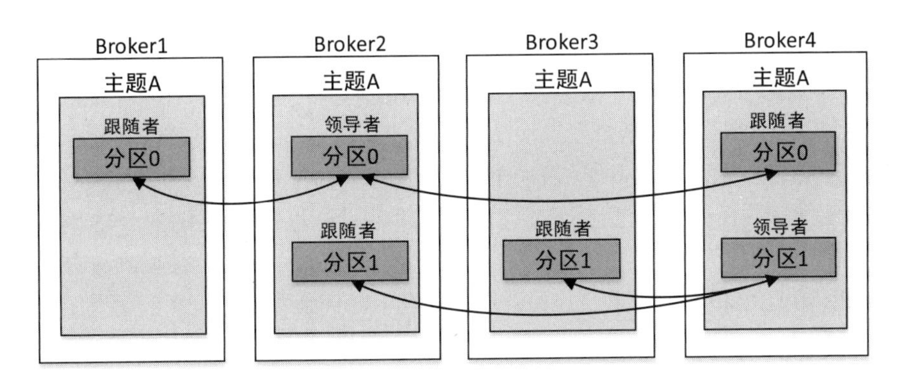

图 6-6 领导者与跟随者在 Kafka 集群中的分布

跟随者为了与领导者保持同步，会周期性地向领导者发起获取数据的 Pull 请求，这种请求与消费者读取消息发送的请求是一样的。请求消息里包含跟随者想要获取消息的偏移量，偏移量的值随着每次请求进行递增。领导者从跟随者请求的偏移量可以知道消息复制的进度。

领导者与跟随者之间的消息复制什么时候才认为是成功的呢？是同步复制还是异步复制？如果个别跟随者由于网络问题导致消息没有复制完成，是否允许消费者对消息进行读取？

Kafka 的消息复制是以分区为单位的，既不是完全的同步复制，又不是完全的异步复制，而是基于 ISR（In-Sync Replica）的动态复制方案。

领导者会维护一个需要与其保持同步的副本列表（包括领导者自己），该列表称为 ISR，且每个分区都会有一个 ISR。如果在一定时间内（可以通过参数 replica.lag.time.max.ms 进行配置），跟随者没有向领导者请求新的消息（可能由于网络问题），该跟随者将被认为是不同步的，领导者会从 ISR 中将其移除，从而避免因跟随者的请求速度过慢而拖慢整体速度。而当跟随者重新与领导者保持同步，领导者会将其再次加入 ISR 中。当领导者失效时，也不会选择 ISR 中不存在的跟随者作为新的领导者。

ISR 的列表数据保存在 ZooKeeper 中，每次 ISR 改变后，领导者都会将最新的 ISR 同步到 ZooKeeper 中。

每次消息写入时，只有 ISR 中的所有跟随者都复制完毕，领导者才会将消息写入状态置为 Commit（写入成功），而只有状态置为 Commit 的消息才能被消费者读取。从消费者的角度来看，要想成功读取消息，ISR 中的所有副本必须处于同步状态，从而提高数据的一致性。

可以通过设置 min.insync.replicas 参数指定 ISR 的最小数量，默认为 1，即 ISR 中的所有跟随者都被移除，只剩下领导者。但是在这种情况下，如果领导者失效，由于 ISR 中没有跟随者，因此该分区将不可用。适当增加参数 min.insync.replicas 的值将提高系统的可用性。

以上是站在消费者的角度来看 ISR，即 ISR 中所有的副本都成功写入消息后，才允许消费者读取。那么对于生产者来说，在消息发送完毕后，是否需要等待 ISR 中所有副本成功写入才认为消息发送成功？

生产者通过 ZooKeeper 向领导者副本所在的 Broker 发送消息，领导者收到消息后需要向生产者返回消息确认收到的通知。而实际上，领导者并不需要等待 ISR 中的所有副本都写入成功才向生产者进行确认。

在生产者发送消息时，可以对 acks 参数进行配置，该参数指定了对消息写入成功的界定。生产者可以通过 acks 参数指定需要多少个副本写入成功才视为该消息发送成功。acks 参数有 3 个值，分别为 1、all 和 0。若 acks=1（默认值），只要领导者副本写入成功，生产者就认为写入成功；若 acks=all，则需要 ISR 中的所有副本都写入成功，生产者才能认为写入成功；若 acks=0，则生产者将消息发送出去后，立即认为该消息发送成功，不需要等待 Broker 的响应（而实际上该消息可能发送失败）。因此，需要根据实际业务需求来设置 acks 的值。

对于 Broker 来说，Broker 会通过 acks 的值来判断何时向生产者返回响应。在消息被写入分区的领导者副本后，Broker 开始检查 acks 参数值，若 acks 的值为 1 或 0，则 Broker 立即返回响应给生产者；若 acks 的值为 all，则请求会被保存在缓冲区中，直到领导者检测到所有跟随者副本都已成功复制了消息，才会向生产者返回响应。

6.5 消费者组

消费者组（Consumer Group）实际上就是一组消费者的集合。每个消费者属于一个特定的消费者组（可为每个消费者指定组名称，消费者通过组名称对自己进行标识，若不指定组名称，则属于默认的组）。

传统消息处理有两种模式：队列模式和发布订阅模式。队列模式是指消费者可以从一台服务器读取消息，并且每个消息只被其中一个消费者消费；发布订阅模式是指消息通过广播方式发送给所有消费者。而 Kafka 提供了消费者组模式，同时具备这两种（队列和发布订阅）模式的特点。

Kafka 规定，同一消费者组内不允许多个消费者消费同一分区的消息，而不同的消费者组可以同时消费同一分区的消息。也就是说，分区与同一个消费者组中的消费者的对应关系是多对一，而不允许一对多。举个例子，如果同一个应用有 100 台机器，这 100 台机器属于同一个消费者组，同一条消息在 100 台机器中就只有一台能得到。如果另一个应用也需要同时消费同一个主题的消息，就需要新建一个消费者组并消费同一个主题的消息。我们已经知道，消息存储于分区中，消费者组与分区的关系如图 6-7 所示。

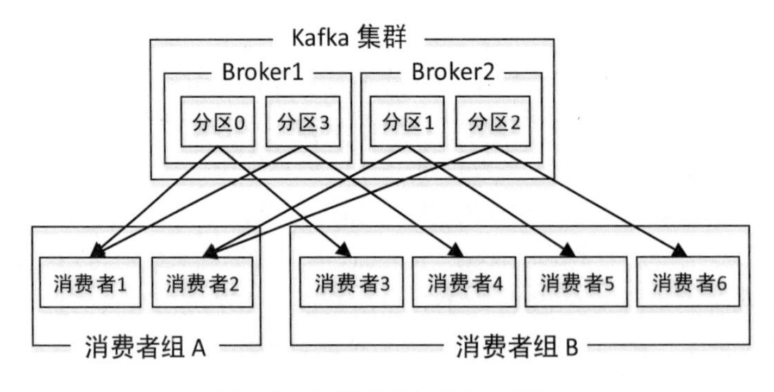

图 6-7　消费者组与分区的关系

鉴于此，每条消息发送到主题后，只能发送给某个消费者组中的唯一一个消费者实例（可以是同一台服务器上的不同进程，也可以是不同服务器上的进程）。

显然，如果所有的消费者实例属于同一分组（有相同的分组名），该过程就是传统的队列模式，即同一消息只有一个消费者能得到；如果所有的消费者都不属于同一分组，该过程就是发布订阅模式，即同一消息每个消费者都能得到。

从消费者组与分区的角度来看，整个 Kafka 的架构如图 6-8 所示。

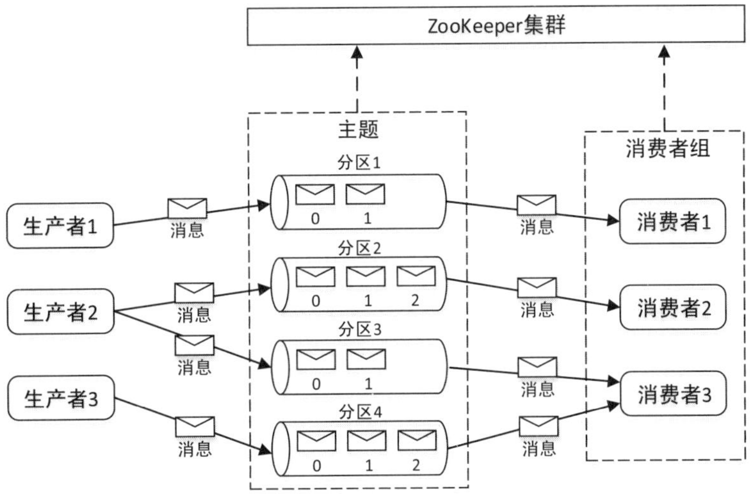

图 6-8　从消费者组与分区的角度看 Kafka 的架构

在图 6-8 中，属于同一个消费者组的 3 个消费者共同读取一个主题，其中两个消费者各自读取一个分区，而另一个消费者同时读取了两个分区。消费者组保证了同一个分区只能被组中的一个消费者进行消费。

6.6　数据存储机制

我们知道，Kafka 中的消息由主题进行分类，而主题在物理上又分为多个分区。那么分区是怎么存储数据的呢？

假设在 Broker 中有一个名为 topictest 的主题，该主题被分为 4 个分区，则在 Kafka 消息存储目录（配置文件 server.properties 中的属性 log.dirs 指定的目录）中会生成以下 4 个文件夹，且这 4 个文件夹可能分布于不同的 Broker 中：

```
topictest-0
topictest-1
topictest-2
topictest-3
```

在 Kafka 数据存储中，每个分区的消息数据存储于一个单独的文件夹中，分区文件夹的命名规则为“主题名-分区编号”，分区编号从 0 开始，依次递增。

一个分区在物理上由多个 segment（段）组成。segment 是 Kafka 数据存储的最小单位。每个分区的消息数据会被分配到多个 segment 文件中，这种将分区细分为 segment 的方式，方便了旧消息（旧 segment）的删除和清理，达到及时释放磁盘空间的效果。

segment 文件由两部分组成：索引文件（后缀为.index）和数据文件（后缀为.log），这两个文件一一对应，且成对出现。索引文件存储元数据，数据文件存储实际消息，索引文件中的元数据指向对应数据文件中消息的物理偏移地址。

segment 文件的命名由 20 位数字组成，同一分区中的第一个 segment 文件的命名编号从 0 开始，下一个 segment 文件的命名编号为上一个 segment 文件的最后一条消息的 offset 值。编号长度不够以 0 补充，例如：

```
00000000000000000000.index
00000000000000000000.log
00000000000000170410.index
00000000000000170410.log
00000000000000258330.index
00000000000000258330.log
```

segment 的索引文件与数据文件的对应关系如图 6-9 所示。

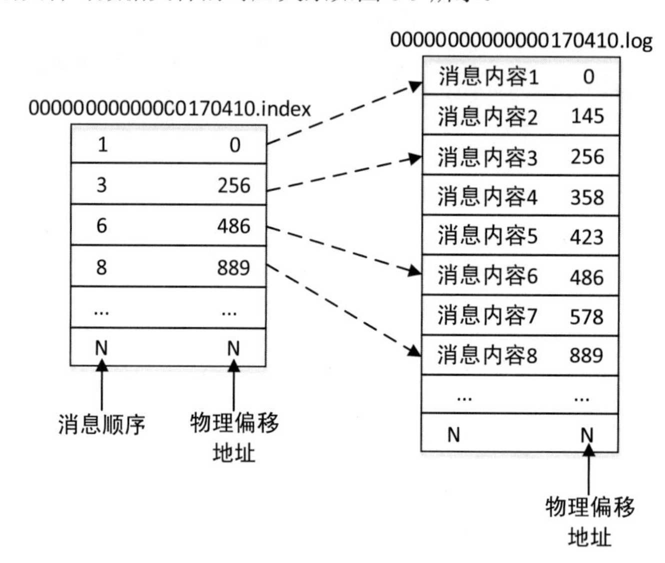

图 6-9　segment 的索引文件与数据文件的对应关系

在图 6-9 中，索引文件的左侧为消息在该文件中的顺序（第几条消息），右侧为消息在数据文件中对应的偏移地址（实际物理存储位置）。可以看到，并不是所有的消息都会在索引文件中建立索引，而是采用每隔一定字节的数据建立一条索引，这种索引方式被称为稀疏索引。采用稀疏索引避免了索引文件占用过多的空间，从而提高了索引的查找速度。但缺点是，没有建立索引的消息不能一次性定位到其在数据文件的物理位置，而是通过“二分法”定位到与其最近的消息的位置（小于等于需要查找的消息位置中的最大值），然后按顺序进行扫描（此时顺序扫描的范围已经被缩小了），直到找到需要查找的消息。

我们知道，消费者是通过 offset 值查找消息的，以图 6-9 为例，如果需要查找 offset=170413 的消息，Kafka 的查找步骤如下：

步骤01　通过 offset 值定位到索引文件。索引文件 00000000000000170410.index 的起始 offset 值为 170410+1=170411，索引文件 00000000000000258330.index 的起始 offset 值为 258330+1=258331。根据二分查找法，可以快速定位到 offset 值为 170413 的消息的索引文件为 00000000000000170410.index。

步骤02　通过索引文件查询消息物理偏移地址。首先根据 offset 值查找到消息顺序，offset 值为 170413 的消息在索引文件 00000000000000170410.index 中的消息顺序为 170413–170410=3。然后根据消息顺序查找（二分法）到消息在数据文件的物理偏移地址，消息顺序为 3 的消息对应的物理偏移地址为 256。

步骤 03 通过物理偏移地址定位到消息内容。根据查找到的物理偏移地址，到数据文件 00000000000000170410.log 中查找对应的消息内容。

6.7　集群环境搭建

Kafka 依赖 ZooKeeper 集群，搭建 Kafka 集群之前，需要先搭建好 ZooKeeper 集群。ZooKeeper 集群的搭建步骤此处不做过多讲解。本例依然使用 3 台服务器在 CentOS 7 上搭建 Kafka 集群，3 台服务器的主机和 IP 地址分别为：

```
centos01 192.168.170.133
centos02 192.168.170.134
centos03 192.168.170.135
```

由于 Kafka 集群的各个 Broker 是对等的，配置基本相同，因此只需要配置一个 Broker，然后将这个 Broker 上的配置复制到其他 Broker，并进行微调即可。

介绍具体的搭建步骤如下：

1. 下载解压 Kafka

从 Apache 官网（http://kafka.apache.org）下载 Kafka 的稳定版本，本书使用的是 3.1.0 版本 kafka_2.12-3.1.0.tgz（Kafka 使用 Scala 和 Java 编写，2.12 指的是 Scala 的版本号）。

然后将 Kafka 安装包上传到 centos01 节点的/opt/softwares 目录，并解压到目录/opt/modules 下，解压命令如下：

```
$ tar -zxvf kafka_2.12-3.1.0.tgz -C /opt/modules/
```

2. 修改配置文件

修改 Kafka 安装目录下的 config/server.properties 文件。在分布式环境中，建议至少修改以下配置项（若文件中无此配置项，则需要新增），其他配置项可以根据具体项目环境进行调整：

```
broker.id=1
num.partitions=2
default.replication.factor=2
listeners=PLAINTEXT://centos01:9092
log.dirs=/opt/modules/kafka_2.12-3.1.0/kafka-logs
zookeeper.connect=centos01:2181,centos02:2181,centos03:2181
```

上述代码中各选项的含义如下：

- broker.id：每一个 Broker 都需要有一个标识符，使用 broker.id 表示，类似于 ZooKeeper 的 myid。broker.id 必须是一个全局（集群范围）唯一的整数值，即集群中每个 Kafka 服务器的 broker.id 的值不能相同。
- num.partitions：每个主题的分区数量，默认是 1。需要注意的是，可以增加分区的数量，但是不能减少分区的数量。

- default.replication.factor：消息备份副本数，默认为 1，即不进行备份。
- listeners：Socket 监听的地址，用于 Broker 监听生产者和消费者请求，格式为 listeners = security_protocol://host_name:port。如果没有配置该参数，就默认通过 Java 的 API（java.net.InetAddress.getCanonicalHostName()）来获取主机名，端口默认为 9092，建议进行显式配置，避免多网卡时解析有误。
- log.dirs：Kafka 消息数据的存储位置，可以指定多个目录，以逗号分隔。
- zookeeper.connect：ZooKeeper 的连接地址。该参数是用逗号分隔的一组格式为 hostname:port/path 的列表，其中 hostname 为 ZooKeeper 服务器的主机名或 IP 地址；port 是 ZooKeeper 客户端连接端口；/path 是可选的 ZooKeeper 路径，如果不指定，就默认使用 ZooKeeper 根路径。

3. 发送安装文件到其他节点

执行以下命令，将 centos01 节点配置好的 Kafka 安装文件复制到 centos02 和 centos03 节点：

```
scp -r kafka_2.12-3.1.0/ hadoop@centos02:/opt/modules/
scp -r kafka_2.12-3.1.0/ hadoop@centos03:/opt/modules/
```

复制完成后，修改 centos02 节点的 Kafka 安装目录下的 config/server.properties 文件，修改内容如下：

```
broker.id=2
listeners=PLAINTEXT://centos02:9092
```

同理，修改 centos03 节点的 Kafka 安装目录下的 config/server.properties 文件，修改内容如下：

```
broker.id=3
listeners=PLAINTEXT://centos03:9092
```

4. 启动 ZooKeeper 集群

分别在 3 个节点上执行以下命令，启动 ZooKeeper 集群（需进入 ZooKeeper 安装目录）：

```
bin/zkServer.sh start
```

5. 启动 Kafka 集群

分别在 3 个节点上执行以下命令，启动 Kafka 集群（需进入 Kafka 安装目录）：

```
bin/kafka-server-start.sh -daemon config/server.properties
```

集群启动后，分别在各个节点上执行 jps 命令，查看启动的 Java 进程，若能输出如下进程信息，则说明启动成功：

```
2848 Jps
2518 QuorumPeerMain
2795 Kafka
```

查看 Kafka 安装目录下的日志文件 logs/server.log，确保运行稳定，没有抛出异常。至此，Kafka 集群搭建完成。

6.8　命令行操作

生产者接收用户的标准输入发送到 Kafka，消费者则一直尝试从 Kafka 中拉取生产的数据，并打印到标准输出中。本节使用 Kafka 命令行客户端创建主题、生产者与消费者，以测试 Kafka 集群能否正常使用。

如无特殊说明，以下所有命令都是在 Kafka 安装目录下执行的。

6.8.1　创建主题

创建主题可以使用 Kafka 提供的命令工具 kafka-topics.sh，此处我们创建一个名为 topictest 的主题，分区数为 2，每个分区的副本数为 2，命令如下（在 Kafka 集群的任意节点执行即可）：

```
$ bin/kafka-topics.sh \
--create \
--bootstrap-server centos01:9092,centos02:9092,centos03:9092 \
--replication-factor 2 \
--partitions 2 \
--topic topictest
```

上述代码中各参数的含义如下：

- --create：指定命令的动作是创建主题，使用该命令必须指定--topic 参数。
- --topic：所创建的主题名称。
- --partitions：所创建主题的分区数。
- --bootstrap-server：指定 Kafka 集群的连接地址。
- --replication-factor：所创建主题的分区副本数，其值必须小于等于 Kafka 的节点数。

命令执行完毕后，若输出以下结果，则表明创建主题成功：

```
Created Topic "topictest".
```

此时查看 ZooKeeper 中 Kafka 创建的/brokers 节点，发现主题 topictest 的信息已记录在其中，如图 6-10 所示。

```
[zk: localhost:2181(CONNECTED) 8] ls /brokers
[ids, topics, seqid]
[zk: localhost:2181(CONNECTED) 9] ls /brokers/topics
[topictest]
[zk: localhost:2181(CONNECTED) 10] ls /brokers/topics/topictest
[partitions]
[zk: localhost:2181(CONNECTED) 11] ls /brokers/topics/topictest/partitions
[0, 1]
```

图 6-10　查看 Kafka 在 ZooKeeper 中创建的节点信息

6.8.2　查询主题

创建主题成功后，可以执行以下命令，查看当前 Kafka 集群中存在的所有主题：

```
$ bin/kafka-topics.sh \
--list \
--bootstrap-server centos01:9092
```

也可以使用--describe 参数查询某一个主题的详细信息。例如，查询主题 topictest 的详细信息，命令如下：

```
$ bin/kafka-topics.sh \
--describe \
--bootstrap-server centos01:9092 \
--topic topictest
```

输出结果如下：

```
Topic:topictest  PartitionCount:2 ReplicationFactor:2  Configs:
Topic: topictest Partition: 0 Leader: 2   Replicas: 2,3   Isr: 2,3
Topic: topictest Partition: 1 Leader: 3   Replicas: 3,1   Isr: 3,1
```

上述结果中的参数解析如下：

- Topic：主题名称。
- PartitionCount：分区数量。
- ReplicationFactor：每个分区的副本数量。
- Partition：分区编号。
- Leader：领导者副本所在的 Broker，这里指安装 Kafka 集群时设置的 broker.id。
- Replicas：分区副本所在的 Broker（包括领导者副本），同样指安装 Kafka 集群时设置的 broker.id。
- Isr：ISR 列表中的副本所在的 Broker（包括领导者副本），同样指安装 Kafka 集群时设置的 broker.id。

可以看到，该主题有两个分区，每个分区有两个副本。分区编号为 0 的副本分布在 broker.id 为 2 和 3 的 Broker 上，其中 broker.id 为 2 的副本为领导者副本；分区编号为 1 的副本分布在 broker.id 为 1 和 3 的 Broker 上，其中 broker.id 为 3 的副本为领导者副本。

接下来就可以创建生产者向主题发送消息了。

6.8.3　创建生产者

Kafka 生产者作为消息生产角色，可以使用 Kafka 自带的命令工具创建一个简单的生产者。例如，在主题 topictest 上创建一个生产者，命令如下：

```
$ bin/kafka-console-producer.sh \
--broker-list centos01:9092,centos02:9092,centos03:9092 \
--topic topictest
```

上述代码中各参数的含义如下：

- --broker-list：指定 Kafka Broker 的访问地址，只要能访问其中一个，即可连接成功，若想写多个，则用逗号隔开。建议将所有的 Broker 都写上，如果只写其中一个，该 Broker 失效时连接就会失败，注意此处的 Broker 访问端口为 9092，Broker 通过该端口接收生产者和消费者的请求，该端口在安装 Kafka 时已经指定。

- --topic：指定生产者发送消息的主题名称。

创建完成后，控制台进入等待键盘输入消息的状态。

接下来需要创建一个消费者来接收生产者发送的消息。

6.8.4　创建消费者

新开启一个 SSH 连接窗口（可连接 Kafka 集群中的任何一个节点），在主题 topictest 上创建一个消费者，命令如下：

```
$ bin/kafka-console-consumer.sh \
--bootstrap-server centos01:9092,centos02:9092,centos03:9092 \
--topic topictest
```

上述代码中，参数--bootstrap-server 用于指定 Kafka Broker 访问地址。

消费者创建完成后，等待接收生产者的消息。此时在生产者控制台输入消息“hello kafka”后按回车键（可以将文件或者标准输入的消息发送到 Kafka 集群中，默认一行作为一个消息），即可将消息发送到 Kafka 集群，如图 6-11 所示。

```
[hadoop@centos02 kafka_2.12-3.1.0]$ bin/kafka-console-producer.sh \
> --broker-list centos01:9092,centos02:9092,centos03:9092 \
> --topic topictest
>hello kafka
>
```

图 6-11　生产者控制台生产消息

在消费者控制台，可以看到输出相同的消息“hello kafka”，如图 6-12 所示。

```
[hadoop@centos03 kafka_2.12-3.1.0]$ bin/kafka-console-consumer.sh \
> --bootstrap-server centos01:9092,centos02:9092,centos03:9092 \
> --topic topictest
hello kafka
```

图 6-12　消费者控制台接收消息

至此，Kafka 集群测试成功，能够正常运行。

6.9　Java API 操作

Kafka 提供了 Java 客户端 API 进行消息的创建与接收。下面将通过在 Eclipse 中编写 Java 客户端程序创建生产者与消费者。

6.9.1　创建 Java 工程

使用 Java API 之前需要先新建一个 Java 项目。

在 Eclipse 中新建一个 Maven 项目 kafka_demo，项目结构如图 6-13 所示。

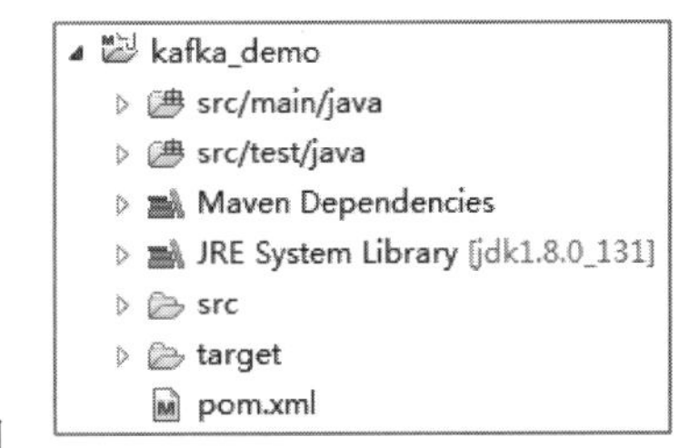

图 6-13　Kafka Maven 项目结构

然后在项目的 pom.xml 中加入 Kafka 客户端的依赖 JAR 包，内容如下：

```
<dependency>
  <groupId>org.apache.kafka</groupId>
  <artifactId>kafka-clients</artifactId>
  <version>3.1.0</version>
</dependency>
```

pom.xml 配置好后，接下来就可以进行 Java API 的编写了。

6.9.2　创建生产者

在项目 kafka_demo 中新建一个生产者类 MyProducer.java，该类的主要作用是循环向已经创建好的主题 topictest 发送 10 条消息，完整代码如下：

```
import java.util.Properties;
import org.apache.kafka.clients.producer.KafkaProducer;
import org.apache.kafka.clients.producer.Producer;
import org.apache.kafka.clients.producer.ProducerConfig;
import org.apache.kafka.clients.producer.ProducerRecord;
import org.apache.kafka.common.serialization.IntegerSerializer;
import org.apache.kafka.common.serialization.StringSerializer;

/**
 * 生产者类
 */
public class MyProducer {

 public static void main(String[] args) {
  //1. 使用 Properties 定义配置属性
  Properties props = new Properties();
  //设置生产者 Broker 服务器连接地址
  props.setProperty(ProducerConfig.BOOTSTRAP_SERVERS_CONFIG,
    "centos01:9092,centos02:9092,centos03:9092");
  //设置序列化 key 程序类
  props.setProperty(ProducerConfig.KEY_SERIALIZER_CLASS_CONFIG,
    StringSerializer.class.getName());
  //设置序列化 value 程序类，此处不一定非得是 Integer，也可以是 String
  props.setProperty(ProducerConfig.VALUE_SERIALIZER_CLASS_CONFIG,
    IntegerSerializer.class.getName());
  //2. 定义消息生产者对象，依靠此对象可以进行消息的传递
  Producer<String, Integer> producer = new KafkaProducer<String, Integer>(props);
  //3. 循环发送 10 条消息
  for (int i = 0; i < 10; i++) {
   //发送消息，此方式只负责发送消息，不关心是否发送成功
   //第一个参数：主题名称
   //第二个参数：消息的 key 值
   //第三个参数：消息的 value 值
   producer.send(new ProducerRecord<String, Integer>("topictest",
     "hello kafka " + i, i));
  }
```

```
  //4. 关闭生产者，释放资源
  producer.close();
  }
}
```

上述代码中，生产者对象 KafkaProducer 的 send()方法负责发送消息，并将消息记录 ProducerRecord 对象作为参数，因此需要先创建 ProducerRecord 对象。ProducerRecord 有多个构造方法，这里使用其中一种构造方法，该构造方法的第一个参数为目标主题的名称，第二个参数为消息的键，第三个参数为消息的值，即具体的消息内容。此处的键为字符串类型，值为整数（也可以为字符串）。但消息键值的类型必须与序列化程序类和生产者对象 Producer 中规定的类型相匹配。

上述这种消息发送方式的特点是：消息发送给服务器即发送完成，而不管消息是否送达。因为 Kafka 的高可用性，在大多数情况下，消息都可以正常送达，当然也不排除丢失消息的情况。所以，如果发送结果并不重要，那么可以使用这种消息发送方式，例如记录消息日志或记录不太重要的应用程序日志。

除了上述消息发送方式外，还有两种消息发送方式：同步发送和异步发送。下面分别进行介绍。

（1）同步发送

使用生产者对象的 send()方法发送消息，会返回一个 Future 对象，调用 Future 对象的 get()方法，然后等待结果，就可以知道消息是否发送成功。如果服务器返回错误，get()方法就会抛出异常；如果没有发生错误，就会得到一个 RecordMetadata 对象，可以利用该对象获取消息的偏移量等。同步发送消息的简单代码如下：

```
try{
  producer.send(new ProducerRecord<String,Integer>("topictest","hello kafka "+i,
i)).get();
}catch(Exception e){
  e.printStackTrace();
}
```

（2）异步发送

使用生产者对象的 send()方法发送消息时，可以指定一个回调方法，服务器返回响应信息时会调用该方法。可以在该方法中对一些异常信息进行处理，比如记录错误日志，或者把消息写入“错误消息”文件以便日后分析，示例代码如下：

```
producer.send(new ProducerRecord<String,Integer>("topictest","hello kafka "+ i,
i),new Callback(){
        public void onCompletion(RecordMetadata recordMetadata, Exception e) {
            if(e!=null){
                e.printStackTrace();
            }
        }
 });
```

上述代码中，为了使用回调方法，在 send()方法中加入了一个参数，该参数是实现了 Callback 接口的匿名内部类。Callback 接口只有一个 onCompletion()方法，该方法有两个参数：第一个参数为 RecordMetadata 对象，从该对象可以获取消息的偏移量等内容；第二个参数为 Exception 对象。如果 Kafka 返回一个错误，onCompletion()方法就会抛出一个非空异常，可以从 Exception 对象中获取这个异常信息，从而对异常进行处理。

6.9.3　创建消费者

在项目 kafka_demo 中新建一个消费者类 MyConsumer.java，该类主要用于接收上述生产者发送的所有消息，完整代码如下：

```
import java.time.Duration;
import java.util.Arrays;
import java.util.Properties;
import org.apache.kafka.clients.consumer.Consumer;
import org.apache.kafka.clients.consumer.ConsumerConfig;
import org.apache.kafka.clients.consumer.ConsumerRecord;
import org.apache.kafka.clients.consumer.ConsumerRecords;
import org.apache.kafka.clients.consumer.KafkaConsumer;
import org.apache.kafka.common.serialization.IntegerDeserializer;
import org.apache.kafka.common.serialization.StringDeserializer;

/**
 * 消费者类
 */
public class MyConsumer {

 public static void main(String[] args) {
  //1. 使用 Properties 定义配置属性
  Properties props = new Properties();❶
  //设置消费者 Broker 服务器的连接地址
  props.setProperty(ConsumerConfig.BOOTSTRAP_SERVERS_CONFIG,
    "centos01:9092,centos02:9092,centos03:9092");
  //设置反序列化 key 的程序类，与生产者对应
  props.setProperty(ConsumerConfig.KEY_DESERIALIZER_CLASS_CONFIG,
    StringDeserializer.class.getName());
  //设置反序列化 value 的程序类，与生产者对应
  props.setProperty(ConsumerConfig.VALUE_DESERIALIZER_CLASS_CONFIG,
    IntegerDeserializer.class.getName());
  //设置消费者组 ID，即组名称，值可自定义。组名称相同的消费者进程属于同一个消费者组
  props.setProperty(ConsumerConfig.GROUP_ID_CONFIG, "groupid-1");
  //2. 定义消费者对象
  Consumer<String, Integer> consumer = new KafkaConsumer<String, Integer>(props);❷
  //3. 设置消费者读取的主题名称，可以设置多个
  consumer.subscribe(Arrays.asList("topictest"));❸
  //4. 不停地读取消息
  while (true) {❹
   //拉取消息，并设置超时时间为 10 秒
   ConsumerRecords<String, Integer> records = consumer.poll(Duration
     .ofSeconds(10));❺
   for (ConsumerRecord<String, Integer> record : records) {
//打印消息关键信息
    System.out.println("key: " + record.key() + ", value: " + record.value()
      +", partition: "+record.partition()+",offset: "+record.offset());❻
   }
  }
 }
}
```

上述代码分析如下：

❶ Properties 对象用于向消费者对象传递相关配置属性值，其传递的第一个属性 ConsumerConfig.BOOTSTRAP_SERVERS_CONFIG 是类 ConsumerConfig 中的一个常量字符串 bootstrap.servers，其含义是指定 Kafka 集群 Broker 的连接字符串；第二个属性 ConsumerConfig.KEY_DESERIALIZER_CLASS_CONFIG是类ConsumerConfig中的一个常量字符串 key.deserializer，其含义是指定反序列化消息键的程序类，使用该类可以把经过序列化后的字节数组反序列化成Java对象；第三个属性ConsumerConfig.VALUE_DESERIALIZER_CLASS_CONFIG是类ConsumerConfig中的一个常量字符串value.deserializer，其含义是指定反序列化消息值的程序类，同样使用该类可以把字节数组转成Java对象；第四个属性ConsumerConfig.GROUP_ID_CONFIG为常量字符串group.id，其含义是指定该消费者所属的消费者组名称。需要注意的是，创建不属于任何一个消费者组的消费者也是可以的，但是不常见。

❷ 消费者对象 KafkaConsumer 用于从 Broker 中拉取消息，因此在拉取消息之前需要先创建该对象。该对象的创建与生产者对象 KafkaProducer 的创建类似。

❸ 使用消费者对象的 subscribe()方法可以对主题进行订阅。该方法可以接收一个主题列表作为参数。

❹ 通过 while 无限循环来使用消息轮询 API，对服务器发送轮询请求。在轮询请求时，Kafka 会自动处理所有细节，包括消费者组协调、分区再均衡、发送心跳和获取数据等。消费者必须持续对 Kafka 进行轮询，否则会被认为已经死亡，其分区会被移交给消费者组里的其他消费者。

❺ poll()方法可以对消息进行拉取，并返回一个 ConsumerRecords 对象，该对象存储了返回的消息记录列表。每条消息记录都包含记录的键值对、记录所属主题信息、分区信息及所在分区的偏移量。可以根据业务需要遍历这个记录列表，取出所需信息。

poll()方法有一个超时时间参数，它指定了方法在多久之后必须返回消息记录。Kafka 2.0.0 版本建议使用 JDK 1.8 新增的时间类 Duration 作为 poll()方法的参数，因此如果要使用 Duration 类，JDK 版本就必须在 1.8 以上。此处的 Duration.ofSeconds(10)指的是时间为 10 秒。若 JDK 版本在 1.8 以下，则可以直接向 poll()方法传入时间毫秒数，例如 poll(1000)。但 Kafka 2.0.0 不推荐使用该方法，且该方法在后续版本中可能被废弃。

如果时间到达 poll()方法设定的时间，无论有没有数据，poll()都要进行返回。如果时间被设置为 0，poll()就会立即返回，否则它会在指定的时间内一直等待 Broker 返回消息数据。

❻ 此处调用消息记录对象 ConsumerRecord 的 key()与 value()方法获取消息的键与值，调用该对象的 partition()和 offset()方法获取消息所在分区编号和偏移量。

6.9.4　运行程序

生产者与消费者代码编写完毕后，就可以运行程序了，运行步骤如下：

步骤 01　运行消费者程序。在 Eclipse 中运行消费者程序 MyConsumer.java，对消息进行监听。

步骤 02　运行生产者程序。在 Eclipse 中运行生产者程序 MyProducer.java，向 Kafka 发送消息。

步骤 03　查看接收到的消息内容。消息发送完毕后，在 Eclipse 的控制台中查看输出结果，可以看到以下输出内容：

```
key: hello kafka 1, value: 1, partition: 0,offset: 0
key: hello kafka 2, value: 2, partition: 0,offset: 1
key: hello kafka 4, value: 4, partition: 0,offset: 2
key: hello kafka 5, value: 5, partition: 0,offset: 3
key: hello kafka 7, value: 7, partition: 0,offset: 4
key: hello kafka 8, value: 8, partition: 0,offset: 5
key: hello kafka 0, value: 0, partition: 1,offset: 0
key: hello kafka 3, value: 3, partition: 1,offset: 1
key: hello kafka 6, value: 6, partition: 1,offset: 2
key: hello kafka 9, value: 9, partition: 1,offset: 3
```

可以看到，消费者成功消费了生产者发送的 10 条消息。

我们已经知道，key 与 value 的值可以代表生产者发送消息的顺序；offset 的值可以代表消费者消费消息的顺序；partition 的值为消息所在的分区编号。上述输出的消息共来源于两个分区：分区 0 和分区 1。

进一步分析上述输出内容可以发现，消费者消费的消息总体来说是无序的，但是针对同一个分区（分区编号相同）的消息消费却是有序的。而生产者是按照 0~9 的顺序进行消息发送的。

那么，Kafka 消息的消费是没有顺序的吗？为什么会产生这样的结果呢？下面对此进行验证。

步骤 04 验证消息消费顺序。在 Eclipse 中再次运行消费者程序 MyConsumer.java，此时就有两个消费者共同消费消息，并且这两个消费者属于同一个组，组 ID 为 groupid-1（在消费者程序 MyConsumer.java 中已对组 ID 进行了定义）。然后重新运行生产者程序 MyProducer.java 发送消息，发送完毕后，查看两个消费者程序的控制台的输出结果。

消费者一的输出结果如下：

```
key: hello kafka 0, value: 0, partition: 1,offset: 4
key: hello kafka 3, value: 3, partition: 1,offset: 5
key: hello kafka 6, value: 6, partition: 1,offset: 6
key: hello kafka 9, value: 9, partition: 1,offset: 7
```

消费者二的输出结果如下：

```
key: hello kafka 1, value: 1, partition: 0,offset: 6
key: hello kafka 2, value: 2, partition: 0,offset: 7
key: hello kafka 4, value: 4, partition: 0,offset: 8
key: hello kafka 5, value: 5, partition: 0,offset: 9
key: hello kafka 7, value: 7, partition: 0,offset: 10
key: hello kafka 8, value: 8, partition: 0,offset: 11
```

从上述两个消费者的输出结果可以看到，10 条消息来自于两个分区：分区 0 和分区 1。分区 1 的消息被消费者一所消费，分区 0 的消息被消费者二所消费。结合各自输出结果的 offset 值可以看出，每个消费者都是按顺序消费的。那么，为什么会产生这样的结果呢？

因为 Kafka 仅仅支持分区内的消息按顺序消费，并不支持全局（同一主题的不同分区之间）的消息按顺序消费。而本例开始时使用一个消费者消费了主题 topictest 中两个分区的内容（在 6.8.1 节创建主题 topictest 时，为该主题指定了两个分区），因此不支持两个分区之间顺序消费。

Kafka 规定，同一个分区内的消息只能被同一个消费者组中的一个消费者消费。而本例中的两个消费者正是属于同一个消费者组，且主题 topictest 有两个分区，所以两个消费者才能各自按顺序消费。

注意 同一个消费者组内，消费者数量不能多于分区数量，否则多出的消费者不能消费消息。如果需要全局都按顺序消费消息，那么可以通过给一个主题只设置一个分区的方法实现，但是这也意味着一个分组只能有一个消费者。

6.10　案例分析：Kafka 生产者拦截器

Kafka 生产者拦截器主要用于在消息发送前对消息内容进行定制化修改，以便满足相应的业务需求，也可用于在消息发送后获取消息的发送状态、所在分区和偏移量等信息。同时，用户可以在生产者中指定多个拦截器形成一个拦截器链，生产者会根据指定顺序先后调用。

生产者拦截器的访问流程如图 6-14 所示。

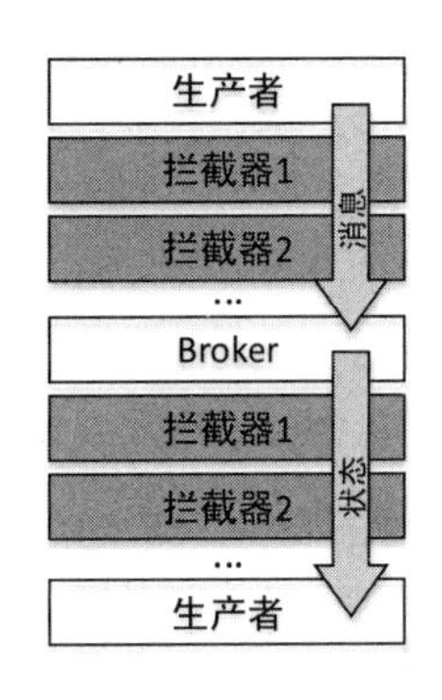

图 6-14　Kafka 生产者拦截器的访问流程

本例讲解使用两个拦截器组成一个拦截器链的方法。第一个拦截器为时间戳拦截器，作用是在消息发送之前修改消息的内容，在消息最前面加入当前时间戳；第二个拦截器为消息发送状态拦截器，作用是统计发送成功和失败的消息数。

具体操作步骤如下。

1. 创建 Java 项目

在 Eclipse 中新建 Maven 项目 kafka_interceptor_demo，然后在项目的 pom.xml 中加入 Kafka 客户端依赖库，内容如下：

```
<dependency>
    <groupId>org.apache.kafka</groupId>
    <artifactId>kafka-clients</artifactId>
    <version>3.1.0</version>
</dependency>
```

2. 创建时间戳拦截器

在项目中新建拦截器类 TimeInterceptor.java，并实现 Kafka 客户端 API 的生产者接口 org.apache.kafka.clients.producer.ProducerInterceptor，然后添加接口中需要实现的 4 个方法，分别介绍如下：

（1）configure(Map<String, ?> configs)

该方法在初始化数据时被调用，用于获取生产者的配置信息。

（2）onSend(ProducerRecord<K, V> record)

该方法在消息被序列化之前调用，并传入要发送的消息记录。用户可以在该方法中对消息记录进行任意地修改，包括消息的 key 和 value 以及要发送的主题和分区等。

在前面的 Kafka API 操作中已经讲过，生产者使用 KafkaProducer 对象的 send()方法发送消息，send()方法的源码如下：

```
@Override
public Future<RecordMetadata> send(ProducerRecord<K, V> record,
  Callback callback) {
 //对消息记录进行修改
 ProducerRecord<K, V> interceptedRecord = this.interceptors.onSend(record);
 return doSend(interceptedRecord, callback);
}
```

从上述源码中可以看出，在生产者发送消息之前，会先调用拦截器的 onSend()方法，并传入消息记录 record。onSend()方法返回一条新的消息记录 interceptedRecord。最终将新消息记录 interceptedRecord 发送给了 Kafka 服务器。

（3）onAcknowledgement(RecordMetadata metadata, Exception exception)

该方法在发送到服务器的记录已被确认或者记录发送失败时调用（在生产者回调逻辑触发之前），可以在 metadata 对象中获取消息的主题、分区和偏移量等信息，在 exception 对象中获取消息的异常信息。

（4）close()

该方法用于关闭拦截器并释放资源。当生产者关闭时将调用该方法。

拦截器类 TimeInterceptor.java 的完整代码如下：

```
import java.util.Map;
import org.apache.kafka.clients.producer.ProducerConfig;
import org.apache.kafka.clients.producer.ProducerInterceptor;
import org.apache.kafka.clients.producer.ProducerRecord;
import org.apache.kafka.clients.producer.RecordMetadata;

/**
 * 时间戳拦截器，发送消息之前，在消息内容前面加入时间戳
 */
public class TimeInterceptor implements ProducerInterceptor<String,String>{
 /**
  * 获取生产者配置信息
  */
 public void configure(Map<String, ?> configs) {
      System.out.println(
         configs.get(ProducerConfig.BOOTSTRAP_SERVERS_CONFIG)
      );
 }
 /**
  * 该方法在消息发送前调用
  * 对原消息记录进行修改，在消息内容最前边添加时间戳
  * @param record
  * 生产者发送的消息记录，将自动传入
  * @return 修改后的消息记录
  */
 public ProducerRecord<String, String> onSend(
   ProducerRecord<String, String> record) {
  System.out.println("TimeInterceptor------onSend方法被调用");
  //创建一条新的消息记录，将时间戳加入消息内容的最前边
  ProducerRecord<String, String> proRecord = new ProducerRecord<String, String>(
```

```
    record.topic(), record.key(), System.currentTimeMillis() + ","
      + record.value().toString());
  return proRecord;
 }
 /**
  * 该方法在消息发送完毕后调用
  * 当发送到服务器的记录已被确认，或者记录发送失败时，将调用此方法
  */
 public void onAcknowledgement(RecordMetadata metadata, Exception exception) {
  System.out.println("TimeInterceptor------onAcknowledgement方法被调用");
 }
 /**
  * 当拦截器关闭时调用该方法
  */
 public void close() {
  System.out.println("TimeInterceptor------close方法被调用");
 }
}
```

3. 创建发送状态拦截器

在项目中新建拦截器类 CounterInterceptor.java，并实现 Kafka 客户端 API 的生产者接口 org.apache.kafka.clients.producer.ProducerInterceptor。类 CounterInterceptor 的结构与时间戳拦截器相同，只是业务逻辑不同。

拦截器类 CounterInterceptor.java 的完整代码如下：

```
import java.util.Map;
import org.apache.kafka.clients.producer.ProducerConfig;
import org.apache.kafka.clients.producer.ProducerInterceptor;
import org.apache.kafka.clients.producer.ProducerRecord;
import org.apache.kafka.clients.producer.RecordMetadata;

/**
 * 消息发送状态统计拦截器
 * 统计发送成功和失败的消息数，并在生产者关闭时打印这两个消息数
 */
public class CounterInterceptor implements ProducerInterceptor<String, String> {
 private int successCounter = 0; //发送成功的消息数量
 private int errorCounter = 0;          //发送失败的消息数量
 /**
  * 获取生产者配置信息
  */
 public void configure(Map<String, ?> configs) {
  System.out.println(configs.get(ProducerConfig.BOOTSTRAP_SERVERS_CONFIG));
 }
 /**
  * 该方法在消息发送前调用
  * 修改发送的消息记录，此处不做处理
  */
 public ProducerRecord<String, String> onSend(
   ProducerRecord<String, String> record) {
  System.out.println("CounterInterceptor------onSend方法被调用");
```

```
        return record;
    }
    /**
     * 该方法在消息发送完毕后调用
     * 当发送到服务器的记录已被确认，或者记录发送失败时，将调用此方法
     */
    public void onAcknowledgement(RecordMetadata metadata, Exception exception) {
        System.out.println("CounterInterceptor------onAcknowledgement 方法被调用");
        //统计成功和失败的次数
        if (exception == null) {
            successCounter++;
        } else {
            errorCounter++;
        }
    }
    /**
     * 当生产者关闭时调用该方法，可以在此将结果进行持久化保存
     */
    public void close() {
        System.out.println("CounterInterceptor------close 方法被调用");
        //打印统计结果
        System.out.println("发送成功的消息数量: " + successCounter);
        System.out.println("发送失败的消息数量: " + errorCounter);
    }
}
```

4. 创建生产者

在项目中新建生产者类 MyProducer.java，向名为 topictest 的主题循环发送 5 条消息，完整代码如下：

```
import java.util.ArrayList;
import java.util.List;
import java.util.Properties;

import org.apache.kafka.clients.producer.KafkaProducer;
import org.apache.kafka.clients.producer.Producer;
import org.apache.kafka.clients.producer.ProducerConfig;
import org.apache.kafka.clients.producer.ProducerRecord;
import org.apache.kafka.common.serialization.StringSerializer;

/**
 * 生产者类
 */
public class MyProducer {

    public static void main(String[] args) {
        //1. 设置配置属性
        Properties props = new Properties();
        //设置生产者 Broker 服务器连接地址
        props.setProperty(ProducerConfig.BOOTSTRAP_SERVERS_CONFIG,
            "centos01:9092,centos02:9092,centos03:9092");
        //设置序列化 key 程序类
```

```
props.setProperty(ProducerConfig.KEY_SERIALIZER_CLASS_CONFIG,
  StringSerializer.class.getName());
//设置序列化 value 程序类，此处不一定非得是 Integer，也可以是 String
props.setProperty(ProducerConfig.VALUE_SERIALIZER_CLASS_CONFIG,
  StringSerializer.class.getName());

//2. 设置拦截器链
List<String> interceptors = new ArrayList<String>();
//添加拦截器 TimeInterceptor（需指定拦截器的全路径）
interceptors.add("kafka.demo.interceptor.TimeInterceptor");
//添加拦截器 CounterInterceptor
interceptors.add("kafka.demo.interceptor.CounterInterceptor");
//将拦截器加入配置属性中
props.put(ProducerConfig.INTERCEPTOR_CLASSES_CONFIG, interceptors);

//3. 发送消息
Producer<String, String> producer = new KafkaProducer<String, String>(props);
//循环发送 5 条消息
for (int i = 0; i < 5; i++) {
 //发送消息，此方式只负责发送消息，不关心是否发送成功
 //第一个参数:主题名称
 //第二个参数: 消息的 value 值（消息内容）
 producer.send(new ProducerRecord<String, String>("topictest", "hello kafka "
   + i));
}
//4. 关闭生产者，释放资源
//调用该方法后将触发拦截器的 close()方法
producer.close();
}
}
```

上述代码与普通的生产者程序不同的是，在发送消息之前向生产者配置属性中加入了两个拦截器类：TimeInterceptor 和 CounterInterceptor。生产者在发送消息之前和消息发送完毕之后（无论是否发送成功）都会按顺序依次调用这两个拦截器中的相应方法。

项目 kafka_interceptor_demo 的完整结构如图 6-15 所示。

图 6-15　Kafka 拦截器项目的完整结构

5. 运行程序

具体操作如下：

（1）创建主题

在 Kafka 集群中执行以下命令，创建名为 topictest 的主题，且分区数为 2，每个分区的副本数为 2：

```
$ bin/kafka-topics.sh \
--create \
--bootstrap-server centos01:9092,centos02:9092, centos03:9092 \
--replication-factor 2 \
--partitions 2 \
--topic topictest
```

（2）启动消费者

在 Kafka 集群中执行以下命令，启动一个消费者，监听主题 topictest 的消息：

```
$ bin/kafka-console-consumer.sh \
--bootstrap-server centos01:9092,centos02:9092,centos03:9092 \
--topic topictest
```

（3）运行生产者程序

在 Eclipse 中运行编写好的生产者程序 MyProducer.java，观察 Kafka 消费者端和 Eclipse 控制台的输出信息。

Kafka 消费者端的输出信息如下：

```
1538272561530,hello kafka 1
1538272561530,hello kafka 3
1538272561402,hello kafka 0
1538272561530,hello kafka 2
1538272561530,hello kafka 4
```

可以看到，成功输出了 5 条消息，且在消息内容前面加入了时间戳。

Eclipse 控制台的部分输出信息如下：

```
TimeInterceptor------onSend 方法被调用
CounterInterceptor------onSend 方法被调用
TimeInterceptor------onSend 方法被调用
CounterInterceptor------onSend 方法被调用
TimeInterceptor------onSend 方法被调用
CounterInterceptor------onSend 方法被调用
TimeInterceptor------onSend 方法被调用
CounterInterceptor------onSend 方法被调用
TimeInterceptor------onSend 方法被调用
CounterInterceptor------onSend 方法被调用
TimeInterceptor------onAcknowledgement 方法被调用
CounterInterceptor------onAcknowledgement 方法被调用
TimeInterceptor------onAcknowledgement 方法被调用
CounterInterceptor------onAcknowledgement 方法被调用
TimeInterceptor------onAcknowledgement 方法被调用
CounterInterceptor------onAcknowledgement 方法被调用
TimeInterceptor------onAcknowledgement 方法被调用
CounterInterceptor------onAcknowledgement 方法被调用
TimeInterceptor------onAcknowledgement 方法被调用
CounterInterceptor------onAcknowledgement 方法被调用
TimeInterceptor------close 方法被调用
CounterInterceptor------close 方法被调用
发送成功的消息数量：5
发送失败的消息数量：0
```

由上述输出信息结合拦截器的调用顺序可以总结出：在每条消息发送之前，两个拦截器会依次调用 onSend()方法；在每条消息发送之后，两个拦截器会依次调用 onAcknowledgement()方法；在生产者关闭时，两个拦截器会依次调用 close()方法。

至此，Kafka 生产者拦截器的例子就完成了。

6.11 动手练习

1. 依照本章介绍的操作步骤，搭建一个 Kafka 分布式集群。

2. 使用 Kafka 命令行客户端创建主题 mytopic，并创建生产者与消费者，测试 Kafka 集群能否正常进行消息通信。

3. 使用 Java API 创建 Kafka 生产者和消费者，生产者向主题 mytopic 发送消息，消费者从主题 mytopic 读取消息。

第 7 章 Spark Streaming 实时流处理引擎

本章首先讲解 Spark Streaming 的基本概念和工作原理，然后讲解 Spark Streaming 的常用数据源操作以及 DStream 操作，最后通过几个实际案例讲解 Spark Streaming 的使用以及与 Kafka 的整合。

本章学习目标

- 了解 Spark Streaming 的基本概念及使用场景
- 掌握 Spark Streaming 的工作原理和常用数据源的使用
- 掌握 DStream 的状态操作、无状态操作、窗口操作和输出操作
- 掌握 Spark Streaming 与 Kafka 整合的步骤

7.1 什么是 Spark Streaming

Spark Streaming 是 Spark Core API（Spark RDD）的扩展，支持对实时数据流进行可伸缩、高吞吐量及容错处理。数据可以从 Kafka、Flume、Kinesis 或 TCP Socket 等多种来源获取，并且可以使用复杂的算法处理数据，这些算法由 map()、reduce()、join()和 window()等高级函数表示。处理后的数据可以推送到文件系统、数据库等存储系统，如图 7-1 所示。事实上，可以将 Spark 的机器学习和图形处理算法应用于数据流。

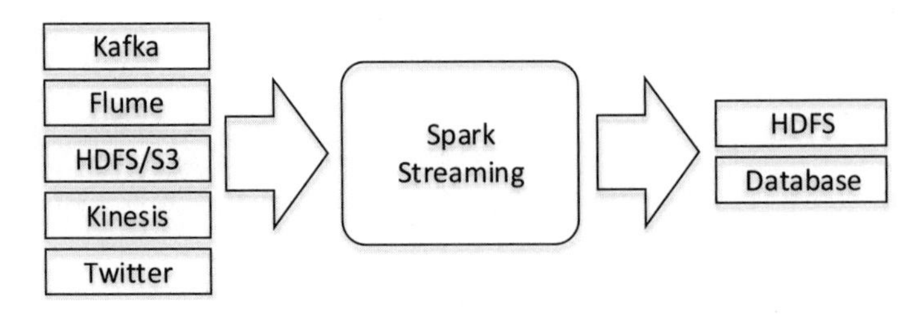

图 7-1 Spark Streaming 数据处理

使用 Spark Streaming 可以很容易地构建可伸缩的、容错的流应用程序。Spark Streaming 的主要优点如下：

- 易于使用。Spark Streaming 提供了很多高级操作算子，允许以编写批处理作业的方式编写流式作业。它支持 Java、Scala 和 Python 语言。
- 易于与 Spark 体系整合。通过在 Spark Core 上运行 Spark Streaming，可以在 Spark Streaming 中使用与 Spark RDD 相同的代码进行批处理，构建强大的交互应用程序，而不仅仅是用于数据分析。

7.2　Spark Streaming 工作原理

Spark Streaming 接收实时输入的数据流，并将数据流以时间片（秒级）为单位拆分成批次，然后将每个批次交给 Spark Core 进行处理，最终生成以批次组成的结果数据流，如图 7-2 所示。

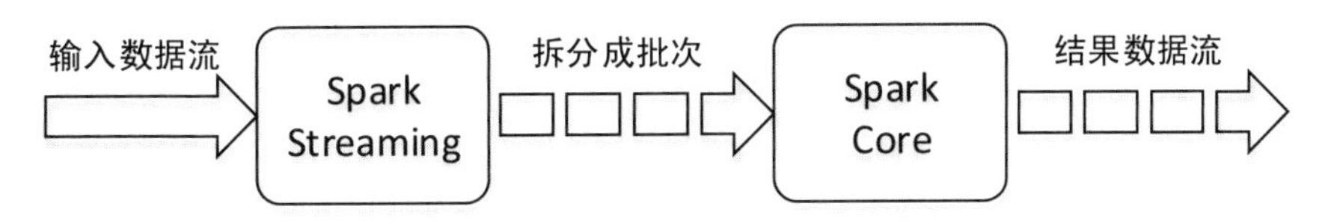

图 7-2　Spark Streaming 工作原理

Spark Streaming 提供了一种高级抽象，称为 DStream（Discretized Stream）。DStream 表示一个连续不断的数据流，它可以从 Kafka、Flume 和 Kinesis 等数据源的输入数据流创建，也可以通过对其他 DStream 应用高级函数（例如 map()、reduce()、join()和 window()）进行转换创建。

在 Spark 内部，对输入数据流拆分成的每个批次实际上是一个 RDD，一个 DStream 由多个 RDD 组成，相当于一个 RDD 序列，如图 7-3 所示。

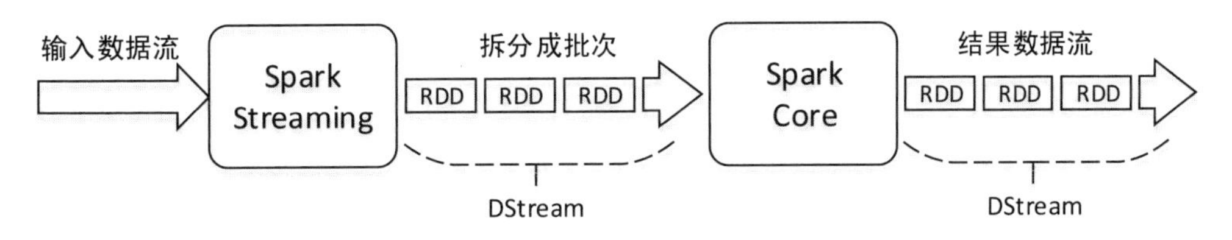

图 7-3　Spark Streaming 工作原理（DStream）

DStream 中的每个 RDD 都包含来自特定时间间隔的数据，如图 7-4 所示。

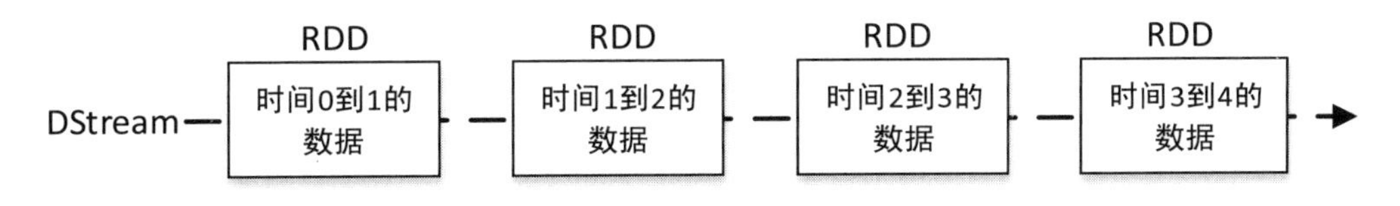

图 7-4　DStream 数据流

应用于 DStream 上的任何操作实际上都是对底层 RDD 的操作。例如，对一个 DStream 应用 flatMap()算子操作，实际上是对 DStream 中每个时间段的 RDD 都执行一次 flatMap()算子，生成对应时间段的新 RDD，所有的新 RDD 组成了一个新 DStream，如图 7-5 所示。

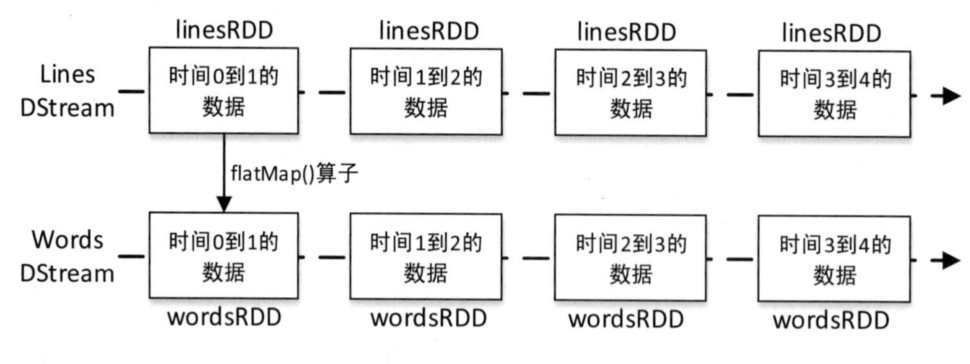

图 7-5　DStream 的转换

对 DStream 中的 RDD 的转换是由 Spark Core 实现的，Spark Streaming 对 Spark Core 进行了封装，提供了非常方便的高层次 API。

7.3　输入 DStream 和 Receiver

输入 DStream 表示从数据源接收的输入数据流，每个输入 DStream（除了文件数据流之外）都与一个 Receiver 对象相关联，该对象接收来自数据源的数据并将其存储在 Spark 的内存中进行处理。

如果希望在 Spark Streaming 应用程序中并行接收多个数据流，那么可以创建多个输入 DStream，同时将创建多个 Receiver，接收多个数据流。但需要注意的是，一个 Spark Streaming 应用程序的 Executor 是一个长时间运行的任务，它会占用分配给 Spark Streaming 应用程序的一个 CPU 内核（占用 Spark Streaming 应用程序所在节点的一个 CPU 内核），因此 Spark Streaming 应用程序需要分配足够的内核（如果在本地运行，就是线程）来处理接收到的数据，并运行 Receiver。

在本地运行 Spark Streaming 应用程序时，不要使用 local 或 local[1]作为主 URL。这两种方式都意味着只有一个线程用于本地运行任务。如果正在使用基于 Receiver 的输入 DStream（例如 Socket、Kafka、Flume 等），那么将使用单线程运行 Receiver，导致没有多余的线程来处理接收到的数据（Spark Streaming 至少需要两个线程：一个线程用于运行 Receiver 接收数据；另一个线程用于处理接收到的数据）。因此，在本地运行时，应该使用 local[n]作为主 URL，其中 n 大于 Receiver 的数量（若 Spark Streaming 应用程序只创建了一个 DStream，则只有一个 Receiver，n 的最小值为 2）。

每个 Spark 应用程序都有各自独立的一个或多个 Executor 进程负责执行任务。将 Spark Streaming 应用程序发布到集群上运行时，每个 Executor 进程所分配的 CPU 内核数量必须大于 Receiver 的数量，因为 1 个 Receiver 独占 1 个 CPU 内核，还需要至少 1 个 CPU 内核进行数据的处理，这样才能保证至少两个线程同时进行（一个线程用于运行 Receiver 接收数据，另一个线程用于处理接收到的数据）。否则系统将接收数据，但无法进行处理。若 Spark Streaming 应用程序只创建了一个 DStream，则只有一个 Receiver，Executor 所分配的 CPU 内核数量的最小值为 2。

关于 Receiver 的具体使用见 7.5.3 节。

7.4　第一个 Spark Streaming 程序

在详细介绍如何编写自己的 Spark Streaming 应用程序之前，让我们先快速了解一下简单的 Spark Streaming 应用程序是什么样子的。假设需要监听 TCP Socket 端口的数据，实时计算接收到的文本数据中的单词数，步骤如下：

1. 导入相应类

导入 Spark Streaming 所需的类和 StreamingContext 中的隐式转换，代码如下：

```
import org.apache.spark._
import org.apache.spark.streaming._
import org.apache.spark.streaming.StreamingContext._
```

2. 创建 StreamingContext

StreamingContext 是所有数据流操作的上下文，在进行数据流操作之前需要先创建该对象。例如，创建一个本地 StreamingContext 对象，使用两个执行线程，批处理间隔为 1 秒（每隔 1 秒获取一次数据，生成一个 RDD），代码如下：

```
val conf = new SparkConf()
   .setMaster("local[2]")
   .setAppName("NetworkWordCount")
//按照时间间隔 1 秒钟切分数据流
val ssc = new StreamingContext(conf, Seconds(1))
```

3. 创建 DStream

使用 StreamingContext 可以创建一个输入 DStream，它表示来自 TCP 源的流数据。例如，从主机名为 localhost、端口为 9999 的 TCP 源获取数据，代码如下：

```
val lines = ssc.socketTextStream("localhost", 9999)
```

上述代码中的 lines 是一个输入 DStream，表示从服务器接收的数据流。lines 中的每条记录都是一行文本。

4. 操作 DStream

DStream 创建成功后，可以对 DStream 应用算子操作，生成新的 DStream，类似对 RDD 的操作。例如，按空格字符将每一行文本分割为单词，代码如下：

```
val words = lines.flatMap(_.split(" "))
```

上述代码中的 flatMap 是一个一对多的 DStream 操作，它通过从源 DStream 中的每个记录生成多个新记录来创建一个新的 DStream。在本例中，lines 的每一行将被分成多个单词，单词组成的数据流则为一个新的 DStream，使用 words 表示。

接下来需要统计单词数量，代码如下：

```
import org.apache.spark.streaming.StreamingContext._
//计算各个批次中的每一个单词数量
val pairs = words.map(word => (word, 1))
val wordCounts = pairs.reduceByKey(_ + _)
//将此 DStream 中的每个 RDD 的前 10 个元素打印到控制台
wordCounts.print()
```

上述代码中，对 words DStream 使用 map()算子将其中的每个元素进一步映射为(单词,1)形式的元组；然后将 pairs DStream 中的单词进行聚合，得到各个批次中单词的数量；最后将每秒生成的单词数量打印到控制台。使用 DStream 的 print()方法在 Driver 节点上将 DStream 各个批次数据的前 10 个元素打印到控制台，常用于开发和调试。

5. 启动 Spark Streaming

在 DStream 的创建与转换代码编写完毕后，需要启动 Spark Streaming 才能真正地开始计算，因此需要在最后添加以下代码：

```
//开始计算
ssc.start()
//等待计算结束
ssc.awaitTermination()
```

至此，一个简单的单词计数例子就完成了。

关于 Spark Streaming 单词计数的详细讲解见 7.7 节。

7.5　Spark Streaming 数据源

Spark Streaming 提供了两种内置的数据源支持：基本数据源和高级数据源。本节分别进行讲解。

7.5.1　基本数据源

StreamingContext API 中直接提供了对一些数据源的支持，例如文件系统、Socket 连接等，此类数据源称为基本数据源。

1. 文件流

对于从任何与 HDFS API（HDFS、S3、NFS 等）兼容的文件系统的文件中读取数据，可以通过以下方式创建 DStream：

```
    streamingContext.fileStream[KeyClass, ValueClass,
InputFormatClass](dataDirectory)
```

Spark Streaming 将监视目录 dataDirectory 并处理在该目录中的所有文件。

对于简单的文本文件，可以使用以下方式创建 DStream：

```
streamingContext.textFileStream(dataDirectory)
```

需要注意的是，文件流不需要运行 Receiver，因此不需要为接收文件数据分配 CPU 内核。

2. Socket 流

通过监听 Socket 端口接收数据，例如以下代码，从本地的 9999 端口接收数据：

```
//创建一个本地 StreamingContext 对象，使用两个执行线程，批处理间隔为 1 秒
val conf = new SparkConf()
   .setMaster("local[2]")
   .setAppName("NetworkWordCount")
val ssc = new StreamingContext(conf, Seconds(1))
//连接 localhost:9999 获取数据，转为 DStream
val lines = ssc.socketTextStream("localhost", 9999)
```

3. RDD 队列流

使用 streamingContext.queueStream(queueOfRDDs)可以基于 RDD 队列创建 DStream。推入队列的每个 RDD 将被视为 DStream 中的一批数据，并像流一样进行处理。这种方式常用于测试 Spark Streaming 应用程序，例如以下代码：

```
//创建 SparkConf
val conf = new SparkConf()
   .setMaster("local[2]")
   .setAppName("NetworkWordCount")
//创建 StreamingContext，并以 1 秒内收到的数据作为一个批次
val ssc = new StreamingContext(conf, Seconds(1))
//创建一个队列，用于存放 RDD[Int]
val rddQueue=new mutable.Queue[RDD[Int]]()
//将 RDD 推入队列
rddQueue +=ssc.sparkContext.makeRDD(1 to 10)
rddQueue +=ssc.sparkContext.makeRDD(50 to 60)
//将队列转为输入 DStream
val inputDStream=ssc.queueStream(rddQueue)
```

以 RDD 队列作为数据源，创建输入 DStream 并进行相应的计算，完整示例代码如下：

```
import scala.collection.mutable.Queue
import org.apache.spark.SparkConf
import org.apache.spark.rdd.RDD
import org.apache.spark.streaming.{Seconds, StreamingContext}

/**
  * RDD 队列流例子
  */
object QueueStream {

  def main(args: Array[String]) {
    //创建 sparkConf 对象
    val sparkConf = new SparkConf()
      .setMaster("local[2]")
      .setAppName("QueueStream")
    //创建 StreamingContext
    val ssc = new StreamingContext(sparkConf, Seconds(1))

    //创建队列，用于存放 RDD
```

```
    val rddQueue = new Queue[RDD[Int]]()
    //创建输入 DStream（以队列为参数）
    val inputStream = ssc.queueStream(rddQueue)
    val mappedStream = inputStream.map(x => (x % 10, 1))
    val reducedStream = mappedStream.reduceByKey(_ + _)
    //输出计算结果
    reducedStream.print()
    ssc.start()
    //每隔 1 秒创建一个 RDD 并将其推入队列 rddQueue 中（若循环 30 次，则共创建 30 个 RDD）
    for (i <- 1 to 30) {
      rddQueue.synchronized {
        rddQueue += ssc.sparkContext.makeRDD(1 to 1000, 10)
      }
      Thread.sleep(1000)
    }
    ssc.stop()
  }
}
```

执行上述代码后，控制台将每隔 1 秒钟输出一次结果数据。部分输出结果如下：

```
-------------------------------------------
Time: 1562922975000 ms
-------------------------------------------
(4,100)
(0,100)
(6,100)
(8,100)
(2,100)
(1,100)
(3,100)
(7,100)
(9,100)
(5,100)
```

7.5.2　高级数据源

Spark Streaming 可以从 Kafka、Flume、Kinesis 等数据源读取数据，使用时需要引入第三方依赖库，此类数据源称为高级数据源。下面以 Kafka 数据源为例，介绍高级数据源的使用。

首先需要在 Maven 工程中引入 Spark Streaming 的 API 依赖库，代码如下：

```
<!--Spark 核心库-->
<dependency>
   <groupId>org.apache.spark</groupId>
   <artifactId>spark-core_2.12</artifactId>
   <version>3.2.1</version>
</dependency>
<!--Spark Streaming 依赖库-->
<dependency>
   <groupId>org.apache.spark</groupId>
```

```
    <artifactId>spark-streaming_2.12</artifactId>
    <version>3.2.1</version>
</dependency>
```

然后引入 Spark Streaming 针对 Kafka 的第三方依赖库（针对 Kafka 0.10 版本），代码如下：

```
<dependency>
    <groupId>org.apache.spark</groupId>
    <artifactId>spark-streaming-kafka-0-10_2.11</artifactId>
    <version>3.2.1</version>
</dependency>
```

引入所需库后，可以在 Spark Streaming 应用程序中使用以下格式代码创建输入 DStream：

```
import org.apache.spark.streaming.kafka._
val kafkaStream = KafkaUtils.createStream(streamingContext,
    [ZK quorum], [consumer group id], [per-topic number of Kafka partitions to
consume])
```

Kafka 与 Spark Streaming 详细的整合步骤见 7.8 节。

7.5.3 自定义数据源

除了基本数据源和高级数据源外，还可以通过自定义数据源来创建输入 DStream。自定义数据源需要实现一个用户自定义的 Receiver，它可以接收来自自定义数据源的数据并将其推入 Spark。下面介绍如何实现一个自定义 Receiver 并在 Spark Streaming 应用程序中进行使用。

1. 创建自定义 Receiver 类

自定义 Receiver 需要继承抽象类 org.apache.spark.streaming.receiver.Receiver 并实现其中的两个方法：

- onStart()：开始接收数据时要做的工作。
- onStop()：停止接收数据时要做的工作。

onStart()将启动负责接收数据的线程，而 onStop()将确保这些接收数据的线程停止。接收线程还可以使用 isStopped()方法来检查是否应该停止接收数据。

一旦接收到数据，就可以通过调用 Receiver 类提供的 store(data)方法将数据存储在 Spark 的内存中。store(data)方法有多种存储方式，允许一次存储接收到的数据，或者将数据作为对象/序列化字节集合进行存储。

抽象类 Receiver 的部分源码如下：

```
abstract class Receiver[T](val storageLevel: StorageLevel) extends Serializable {

  /**
   * 当 Receiver 启动时，系统将调用该方法
   * 该方法必须初始化接收数据所需的所有资源(线程、缓冲区等)
   */
  def onStart(): Unit

  /**
   * 当 Receiver 停止时，系统调用该方法
```

```
 * 在 onStart()方法中设置的所有资源(线程、缓冲区等)都必须在该方法中清除
 */
def onStop(): Unit

/**
 * 将接收到的单个数据项聚合到一起形成数据块，再放入 Spark 的内存中
 */
def store(dataItem: T) {
  supervisor.pushSingle(dataItem)
}

/**
  * 重启 Receiver
  * 停止和启动之间的时间延迟由 Spark 配置文件中的
  * 'spark.streaming.receiverRestartDelay'属性定义
  * @param message 发送给 Driver 端的提示消息
  */
def restart(message: String) {
  supervisor.restartReceiver(message)
}

/**
  * 重启 Receiver
  * @param message 发送给 Driver 端的提示消息
  * @param error 发送给 Driver 端的异常提示
  */
def restart(message: String, error: Throwable) {
  supervisor.restartReceiver(message, Some(error))
}

/**
  * 完全停止 Receiver
  * @param message 发送给 Driver 端的提示消息
  */
def stop(message: String) {
  supervisor.stop(message, None)
}
/**
  * 完全停止 Receiver
  * @param message 发送给 Driver 端的提示消息
  * @param error 发送给 Driver 端的异常提示
  */
def stop(message: String, error: Throwable) {
  supervisor.stop(message, Some(error))
}

/** 检查 Receiver 是否已经启动 */
def isStarted(): Boolean = {
  supervisor.isReceiverStarted()
}

/**
 * 检查 Receiver 是否被标记为停止
 */
```

```
  def isStopped(): Boolean = {
    supervisor.isReceiverStopped()
  }
}
```

如果在 onStart()方法中启动的线程中有错误，那么可以执行以下方法：

- reportError()：可以调用该方法向 Driver 报告错误。数据的接收将继续不间断地进行。
- stop()：可以调用该方法停止接收数据。同时将立即触发 onStop()方法清除 onStart()方法执行期间分配的所有资源（线程、缓冲区等）。
- restart()：可以调用该方法来重新启动 Receiver。同时将立即触发 onStop()方法，然后在延迟一段时间后调用 onStart()方法。

自定义 Receiver 类的示例代码如下：

```
import java.io.{BufferedReader, InputStreamReader}
import java.net.Socket
import java.nio.charset.StandardCharsets

import org.apache.spark.internal.Logging
import org.apache.spark.storage.StorageLevel
import org.apache.spark.streaming.receiver.Receiver

/**
  * 自定义 Receiver 类
  * @param host 数据源的域名/IP
  * @param port 数据源的端口
  */
class MyReceiver(host: String, port: Int)
  extends Receiver[String](StorageLevel.MEMORY_AND_DISK_2) with Logging {

  /**
    * Receiver 启动时调用
    */
  def onStart() {
    //启动通过 Socket 连接接收数据的线程
    new Thread("Socket Receiver") {
      override def run() { receive() }
    }.start()
  }

  /**
    * Receiver 停止时调用
    */
  def onStop() {
    //如果 isStopped()返回 false，那么调用 receive()方法的线程将自动停止
    //因此此处无须做太多工作
  }

  /**
    * 创建 Socket 连接并接收数据，直到 Receiver 停止
    */
  private def receive() {
    var socket: Socket = null
```

```
    var userInput: String = null
    try {
      //连接到 host:port
      socket = new Socket(host, port)

      //读取数据，直到 Receiver 停止或连接中断
      val reader = new BufferedReader(
        new InputStreamReader(socket.getInputStream(), StandardCharsets.UTF_8))
      userInput = reader.readLine()
      while(!isStopped && userInput != null) {
        store(userInput)//存储数据到内存
        userInput = reader.readLine()
      }
      reader.close()
      socket.close()

      //重新启动，以便在服务器再次激活时重新连接
      restart("Trying to connect again")
    } catch {
      case e: java.net.ConnectException =>
        //如果无法连接到服务器，就重新启动
        restart("Error connecting to " + host + ":" + port, e)
      case t: Throwable =>
        //如果有任何其他错误，就重新启动
        restart("Error receiving data", t)
    }
  }
}
```

2. 使用自定义 Receiver 类

可以在 Spark Streaming 应用程序中使用自定义 Receiver 类，方法是在 StreamingContext 的 receiverStream()方法中传入自定义 Receiver 类的实例，receiverStream()方法返回一个输入 DStream，示例代码如下：

```
//创建 SparkConf
val conf = new SparkConf()
   .setMaster("local[2]")
   .setAppName("NetworkWordCount")
//创建 StreamingContext
val ssc = new StreamingContext(conf, Seconds(1))
//传入自定义 Receiver 类的实例，返回一个输入 DStream
val myReceiverStream = ssc.receiverStream(new MyReceiver("localhost", 9999))
val words = myReceiverStream.flatMap(_.split(" "))
```

7.6　DStream 操作

与 RDD 类似，DStream 也支持许多普通 RDD 上可用的操作算子。使用这些算子可以修改输入 DStream 中的数据，进而创建一个新的 DStream。

对 DStream 的操作主要有 3 种：无状态操作、状态操作、窗口操作。

7.6.1　无状态操作

无状态操作指的是，每次都只计算当前时间批次的内容，处理结果不依赖于之前批次的数据。例如，每次只计算最近 1 秒钟时间批次产生的数据。常用的 DStream 无状态操作算子如表 7-1 所示。

表7-1　常用的DStream无状态操作算子

操作算子	介　　绍
map(func)	将DStream的每一个元素通过函数func进行转换，返回一个新的DStream
flatMap(func)	类似于map，但是每个输入元素通过函数func转换后都可以被映射为0个或多个输出元素
filter(func)	将DStream的每一个元素通过函数func进行过滤，返回结果为true的元素组成的新DStream
repartition(numPartitions)	通过创建更多或更少的分区来改变DStream的并行度
union(otherStream)	返回一个新的DStream，其中包含源DStream和其他DStream中的元素的并集
count()	计算DStream的每个RDD中的元素数量，返回一个由元素数量组成的新DStream
reduce(func)	对DStream的每个RDD中的元素进行聚合操作，返回由多个单元素RDD组成的新DStream。相当于对原DStream执行了以下代码：map((null, _)).reduceByKey(func).map(_._2)
countByValue()	返回元素类型为(key,value)的新DStream，其中key为原DStream的元素，value为该元素对应的数量。相当于对原DStream执行了以下代码：map((_, 1L)).reduceByKey((x: Long, y: Long) => x + y)
reduceByKey(func, [numTasks])	对于(key,value)键值对类型的DStream，对其中的每个RDD执行reduceByKey(func)算子，返回一个新的(key,value)类型的DStream。numTasks是可选参数，用于设置任务数量
join(otherStream, [numTasks])	对于(key,value1)和(key,value2)两个键值对类型的DStream，返回一个(key,(value1,value2))类型的新DStream
cogroup(otherStream, [numTasks])	对于(key,value1)和(key,value2)两个类型的DStream，返回一个(key, Seq[value1],Seq[value2])元组类型的新DStream
transform(func)	将DStream中的每个RDD转换为新的RDD，返回一个新的DStream。该函数操作灵活，可用于实现DStream API中没有提供的操作

表 7-1 中的 transform(func)算子的使用代码如下：

```
val conf = new SparkConf()
  .setMaster("local[2]")
  .setAppName("TestDStream")
//创建 StreamingContext 对象，批次间隔为 1 秒
val ssc = new StreamingContext(conf, Seconds(1))
//创建 RDD 队列
val rddQueue=new mutable.Queue[RDD[Int]]()
rddQueue +=ssc.sparkContext.makeRDD(1 to 10)
rddQueue +=ssc.sparkContext.makeRDD(50 to 60)
```

```
//创建输入 DStream
val dstream: InputDStream[Int] = ssc.queueStream(rddQueue)
//操作输入 DStream，将其中每个 RDD 使用 map()算子转为新的 RDD
dstream.transform(rdd=>{
   rdd.map(_+1)
})
```

虽然这些算子使用起来像是作用在整个流上，但是由于每个 DStream 是由多个 RDD（批次）组成的，因此实际上无状态操作是对应到每个 RDD 上的（操作指定时间区间内的所有 RDD）。

7.6.2 状态操作

状态操作是指，需要把当前时间批次和历史时间批次的数据进行累加计算，即当前时间批次的处理需要使用之前批次的数据或中间结果。使用 updateStateByKey()算子可以保留 key 的状态，并持续不断地用新状态更新之前的状态。使用该算子可以返回一个新的“有状态的”DStream，其中通过对每个 key 的前一个状态和新状态应用给定的函数来更新每个 key 的当前状态。updateStateByKey()算子的源码如下：

```
/**
  * 更新 key 的状态（Spark Streaming 的内置算子）
  *
  * @param updateFunc 状态更新函数。该函数接收一个 Seq 类型的参数，一个 Option 类型的参数，
返回 Option 类型的结果。如果该函数返回 None，那么相应的状态(key,value)对将被删除
  * @tparam S 状态类型
  */
def updateStateByKey[S: ClassTag](updateFunc: (Seq[V], Option[S])
  => Option[S]
                                ): DStream[(K, S)] = ssc.withScope {
  updateStateByKey(updateFunc, defaultPartitioner())
}
```

从上述源码可以看出，要使用 updateStateByKey()算子，需要以下两个步骤：

（1）定义状态。状态可以是任意的数据类型。

（2）定义状态更新函数。使用一个函数指定如何使用新值更新状态。在每个批处理中，即使没有新值，Spark 也会为每个状态调用更新函数，并且默认使用 HashPartitioner 分区器进行 RDD 的分区。

例如，对数据流中的实时单词进行计数，每当接收到新的单词时，需要将当前单词数量累加到之前批次的结果中。这里单词的数量就是状态，对单词数量的更新就是状态的更新。定义状态更新函数，实现按批次累加单词数量的代码如下：

```
/**
  * 定义状态更新函数，按批次累加单词数量
  * @param values 当前批次某个单词的出现次数，相当于 Seq(1,1,1)
  * @param state  某个单词上一批次累加的结果，因为可能没有值，所以用 Option 类型
  */
val updateFunc=(values:Seq[Int],state:Option[Int])=>{
  //累加当前批次某个单词的数量
```

```
    val currentCount=values.foldLeft(0)(_+_)
    //获取上一批次某个单词的数量，默认值为 0
    val previousCount= state.getOrElse(0)
    //求和。使用 Some 表示一定有值，否则为 None
    Some(currentCount+previousCount)
}
```

上述代码中，currentCount 为当前批次某个单词最新的单词数量，previousCount 为上一批次某个单词的数量。将该函数作为参数传入 updateStateByKey()算子即可对 DStream 中的单词按批次累加，代码如下：

```
//更新状态，按批次累加
val result:DStream[(String,Int)]= wordCounts.updateStateByKey(updateFunc)
//默认打印 DStream 中每个 RDD 中的前 10 个元素到控制台
result.print()
```

上述代码中的 wordCounts 为(word,1)形式的 DStream，Spark 针对 DStream 中的每个单词都会调用一次 updateFunc 函数。

Spark Streaming 实时单词计数将在 7.7 节详细讲解。

7.6.3　窗口操作

Spark Streaming 提供了窗口计算，允许在滑动窗口（某个时间段内的数据）上进行操作。当窗口在 DStream 上滑动时，位于窗口内的 RDD 就会被组合起来，并对其进行操作。

假设批处理时间间隔为 1 秒，现需要每隔 2 秒对过去 3 秒的数据进行计算，此时就需要使用滑动窗口计算，计算过程如图 7-6 所示（相当于一个窗口在 DStream 上滑动）。

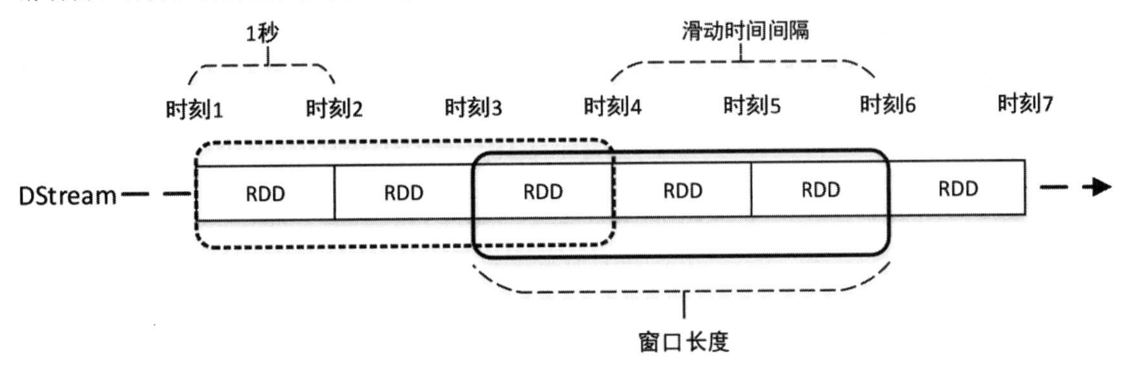

图 7-6　滑动窗口计算过程

任何窗口计算都需要指定以下两个参数：

- 窗口长度：窗口覆盖的流数据的时间长度，必须是批处理时间间隔的倍数。
- 滑动时间间隔：前一个窗口滑动到后一个窗口所经过的时间长度，必须是批处理时间间隔的倍数。

图 7-6 中的窗口长度为 3 秒，滑动时间间隔为 2 秒。

Spark 针对窗口计算提供了相应的算子。例如，每隔 10 秒计算最后 30 秒的单词数量，代码如下：

```
val windowedWordCounts = pairsDStream.reduceByKeyAndWindow(
    (a: Int, b: Int) => (a + b),
    Seconds(30),
    Seconds(10)
)
```

上述代码中的 pairsDStream 为(word,1)形式的 DStream，reduceByKeyAndWindow()算子的第一个参数为聚合函数，第二个参数为窗口长度，第三个参数为滑动时间间隔。

一些常用的窗口操作算子如表 7-2 所示。

表7-2 常用的窗口操作算子

操作算子	介　绍
window(windowLength, slideInterval)	取某个滑动窗口所覆盖的DStream数据，返回一个新的DStream
countByWindow(windowLength, slideInterval)	计算一个滑动窗口中的元素的数量
reduceByWindow(func,windowLength, slideInterval)	对滑动窗口内的每个RDD中的元素进行聚合操作，返回由多个单元素RDD组成的新DStream。相当于对原DStream执行了以下代码： reduce(reduceFunc).window(windowDuration,slideDuration).reduce(reduceFunc)
reduceByKeyAndWindow(func, windowLength, slideInterval, [numTasks])	对于(key,value)键值对类型的DStream，对其滑动窗口内的每个RDD执行reduceByKey(func)算子，返回一个新的(key,value)类型的DStream。numTasks是可选参数，用于设置任务数量
reduceByKeyAndWindow(func, invFunc, windowLength, slideInterval, [numTasks])	上面reduceByKeyAndWindow()的一个更有效的版本，其中每个窗口的reduce值使用前一个窗口的reduce值递增地计算。这是通过减少进入滑动窗口的新数据和“反向减少”离开窗口的旧数据来实现的。例如，在窗口滑动时“添加”或“减去”key的数量。但是，它只适用于“可逆reduce函数”，即具有相应“逆reduce”函数的reduce函数（对应参数invFunc）。reduce任务的数量可以通过一个可选参数进行配置。注意，必须启用checkpoint才能使用此操作
countByValueAndWindow(windowLength, slideInterval, [numTasks])	返回滑动窗口范围内元素类型为(key,value)的新DStream，其中key为原DStream的元素，value为该元素对应的数量。相当于对原DStream执行了以下代码： map((_, 1L)).reduceByKeyAndWindow((x: Long, y: Long) => x + y, (x: Long, y: Long) => x - y, windowDuration, slideDuration, numPartitions, (x: (T, Long)) => x._2 != 0L)

7.6.4　输出操作

输出操作允许将 DStream 的数据输出到外部系统，如数据库或文件系统。输出操作触发所有 DStream 转换操作的实际执行，类似于 RDD 的行动算子。Spark Streaming 定义的输出操作如表 7-3 所示。

表7-3　DStream输出操作

输出操作	介　　绍
print()	在运行Spark Streaming应用程序的Driver节点上打印DStream中每批数据的前10个元素。这对于开发和调试非常有用
saveAsTextFiles(prefix, [suffix])	将此DStream的内容保存为文本文件。每个批处理间隔的文件名是基于前缀和后缀生成的，格式为prefix- time_in_ms [.suffix]
saveAsObjectFiles(prefix, [suffix])	将DStream的内容保存为序列化Java对象文件SequenceFiles。每个批处理间隔的文件名是基于前缀和后缀生成的，格式为prefix- time_in_ms [.suffix]
saveAsHadoopFiles(prefix, [suffix])	将DStream的内容保存为Hadoop文件。每个批处理间隔的文件名是基于前缀和后缀生成的，格式为prefix- time_in_ms [.suffix]
foreachRDD(func)	通用的输出操作，将函数func应用于DStream中的每个RDD。此操作可以将每个RDD中的数据输出到外部存储系统，比如将RDD保存到文件中或者通过网络将其写入数据库。注意，函数func在运行Spark Streaming应用程序的Driver端执行

foreachRDD(func)是一个功能强大的算子，它允许将数据发送到外部系统。理解如何正确有效地使用这个算子非常重要，以下是一些需要避免的常见错误。

通常，将数据写入外部系统需要创建一个连接对象（例如到远程服务器的 TCP 连接），并使用它将数据发送到远程系统。因此，开发人员可能会无意中在 Spark Streaming 应用程序的 Driver 端创建连接对象，然后在 Worker 端使用该对象来保存 RDD 中的记录。例如以下代码：

```
dstream.foreachRDD { rdd =>
  val connection = createNewConnection() //Driver 端创建连接对象
  //操作 rdd 的每条记录
  rdd.foreach { record =>
    connection.send(record) //Worker 端使用连接对象保存数据
  }
}
```

上述代码是不正确的，因为需要将连接对象序列化并从 Driver 端发送到 Worker 端，这样的连接对象很少可以跨机器转移，此错误可能表现为序列化错误（连接对象不可序列化）、初始化错误（连接对象需要在 Worker 端初始化）等。正确的解决方法是在 Worker 端创建连接对象，然而，这可能会导致另一个常见错误——为每条记录创建一个新的连接。例如以下代码：

```
dstream.foreachRDD { rdd =>
  //操作 rdd 的每条记录
  rdd.foreach { record =>
```

```
        val connection = createNewConnection() //Worker端创建连接对象
        connection.send(record) //Worker端使用连接对象保存数据
        connection.close()
    }
}
```

创建连接对象需要时间和资源，因此，为每个记录创建和销毁连接对象可能会产生不必要的高开销，并可能显著降低系统的总体吞吐量。更好的解决方法是使用 rdd.foreachPartition()创建一个连接对象，并使用该连接发送 RDD 分区中的所有记录。例如以下代码：

```
dstream.foreachRDD { rdd =>
    //操作rdd的每一个分区
    rdd.foreachPartition { partitionOfRecords =>
        val connection = createNewConnection() //Worker端创建连接对象
        //操作某个分区的每一条记录
        partitionOfRecords.foreach(record => connection.send(record))
        connection.close()
    }
}
```

使用上述代码将分摊许多记录上的连接创建开销。

最后，可以通过跨多个 RDD/批次重用连接对象来进一步优化。可以维护一个静态连接对象池，当多个批次的 RDD 被输出到外部系统时，可以重新使用该连接对象池，从而进一步减少开销，代码如下：

```
dstream.foreachRDD { rdd =>
    rdd.foreachPartition { partitionOfRecords =>
        // ConnectionPool是一个静态的、延迟初始化的连接池
        val connection = ConnectionPool.getConnection()
        partitionOfRecords.foreach(record => connection.send(record))
        ConnectionPool.returnConnection(connection) //返回到池中，以便将来重用
    }
}
```

需要注意的是，池中的连接应按需延迟创建，如果一段时间不使用就会超时。这样就以最高效的方式实现了向外部系统发送数据。

7.6.5　缓存及持久化

与 RDD 类似，DStream 也允许将流数据持久化到内存中。也就是说，在 DStream 上使用 persist()方法可以将该 DStream 的每个 RDD 持久化到内存中。这在 DStream 中的数据需要被计算多次（例如，对同一数据进行多次操作）时非常有用。对于基于窗口的操作（如 reduceByWindow()、reduceByKeyAndWindow()），以及基于状态的操作（如 updateStateByKey()，都默认开启了 persist()。因此，基于窗口操作生成的 DStream 将自动持久化到内存中，而不需要手动调用 persist()。

对于通过网络接收的输入流（如 Kafka、Flume、Socket 等），默认的持久化存储级别被设置为将数据复制到两个节点，以便容错。

7.6.6 检查点

Spark Streaming 应用程序必须全天候运行，因此与应用程序逻辑无关的故障（例如系统故障、JVM 崩溃等）不应该对其产生影响。为此，Spark Streaming 需要对数据设置足够的检查点，存储到容错系统中，使其能够从故障中恢复。

Spark Streaming 有两种类型的检查点，下面分别介绍。

1. 元数据检查点

将定义流计算的信息保存到容错系统（如 HDFS）。这种检查点用于恢复运行 Spark Streaming 应用程序失败的 Driver 进程。元数据包括：

- 配置信息：创建 Spark Streaming 应用程序的配置信息。
- DStream 操作：定义 Spark Streaming 应用程序的一组 DStream 操作。
- 未完成的批次：其作业已排队但尚未完成的批次。

2. 数据检查点

将生成的 RDD 保存到可靠的存储系统（例如 HDFS）中。在跨多个批次进行合并数据的一些有状态转换中，这是必要的。在这样的转换中，生成的 RDD 依赖于以前批次的 RDD，这导致依赖链的长度随着时间不断增加。为了避免恢复时间无限增长（与依赖链成比例），有状态转换的中间 RDD 将定期存储到可靠系统中，以切断依赖链。

下面两种情况必须启用检查点：

- 使用有状态转换。如果在应用程序中使用 updateStateByKey()或 reduceByKeyAndWindow()（带有反函数，见表 7-2 中的介绍），那么必须提供检查点目录，以允许定期将 RDD 存储到可靠系统中。
- 从运行应用程序的 Driver 故障中恢复。使用元数据检查点来恢复进度信息。

而对于简单的 Spark Streaming 应用程序，在没有上述有状态转换的情况下可以不启用检查点。在这种情况下，从 Driver 故障中的恢复是部分恢复（一些接收到但未处理的数据可能会丢失）。这通常是可以接受的，许多 Spark Streaming 应用程序都是以这种方式运行的。

那么如何在 Spark Streaming 应用程序中使用检查点呢？

只需要使用 streamingContext.checkpoint(checkpointDirectory)即可在容错、可靠的文件系统（如 HDFS、S3 等）中设置一个目录来启用检查点，检查点信息将保存到该目录中，例如以下代码：

```
val conf = new SparkConf()
  .setMaster("local[2]")
  .setAppName("NetworkWordCount")
//创建 StreamingContext 对象，指定批次间隔为 1 秒
val ssc = new StreamingContext(conf, Seconds(1))
//设置检查点目录
ssc.checkpoint("hdfs://centos01:9000/spark-ck")
//创建输入 DStream
val lines = ssc.socketTextStream("centos01", 9999)
```

```
//DStream 操作
...
ssc.start()                //启动计算
ssc.awaitTermination()     //等待计算结束
```

此外，如果希望应用程序从 Driver 故障中恢复，就应该重写 Spark Streaming 应用程序，使其具有以下行为：

- 当应用程序第一次启动时，创建一个新的 StreamingContext，进行所有的 DStream 操作，然后调用 start()方法。
- 当应用程序在故障后重新启动时，它将根据检查点目录中的检查点数据重新创建一个 StreamingContext。

通过使用 StreamingContext.getOrCreate()可以实现上述行为，示例代码如下：

```
/**
 * 定义一个函数，创建一个新的 StreamingContext 对象，同时进行 DStream 业务操作
 */
def functionToCreateContext(): StreamingContext = {
  val ssc = new StreamingContext(...)     //创建 StreamingContext 对象
  val lines = ssc.socketTextStream(...)  //创建 DStream
  ...                                     //操作 DStream
  ssc.checkpoint(checkpointDirectory)     //设置检查点目录
  ssc
}

/**
 * main 方法中使用上述函数
 */
def main(args: Array[String]): Unit = {
  //从检查点数据中得到 StreamingContext 实例或者创建一个新的实例
  val context = StreamingContext.getOrCreate(checkpointDirectory,
    functionToCreateContext())

  //其他上下文设置
  context
  ...
  //启动 context
  context.start()
  context.awaitTermination()
}
```

如果检查点目录存在，那么将根据检查点数据重新创建 StreamingContext。如果该目录不存在（程序第一次启动时），就调用函数 functionToCreateContext 来创建一个新的 StreamingContext 并进行 DStream 业务操作。

由于检查点需要将中间结果保存到存储系统，这样会引起存储开销，可能会导致检查点所在批次的处理时间增加，因此需要仔细设置检查点的时间间隔。如果设置得比较小（比如 1 秒），那么每批次的检查点可能会显著降低操作吞吐量。相反，如果设置得比较大，则会导致每批次的任务大小增长，这可能会产生不利的影响。对于有状态转换操作的 DStream，其检查点的默认时间间隔是批处理时间间隔的倍数，至少是 10 秒。

可以使用以下代码设置检查点的时间间隔，一般设置为批处理时间间隔的 5~10 倍：

```
dstream.checkpoint(checkpointInterval)
```

7.7 案例分析：Spark Streaming 按批次累加单词数量

本例使用 Spark Streaming 实现一个完整的按批次累加的实时单词计数程序。数据源从 Netcat 服务器中获取（关于 Netcat 的安装，此处不做讲解），实现步骤如下：

1. 导入依赖库

在 Maven 项目的 pom.xml 中导入以下依赖库：

```
<!--Spark 核心库-->
<dependency>
  <groupId>org.apache.spark</groupId>
  <artifactId>spark-core_2.12</artifactId>
  <version>3.2.1</version>
</dependency>
<!--Spark Streaming 依赖库-->
<dependency>
  <groupId>org.apache.spark</groupId>
  <artifactId>spark-streaming_2.12</artifactId>
  <version>3.2.1</version>
</dependency>
```

2. 编写程序

在 Spark 项目中新建程序类 StreamingWordCount.scala，该类的完整代码如下：

```
import org.apache.spark.SparkConf
import org.apache.spark.streaming.dstream.{DStream, ReceiverInputDStream}
import org.apache.spark.streaming.{Seconds, StreamingContext}
/**
  * Spark Streaming 实时单词计数，多个单词以空格分割
  */
object StreamingWordCount {

  def main(args: Array[String]) {
    //创建 SparkConf
    val conf = new SparkConf()
      .setMaster("local[2]")
      .setAppName("NetworkWordCount")
    //创建 StreamingContext，设置批次间隔为 1 秒
    val ssc = new StreamingContext(conf, Seconds(1))
    //设置检查点目录，因为需要用检查点记录历史批次处理的结果数据
    ssc.checkpoint("hdfs://centos01:9000/spark-ck")

    //创建输入 DStream，从 Socket 中接收数据
    val lines: ReceiverInputDStream[String] =
```

```
        ssc.socketTextStream("centos01", 9999)
    //根据空格把接收到的每一行数据分割成单词
    val words = lines.flatMap(_.split(" "))
    //将每个单词转换为(word,1)形式的元组
    val wordCounts = words.map(x => (x, 1))

    //更新每个单词的数量，实现按批次累加
    val result:DStream[(String,Int)]=
        wordCounts.updateStateByKey(updateFunc)
    //默认打印 DStream 中每个 RDD 中的前 10 个元素到控制台
    result.print()

    ssc.start()                     //启动计算
    ssc.awaitTermination()          //等待计算结束
  }

  /**
    * 定义状态更新函数，按批次累加单词数量
    * @param values 当前批次单词出现的次数，相当于 Seq(1, 1, 1)
    * @param state  上一批次累加的结果，因为有可能没有值，所以用 Option 类型
    */
  val updateFunc=(values:Seq[Int],state:Option[Int])=>{
    val currentCount=values.foldLeft(0)(_+_) //累加当前批次单词的数量
    val previousCount= state.getOrElse(0)    //获取上一批次单词的数量，默认值为 0
    Some(currentCount+previousCount)         //求和
  }
}
```

上述代码中，使用检查点将历史批次处理的结果数据保存在了 HDFS 中，便于不同批次的结果累加；使用 updateStateByKey()算子对单词的数量进行更新，每个新批次的每个单词的数量都会与上一批次的相同单词的数量进行求和操作，保证实时单词数量准确。

3. 启动 Netcat 服务器

在 centos01 节点上安装 Netcat，并执行以下命令启动 Netcat 服务器：

```
$ nc -lk 9999
```

上述命令表示 Netcat 的监听端口为 9999，并处于持续监听状态。

4. 运行程序

可以直接以本地模式在 IDEA 中运行，也可以将程序打包为 JAR 提交到 Spark 集群中运行（集群运行需要将代码中的.setMaster("local[2]")一行注释掉）。如果在程序运行时需要控制台只显示 ERROR 信息，去除其他日志信息，那么可以在程序中加入以下代码：

```
//所有 org 包名只输出 ERROR 级别的日志，如果导入其他包，那么只需要再新创建一行写入包名即可
Logger.getLogger("org").setLevel(Level.ERROR)
```

将应用程序提交到 Spark Standalone 模式集群中运行的操作步骤如下：

（1）启动 HDFS

```
$ start-dfs.sh
```

（2）启动 Spark Standalone 模式集群

```
$ sbin/start-all.sh
```

（3）提交应用程序

将应用程序打包为 spark.demo.jar，上传到 centos01 节点的/opt/softwares 目录，然后进入 Spark 安装目录，执行以下命令提交应用程序：

```
$ bin/spark-submit \
--master spark://centos01:7077 \
--class spark.demo.StreamingWordCount \
/opt/softwares/spark.demo.jar
```

上述代码中的 spark.demo.StreamingWordCount 为应用程序所在包的全路径。

提交成功后，Spark Streaming 将连接 Netcat 服务器获取数据。此时发现控制台每隔 1 秒（程序中设置的批次时间间隔）输出一条结果数据。由于 Netcat 中暂无数据，因此结果数据为空，只显示当前时间毫秒数。为了方便查看效果，将提交应用程序的 SSH 窗口和启动 Netcat 服务器的 SSH 窗口并列在一起，如图 7-7 所示。

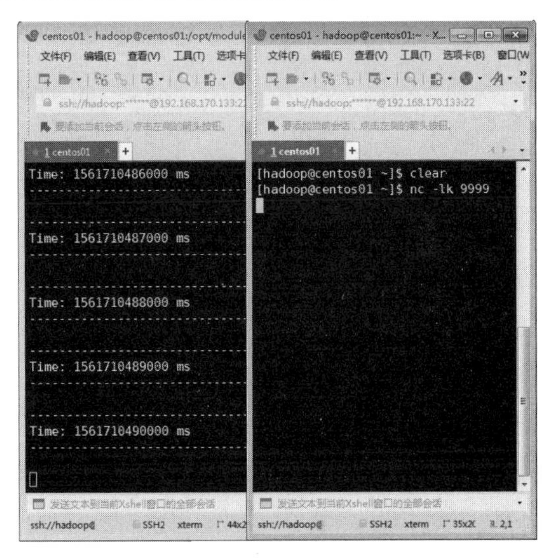

图 7-7　查看控制台输出结果

此时向 Netcat 服务器中发送单词“hello spark scala”，发现 Spark Streaming 控制台实时打印出了单词的数量，如图 7-8 所示。

再次向 Netcat 服务器中发送单词“hello spark streaming”，发现 Spark Streaming 应用程序控制台实时打印出了单词的数量，并与之前的单词数量进行了累加，如图 7-9 所示。

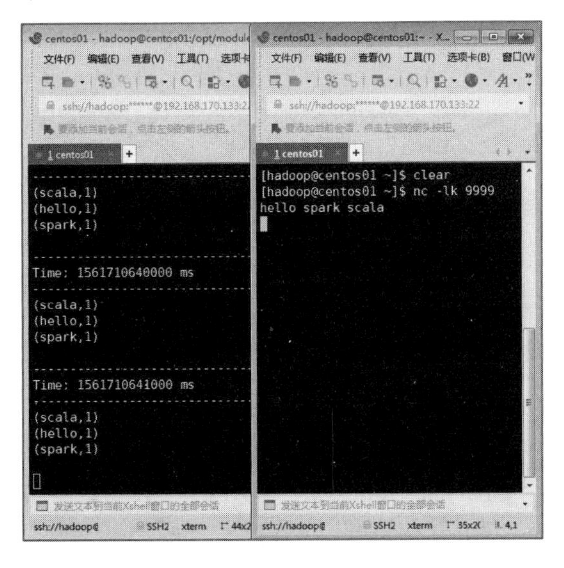

图 7-8　查看控制台单词数量

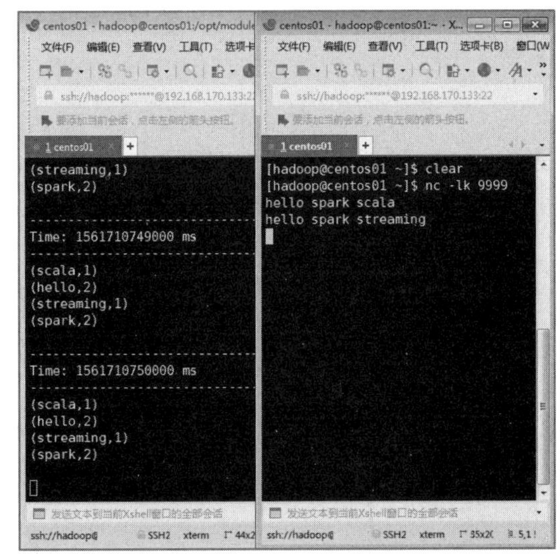

图 7-9　查看控制台单词数量的累加

访问 Spark WebUI 地址 http://centos01:4040/jobs 可以查看当前正在运行的 Spark Streaming 作业，如图 7-10 所示。

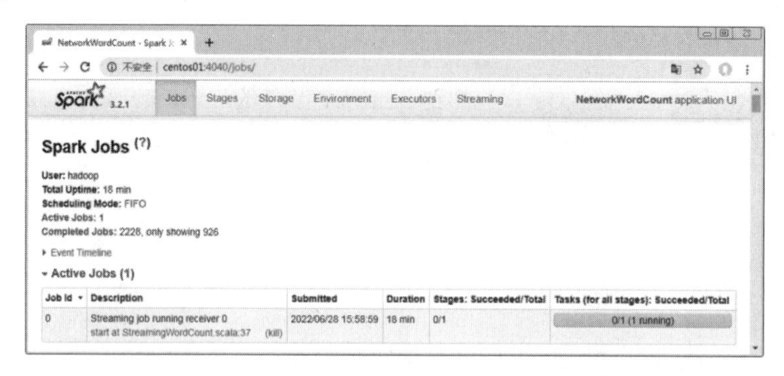

图 7-10　WebUI 查看 Spark Streaming 作业

访问 Spark WebUI 地址 http://centos01:4040/streaming 可以查看已经处理完成的批次的各项数据，如图 7-11 所示。

NetworkWordCount - Streami
centos01:4040/streaming/

Completed Batches (last 885 out of 885)

Batch Time	Records	Scheduling Delay (?)	Processing Time (?)	Total Delay (?)	Output Ops: Succeeded/Total
2022/06/28 16:13:43	0 records	5 ms	30 ms	35 ms	1/1
2022/06/28 16:13:42	0 records	6 ms	25 ms	31 ms	1/1
2022/06/28 16:13:41	1 records	9 ms	43 ms	52 ms	1/1
2022/06/28 16:13:40	0 records	11 ms	62 ms	73 ms	1/1
2022/06/28 16:13:39	0 records	10 ms	18 ms	28 ms	1/1
2022/06/28 16:13:38	0 records	4 ms	97 ms	0.1 s	1/1
2022/06/28 16:13:37	0 records	11 ms	67 ms	78 ms	1/1
2022/06/28 16:13:36	0 records	4 ms	21 ms	25 ms	1/1
2022/06/28 16:13:35	1 records	8 ms	82 ms	90 ms	1/1
2022/06/28 16:13:34	0 records	9 ms	39 ms	48 ms	1/1
2022/06/28 16:13:33	0 records	10 ms	31 ms	41 ms	1/1

图 7-11　WebUI 查看 Spark Streaming 处理完成的批次

7.8　案例分析：Spark Streaming 整合 Kafka 计算实时单词数量

Kafka 在 0.8 和 0.10 版本之间引入了一个新的消费者 API，Spark 针对这两个版本有两个单独对应的 Spark Streaming 包可用，分别为 spark-streaming-kafka-0-8 和 spark-streaming-kafka- 0-10。需要注意的是，前者兼容 Kafka 0.8、0.9、0.10，后者只兼容 Kafka 0.10 及之后的版本。而从 Spark 2.3.0 开始，对 Kafka 0.8 就不再支持了，因此本书使用 spark-streaming-kafka-0-10 包进行讲解，使用的 Kafka 版本为 3.1.0。

从 Spark 1.3 开始引入了一种新的无 Receiver 的直连（Direct）方法，以确保更强的端到端保证。这种方法不使用 Receiver 来接收数据，而是定期查询 Kafka 在每个主题和分区中的最新偏移量，并相应地定义在每个批处理中的偏移量范围。启动处理数据的作业时，Kafka 的简单消费者 API 用于从 Kafka

读取已定义的偏移量范围数据（类似于从文件系统读取文件）。这种方法的作业流程如图 7-12 所示。

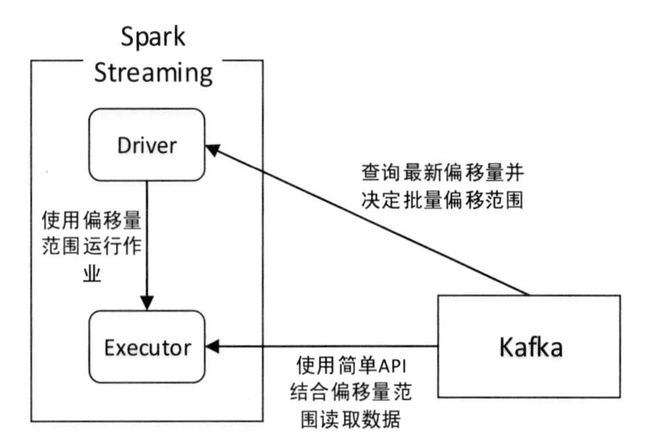

图 7-12 Spark Streaming 直连 Kafka 作业流程

与基于 Receiver 的方法相比，此方法具有以下优点：

- 简化并行性：不需要创建多个输入 Kafka 流进行合并。Spark Streaming 创建与 Kafka 分区一样多的 RDD 分区，这些分区将并行地从 Kafka 读取数据。因此 Kafka 和 RDD 分区之间存在一对一的映射，理解和优化起来更加容易。
- 效率提高：使用 Receiver 实现零数据丢失要求数据存储在预写日志中，该日志进一步复制了数据，导致效率低下。因为数据被复制了两次，一次由 Kafka 复制，另一次由预写日志复制。而使用直连方式消除了这个问题，因为没有 Receiver，因此不需要提前预写日志，只要有足够的 Kafka 空间，就可以从 Kafka 中恢复消息。
- 恰好一次语义：使用 Receiver 读取 Kafka 数据通过使用 Kafka 高级 API 把偏移量写入 ZooKeeper 中，虽然这种方法可以使数据保存在预写日志中而不丢失，但是可能会因为 Spark Streaming 和 ZooKeeper 中保存的偏移量不一致而导致数据被消费多次。而直连方法通过实现 Kafka 简单 API，偏移量仅仅被 Spark Streaming 保存在检查点目录中，这就消除了 Spark Streaming 和 ZooKeeper 偏移量不一致的问题。

下面讲解使用 Spark Streaming 整合 Kafka 开发单词计数程序，操作步骤如下：

1. 导入依赖库

在 Maven 项目的 pom.xml 中导入以下依赖库：

```
<!--Spark 核心库-->
<dependency>
   <groupId>org.apache.spark</groupId>
   <artifactId>spark-core_2.12</artifactId>
   <version>3.2.1</version>
</dependency>
<!--Spark Streaming 依赖库-->
<dependency>
   <groupId>org.apache.spark</groupId>
   <artifactId>spark-streaming_2.12</artifactId>
   <version>3.2.1</version>
</dependency>
```

```
<!--Spark Streaming 针对 Kafka 的依赖库-->
<dependency>
   <groupId>org.apache.spark</groupId>
   <artifactId>spark-streaming-kafka-0-10_2.12</artifactId>
   <version>3.2.1</version>
</dependency>
```

上述依赖库中的 2.12 指的是 Scala 的版本。

2. 编写程序

在 Spark 项目中新建程序类 StreamingKafka.scala，该类的完整代码如下：

```
import org.apache.kafka.clients.consumer.ConsumerRecord
import org.apache.spark.streaming._
import org.apache.spark.SparkConf
import org.apache.spark.streaming.kafka010.{KafkaUtils, LocationStrategies}
import org.apache.kafka.common.serialization.StringDeserializer
import org.apache.log4j.{Level, Logger}
import org.apache.spark.streaming.dstream.{DStream, InputDStream}
import org.apache.spark.streaming.kafka010.ConsumerStrategies.Subscribe

/**
  * Spark Streaming 整合 Kafka 实现单词计数
  */
object StreamingKafka{
  //所有 org 包名只输出 ERROR 级别的日志，如果导入其他包，那么只需要再新创建一行写入包名即可
  Logger.getLogger("org").setLevel(Level.ERROR)

  def main(args:Array[String]){
    val conf = new SparkConf()
      .setMaster("local[*]")
      .setAppName("StreamingKafkaWordCount")

    //创建 Spark Streaming 上下文，并以 1 秒内收到的数据作为一个批次
    val ssc = new StreamingContext(conf, Seconds(1))
    //设置检查点目录，因为需要用检查点记录历史批次处理的结果数据
    ssc.checkpoint("hdfs://centos01:9000/spark-ck")

    //设置输入流的 Kafka 主题，可以设置多个
    val kafkaTopics = Array("topictest")

    //Kafka 配置属性
    val kafkaParams = Map[String, Object](
      //Kafka Broker 服务器的连接地址
      "bootstrap.servers" -> "centos01:9092,centos02:9092,centos03:9092",
      //设置反序列化 key 的程序类，与生产者对应
      "key.deserializer" -> classOf[StringDeserializer],
      //设置反序列化 value 的程序类，与生产者对应
      "value.deserializer" -> classOf[StringDeserializer],
      //设置消费者组 ID，ID 相同的消费者属于同一个消费者组
      "group.id" -> "1",
      //Kafka 不自动提交偏移量（默认为 true），由 Spark 管理
      "enable.auto.commit" -> (false: java.lang.Boolean) ❶
    )
```

```
    //创建输入 DStream
    val inputStream: InputDStream[ConsumerRecord[String, String]] =
      KafkaUtils.createDirectStream[String, String](❷
      ssc,
      LocationStrategies.PreferConsistent,
      Subscribe[String, String](kafkaTopics, kafkaParams)
    )
    //对接收到的一个 DStream 进行解析，取出消息记录的 key 和 value
    val linesDStream = inputStream.map(record => (record.key, record.value))
    //默认情况下，消息内容存放在 value 中，取出 value 的值
    val wordsDStream = linesDStream.map(_._2)
    val word = wordsDStream.flatMap(_.split(" "))
    val pair = word.map(x => (x,1))
    //更新每个单词的数量，实现按批次累加
    val result:DStream[(String,Int)]= pair.updateStateByKey(updateFunc)
    //默认打印 DStream 中每个 RDD 中的前 10 个元素到控制台
    result.print()

    ssc.start
    ssc.awaitTermination
  }

  /**
    * 定义状态更新函数，按批次累加单词数量
    * @param values 当前批次单词出现的次数，相当于 Seq(1, 1, 1)
    * @param state  上一批次累加的结果，因为有可能没有值，所以用 Option 类型
    */
  val updateFunc=(values:Seq[Int],state:Option[Int])=>{
    val currentCount=values.foldLeft(0)(_+_)//累加当前批次单词的数量
    val previousCount= state.getOrElse(0) //获取上一批次单词的数量，默认值为 0
    Some(currentCount+previousCount)      //求和
  }
}
```

上述代码解析如下：

❶ Kafka 中的偏移量是一个连续递增的整数值，它记录消息在分区中的位置。默认情况下，Kafka 会记录消费者消费的最新偏移量。当消费者从 Kafka 中拉取到数据之后，Kafka 会自动提交偏移量（记录消费者消费了该条消息），下次消费者将从偏移量加 1 的位置开始消费。这种自动提交偏移量的方式在很多时候是不适用的，因为很容易丢失数据，尤其是在需要事物控制的时候。比如从 Kafka 成功拉取数据之后，对数据进行相应地处理再进行提交（例如写入 MySQL），这时候就需要进行手动提交。

在 Spark Streaming 成功拉取到消息后，可能还未处理完毕或者还未输出到目的地，因此这里将 enable.auto.commit 设置为 false。

此外，当 Kafka 中没有初始偏移量，或者当前偏移量在服务器上不存在时（例如数据被删除），可以设置配置属性 auto.offset.reset，该属性的取值及解析如下：

- earliest：自动将偏移量重置为最早的偏移量。

- latest（默认值）：自动将偏移量重置为最新偏移量。
- none：如果没有为消费者找到先前偏移量，就向消费者抛出异常。

默认情况下，Spark Streaming 应用程序启动时将从每个 Kafka 分区的最新偏移量开始读取。如果设置配置属性 auto.offset.reset 的值为 earliest，那么 Spark 将从最早的偏移量开始读取。

关于其他配置属性，读者可参考 Kafka 官方文档，此处不做详细介绍。

❷ 通过调用 KafkaUtils 的 createDirectStream()方法可以创建一个以 Kafka 为数据源的输入 DStream。输入 DStream 存储的元素类型是消息记录对象 ConsumerRecord，该对象存储从 Kafka 中接收的 key/value 对（消息记录的内容）、主题名称、记录所属的分区号、记录在 Kafka 分区中的偏移量，以及一个由相应生产者记录对象 ProducerRecord 标记的时间戳。

createDirectStream()方法的源码如下：

```
/**
  * 创建输入 DStream，其中每个给定的 Kafka 主题/分区对应一个 RDD 分区
  * @param locationStrategy 本地策略
  * @param consumerStrategy 消费策略
  * @tparam K 消息 key 的类型
  * @tparam V 消息 value 的类型
  */
@Experimental
def createDirectStream[K, V](
    ssc: StreamingContext,
    locationStrategy: LocationStrategy,
    consumerStrategy: ConsumerStrategy[K, V]
  ): InputDStream[ConsumerRecord[K, V]] = {
  val ppc = new DefaultPerPartitionConfig(ssc.sparkContext.getConf)
  createDirectStream[K, V](ssc, locationStrategy, consumerStrategy, ppc)
}
```

新的 Kafka 消费者 API 将预先获取消息到缓冲区。因此，出于性能方面的原因，Spark Streaming 集成 Kafka 时将缓存的消费者保存在 Executor 上（而不是为每个批次重新创建），并且优先在拥有合适的消费者所在的主机上安排分区。

在大多数情况下，本地策略应该使用 LocationStrategies.PreferConsistent，其可以在可用的 Executor 之间均匀地分配分区。如果 Executor 与 Kafka Broker 位于同一台主机上，那么使用 LocationStrategies.PreferBrokers 会优先在同一节点的分区上存储 Kafka 消息；如果分区之间的负载有明显的倾斜，那么使用 LocationStrategies.PreferFixed 可以指定分区和主机之间的映射。

消费者策略指的是如何在 Driver 和 Executor 上创建和配置 Kafka 消费者。Kafka 0.10 消费者在实例化之后可能需要额外的、有时是复杂的设置，而抽象类 ConsumerStrategy 封装了该 流程。

3. 运行程序

可以直接以本地模式在 IDEA 中运行，也可以将程序打包为 JAR 提交到 Spark 集群中运行（集群运行需要将代码中的.setMaster("local[*]")一行注释掉）。

应用程序以本地模式运行的操作步骤如下：

（1）启动 HDFS 集群

在主节点上执行以下命令，启动 HDFS：

```
$ start-dfs.sh
```

（2）启动 ZooKeeper 和 Kafka 集群

分别在各个节点上执行以下命令，启动 ZooKeeper 集群（需进入 ZooKeeper 安装目录）：

```
$ bin/zkServer.sh start
```

分别在各个节点上执行以下命令，启动 Kafka 集群（需进入 Kafka 安装目录）：

```
$ bin/kafka-server-start.sh -daemon config/server.properties
```

ZooKeeper 集群的搭建，此处不做讲解。

（3）创建 Kafka 主题

在 Kafka 集群的任意节点执行以下命令，创建一个名为 topictest 的主题，分区数为 2，每个分区的副本数为 2：

```
$ bin/kafka-topics.sh \
--create \
--bootstrap-server centos01:9092,centos02:9092,centos03:9092 \
--replication-factor 2 \
--partitions 2 \
--topic topictest
```

上述代码解析见 6.8.1 节。

（4）创建 Kafka 生产者

Kafka 生产者作为消息生产角色，可以使用 Kafka 自带的命令工具创建一个简单的生产者。例如，在主题 topictest 上创建一个生产者，命令如下：

```
$ bin/kafka-console-producer.sh \
--broker-list centos01:9092,centos02:9092,centos03:9092 \
--topic topictest
```

上述代码解析见 6.8.3 节。

创建完成后，控制台进入等待键盘输入消息的状态。

（5）运行应用程序

在本地 IDEA 中运行应用程序 StreamingKafka.scala，然后向 Kafka 生产者控制台发送单词消息，如图 7-13 所示。

```
[hadoop@centos01 kafka_2.12-3.1.0]$ bin/kafka-console-producer.sh \
> --broker-list centos01:9092,centos02:9092,centos03:9092 \
> --topic topictest
>hello spark streaming
>hello spark kafka streaming
```

图 7-13　向 Kafka 生产者控制台发送消息

此时查看 IDEA 控制台的输出结果如下：

```
-------------------------------------------
Time: 1562051662000 ms
-------------------------------------------
(spark,1)
```

```
(hello,1)
(streaming,1)

-------------------------------------------
Time: 1562051663000 ms
-------------------------------------------
(spark,2)
(hello,2)
(streaming,2)
(kafka,1)
```

7.9　案例分析：Spark Streaming 实时用户日志黑名单过滤

本例讲解如何使用 Spark Streaming 对用户的访问日志根据设置的黑名单进行实时过滤，黑名单中的用户访问日志将不进行输出。日志数据来源为 Netcat 服务器，格式如下：

```
20191012 jack
20191012 tom
20191012 leo
20191012 mary
```

若黑名单中设置了 tom 和 leo 两位用户，则过滤后的期望输出结果为：

```
20191012 jack
20191012 mary
```

具体实现步骤如下：

1. 导入依赖库

在 Maven 项目的 pom.xml 中导入以下依赖库：

```
<!--Spark 核心库-->
<dependency>
   <groupId>org.apache.spark</groupId>
   <artifactId>spark-core_2.12</artifactId>
   <version>3.2.1</version>
</dependency>
<!--Spark Streaming 依赖库-->
<dependency>
   <groupId>org.apache.spark</groupId>
   <artifactId>spark-streaming_2.12</artifactId>
   <version>3.2.1</version>
</dependency>
```

2. 编写程序

在 Spark 项目中新建程序类 StreamingBlackListFilter.scala，该类的完整代码如下：

```
import org.apache.log4j.{Level, Logger}
import org.apache.spark.SparkConf
import org.apache.spark.streaming.{Seconds, StreamingContext}

/**
 * Spark Streaming 实时用户日志黑名单过滤
 */
object StreamingBlackListFilter {
  //所有 org 包名只输出 ERROR 级别的日志，如果导入其他包，那么只需要再新创建一行写入包名即可
  Logger.getLogger("org").setLevel(Level.ERROR)

  def main(args: Array[String]) {
    //创建 SparkConf 对象
    val conf = new SparkConf()
      .setMaster("local[2]")
      .setAppName("StreamingBlackListFilter")
    //创建 Spark Streaming 上下文对象，并以 1 秒内收到的数据作为一个批次
    val ssc = new StreamingContext(conf, Seconds(1))

    //1. 构建黑名单数据
    val blackList=Array(("tom",true),("leo",true));
    //将黑名单数据转为 RDD
    val blackListRDD=ssc.sparkContext.makeRDD(blackList)

    //2. 创建输入 DStream，从 Socket 中接收用户访问数据，格式：20191012 tom
    val logDStream = ssc.socketTextStream("centos01", 9999)
    //将输入 DStream 转换为元组，便于后面的连接查询
    val logTupleDStream=logDStream.map(line=>{
      (line.split(" ")(1),line)//(tom,20191012 tom)
    })

    //3. 将输入 DStream 进行转换操作，左外连接黑名单数据并过滤掉黑名单用户数据
    val resultDStream=logTupleDStream.transform(rdd=>{
      //将用户访问数据与黑名单数据进行左外连接
      val leftJoinRDD=rdd.leftOuterJoin(blackListRDD) ❶
      //过滤算子 filter(func)，保留函数 func 运算结果为 true 的元素
      val filteredRDD=leftJoinRDD.filter(line=>{
        print(line+"------"+line._2._2.getOrElse(false))
        //(leo,(20191012 leo,Some(true)))------false
        //(jack,(20191012 jack,None))------true

        //能取到值说明有相同的 key，因此返回 false 将其过滤掉
        //取不到值返回 true，保留该值
        if(line._2._2.getOrElse(false)){ ❷
          false
        }else{
          true
        }
      })
      //取出原始用户访问数据
      val resultRDD=filteredRDD.map(line=>line._2._1)
      resultRDD
    })
```

```
    //4. 打印过滤掉黑名单用户后的日志数据
    resultDStream.print()
    //20191012 jack

    ssc.start()               //启动计算
    ssc.awaitTermination() //等待计算结束
  }
}
```

上述代码解析如下：

❶ 使用 RDD 的 leftOuterJoin()算子可以将两个 RDD 进行左外连接（关于 leftOuterJoin()算子的使用可参考 3.3.1 节）。

❷ Scala 的 getOrElse()方法用于查找集合或 Option 中的值，若值不存在或为空值，则可以返回设置的默认值。filter(func)算子中的函数 func 需要返回布尔类型的结果，若返回 true，则该条数据会被保留；若返回 false，则该条数据会被过滤掉。

上述代码的具体数据转化流程如图 7-14 所示。

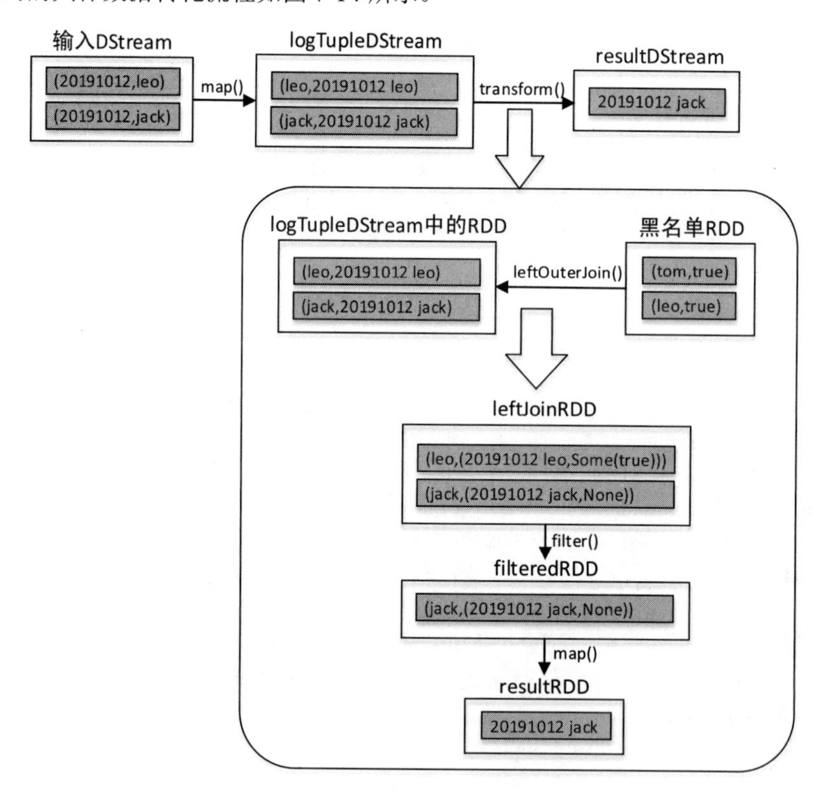

图 7-14　实时黑名单过滤程序数据转化流程

3. 运行程序

Spark 应用程序的运行可以参考 7.7 节的实时单词计数案例，此处不再赘述。直接在 IDEA 中本地运行该应用程序，然后启动 centos01 节点上安装的 Netcat 服务器，代码如下：

```
$ nc -lk 9999
```

启动后，向 Netcat 中发送以下消息，并查看 IDEA 控制台的输出结果：

```
20191012 leo
20191012 jack
```

若黑名单中的用户访问数据成功被过滤掉了，则说明应用程序编写正确。

7.10　综合案例：微博用户行为分析

当今互联网每天都在产生大量的 Web 日志和移动应用日志，通过对日志分析可以获取用户的浏览行为，从而更好地、有针对性地进行系统的运营。而随着每天日志数据上百 GB 的增长，传统的单机处理架构已经不能满足需求，此时就需要使用大数据技术并行计算来解决。

本例讲解如何使用大数据技术对微博海量用户访问日志数据进行行为分析。此处只讲解开发思路以及架构设计，具体的编码不做详细讲解。

1. 业务需求

假设需要实现以下需求：

- 实时统计前 100 名流量最高的微博话题。
- 实时统计当前系统的话题总数。
- 统计一天中哪个时段用户浏览量最高。
- 使用报表展示统计结果。

2. 设计思路

上述需求涉及离线计算和实时计算，由于 Spark 既拥有离线计算组件又拥有实时计算组件，因此以 Spark 为核心进行数据分析会更加容易，免去了搭建其他系统的步骤，且易于维护。整个系统数据流架构的设计如图 7-15 所示。

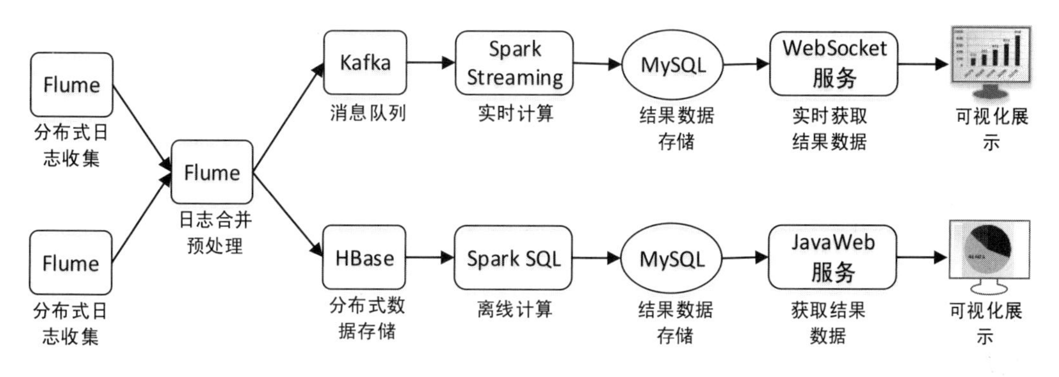

图 7-15　日志分析系统数据流架构设计

日志数据流的分析步骤如下：

步骤 01 在产生日志的每台服务器上安装 Flume 进行日志采集，然后把各自采集到的日志数据发送给同一个 Flume 服务器进行日志的合并。

步骤02 将合并后的日志数据分成两路：一路进行实时计算；另一路进行离线计算。将需要实时计算的数据发送到实时消息系统 Kafka 进行中转，将需要离线计算的数据存储到 HBase 分布式数据库中。

步骤03 使用 Spark Streaming 作为 Kafka 的消费者，按批次从 Kafka 中获取数据进行实时计算，并将计算结果存储于 MySQL 关系型数据库中。

步骤04 使用 Spark SQL 定时查询 HBase 中的日志数据进行离线计算，并将计算结果存储于 MySQL 关系型数据库中。通常的做法是使用两个关系型数据库分别存储实时和离线的计算结果。

步骤05 使用 WebSocket 实时获取 MySQL 中的数据，然后通过可视化组件（Echarts 等）进行实时展示。

步骤06 当用户在前端页面单击需要获取离线计算结果时，使用 Java Web 获取 MySQL 中的结果数据，然后通过可视化组件进行展示。

3. 系统架构

整个系统的技术架构如图 7-16 所示。

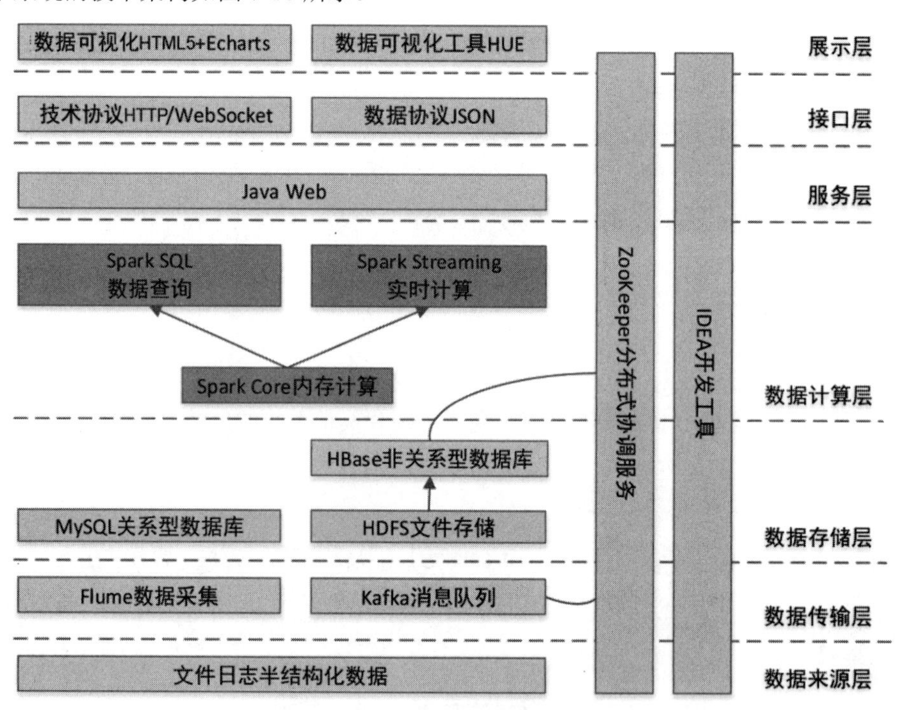

图 7-16　日志分析系统技术架构

- 数据来源层

用户在 Web 网站和手机 App 中浏览相关话题，服务器端会生成大量的日志文件记录用户的浏览行为。

- 数据传输层

Apache Flume 是一个分布式的、可靠和易用的日志收集系统，用于将大量日志数据从许多不同的源进行收集、聚合，最终移动到一个集中的数据中心进行存储。Flume 的使用不仅仅限于日志数据聚合，由于数据源是可定制的，因此 Flume 可以用于传输大量数据，包括但不限于网络流量数据、社交媒体生成的数据、电子邮件消息和几乎所有可能的数据源。

Kafka 是一个基于 ZooKeeper 的高吞吐量、低延迟的分布式的发布与订阅消息系统，它可以实时处理大量消息数据以满足各种需求。即便使用非常普通的硬件，Kafka 每秒也可以处理数百万条消息，其延迟最低只有几毫秒。

为了使 Flume 收集的数据和下游系统之间解耦合，保证数据的传输低延迟，采用 Kafka 作为消息中间件进行日志的中转。

- 数据存储层

Apache HBase 是一个分布式的、非关系型的列式数据库，数据存储于分布式文件系统 HDFS 并且使用 ZooKeeper 作为协调服务。HDFS 为 HBase 提供了高可靠性的底层存储支持，ZooKeeper 则为 HBase 提供了稳定的服务和失效恢复机制。

HBase 的设计目的是处理非常庞大的表，甚至可以使用普通计算机处理超过 10 亿行的、由数百万列组成的表的数据。

- 数据计算层

Spark SQL 和 Spark Streaming 都属于 Spark 系统的组件，它们都依赖于底层的 Spark Core。Spark SQL 可结合 HBase 进行数据的查询与分析，Spark Streaming 可以进行实时流数据的处理。这两种不同的处理方式可以在同一应用中无缝使用，这大大降低了开发和维护的人力成本。

7.11 动手练习

已知有以下道路信号灯捕获的实时汽车数量流数据，流数据的第一列为信号灯 ID，第二列为汽车数量，第三列为嵌入到数据中的事件时间戳，部分测试数据如下：

```
信号灯 ID,汽车数量,事件时间戳
1001,3,1000
1001,2,2000
1002,2,2000
1002,3,3000
1001,5,5000
1001,3,8000
1001,2,4000
1001,3,12000
1001,2,3000
1001,2,4000
```

使用 Spark Streaming 对上述流数据进行统计，得出 5 秒内每个信号灯通过的汽车数量，以便进行合理的道路交通规划和管制。

第 8 章 Structured Streaming 结构化流处理引擎

本章主要讲解 Structured Streaming 的基本概念、工作原理、编程模型、窗口操作等，最后通过案例讲解 Structured Streaming 的使用以及与 Kafka 的整合。

本章学习目标

❖ 了解 Structured Streaming 的基本概念、使用场景
❖ 掌握 Structured Streaming 的工作原理和编程模型
❖ 掌握 Structured Streaming 的查询输出方式
❖ 掌握 Structured Streaming 的窗口操作

8.1 什么是 Structured Streaming

从 Spark 2.0 开始产生了一个新的流处理框架 Structured Streaming（结构化流），它是一个可伸缩的、容错的流处理引擎，构建在 Spark SQL 引擎之上。使用 Structured Streaming 可以在静态数据（Dataset/DataFrame）上像批处理计算一样进行流式计算。随着数据的不断到达，Spark SQL 引擎会增量地、连续地对其进行处理，并更新最终结果。可以使用 Scala、Java、Python 或 R 中的 Dataset/DataFrame API 来执行数据流的聚合、滑动窗口计算、流式数据与离线数据的 join()操作等。这些操作与 Spark SQL 使用同一套引擎来执行。此外，Structured Streaming 通过使用检查点和预写日志来确保端到端的只执行一次（Exactly Once，指每个记录将被精确处理一次，数据不会丢失，并且不会多次处理）保证。

默认情况下，Structured Streaming 使用微批处理引擎将数据流作为一系列小批次作业进行处理，从而实现端到端的延迟低至 100 毫秒。而自 Spark 2.3 以来，引入了一种新的低延迟处理模式，称为连续处理，它将端到端的延迟进一步降低至 1 毫秒。对于开发者来说，不需要考虑是流式计算还是批处理，只要以同样的方式编写计算操作即可，Structured Streaming 在底层会自动实现快速、可伸缩、容错等处理。

8.2　Structured Streaming 单词计数

从 Spark 2.0 开始，Dataset 和 DataFrame 可以表示静态有界数据，也可以表示流式无界数据。与静态 Dataset/DataFrame 一样，可以使用公共入口点 SparkSession 从数据源创建流式 Dataset/DataFrame，并对它们进行与静态 Dataset/DataFrame 相同的操作。

接下来通过经典的单词计数例子讲解 Structured Streaming 程序的编写。

1. 程序编写

使用 Structured Streaming 从 Netcat 服务器接收单词数据并进行累加计数，完整代码如下：

```
import org.apache.spark.sql.{DataFrame, Dataset, SparkSession}

/**
  * Structured Streaming 单词计数
  */
object StructuredNetworkWordCount {

   def main(args: Array[String]): Unit = {
     //创建本地 SparkSession ❶
     val spark = SparkSession
       .builder
       .appName("StructuredNetworkWordCount")
       .master("local[*]")
       .getOrCreate()

     //设置日志级别为 WARN
     spark.sparkContext.setLogLevel("WARN")
     //导入 SparkSession 对象中的隐式转换
     import spark.implicits._

     //从 Socket 连接中获取输入流数据创建 DataFrame ❷
     val lines: DataFrame = spark.readStream
       .format("socket")
       .option("host", "centos01")
       .option("port", 9999)
       .load()

    //分割每行数据为单词
     val words: Dataset[String] = lines.as[String].flatMap(_.split(" "))❸
     //计算单词数量(value 为默认的列名)
     val wordCounts: DataFrame = words.groupBy("value").count()❹

     //输出计算结果，3 种模式:
     //complete 所有内容都输出
     //append 新增的行才输出
     //update 更新的行才输出
```

```
        val query = wordCounts.writeStream ❺
          .outputMode("complete")
          .format("console")
          .start()

        //等待查询终止
        query.awaitTermination()
    }
}
```

上述代码解析如下：

❶ 创建一个本地 SparkSession，这是 Spark 应用程序的起点。

❷ 创建一个流式 DataFrame，表示从监听 centos01:9999 的服务器接收的文本数据。lines DataFrame 相当于一张包含流文本数据的无界表。这个表包含一个字符串列，列名为 value，流文本数据中的每一行都是表中的一行。由于目前只是在设置所需的转换，还没有启动转换，因此目前还没有接收任何数据。

❸ 使用.as[String]将 DataFrame 转换为一个字符串数据集，这样就可以应用 flatMap 操作将每一行分割成多个单词。生成的单词数据集 words 中包含所有单词。

❹ 根据数据集中的 value 列进行分组并计数，返回一个 wordCounts DataFrame，它是一个流 DataFrame，表示流中的单词数量。

❺ 前面已经设置了对流数据的查询，这里实际开始接收数据并计算单词数量。使用 start()启动流计算，在每次更新计数集时将计算结果打印到控制台。使用 outputMode("complete")表示结果的输出模式为完全模式，完全模式会将所有结果进行累加输出（关于输出模式，在 8.4 节将详细讲解）。最后使用 query 对象的 awaitTermination()方法等待查询终止，以防止在查询时进程退出。

2. 程序运行

在 centos01 节点上执行以下命令启动 Netcat 服务器，等待发送消息：

```
$ nc -lk 9999
```

在 IDEA 中本地运行单词计数程序，运行成功后将监听 Netcat 服务器中的消息。

然后向 Netcat 服务器中发送以下消息（每次发送一行）：

```
apache spark
apache hadoop
```

此时查看 IDEA 控制台的输出结果如下：

```
-------------------------------------------
Batch: 0
-------------------------------------------
+------+-----+
| value|count|
+------+-----+
|apache|    1|
| spark|    1|
+------+-----+
```

```
-------------------------------------------
Batch: 1
-------------------------------------------
+------+-----+
| value|count|
+------+-----+
|apache|    2|
| spark|    1|
|hadoop|    1|
+------+-----+
...
```

可以看到，最新批次的输出结果在上一批次结果的基础上进行了累加。集成了 Dataset/DataFrame API 的 Structured Streaming 框架的程序代码看起来十分简洁，执行效率也比 Spark Streaming 更高。

接下来通过讲解 Structured Streaming 的编程模型使读者更加深入地理解单词计数程序。

8.3　Structured Streaming 编程模型

Structured Streaming 的关键思想是将实时数据流视为一张不断追加的表，这样可以基于这张表进行处理。这是一个新的流处理模型，它类似于批处理模型，就像在静态表上执行标准的批处理理式查询一样。它将输入的数据流视为一张“输入表”，到达流的每个数据项都像一个新行被追加到输入表，如图 8-1 所示。

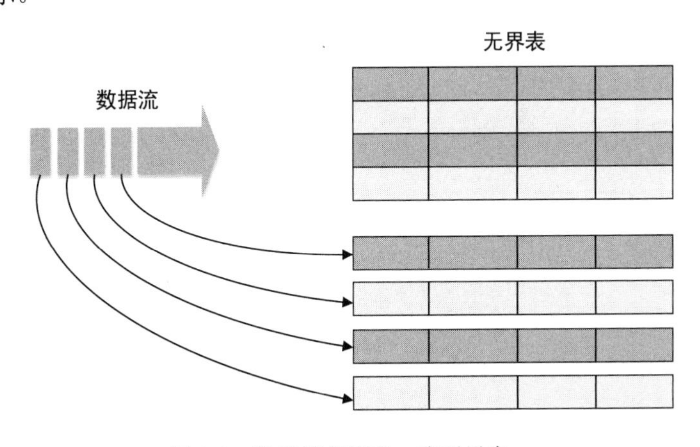

图 8-1　数据流相当于一张无界表

对输入数据流的查询将生成一张“结果表”。每一个触发间隔（例如，每 1 秒）都会向输入表添加新行，最终更新结果表。无论何时更新结果表，都建议将更改后的结果行写入外部存储，如图 8-2 所示。

在图 8-2 中，第一行是时间，每秒都会触发一次流式计算；第二行是输入数据，对输入数据执行查询后产生的结果最终会被更新到第三行的结果表中；第四行是外部存储，输出模式是完全模式（关于输出模式，将在 8.4 节详细讲解）。

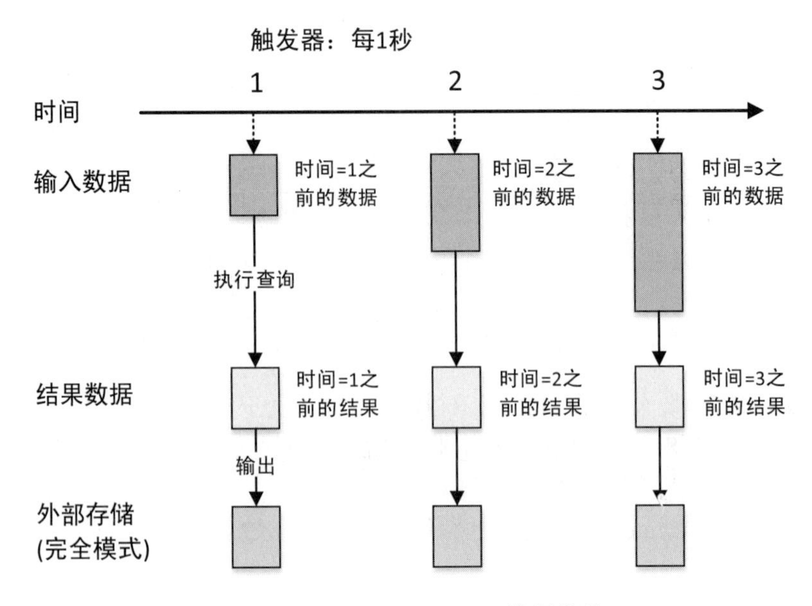

图 8-2　Structured Streaming 编程模型

为了更好地理解 Structured Streaming 的编程模型，仍然以 8.2 节的单词计数为例进行讲解。在单词计数的代码中，开始的 lines DataFrame 是输入表，它只有一个 value 列。最终的 wordCounts DataFrame 是结果表，它有两个列，分别为 value 和 count，且结果表的输出模式是完全模式。基于流 lines DataFrame 上的查询产生的 wordCounts 确实与在静态 DataFrame 上的查询是一样的，但是当这个查询启动时，Spark 将不断检查 Socket 连接中的新数据。如果有新数据，那么 Spark 将运行一个“增量”查询，该查询将以前的计数结果与新数据的计数结果组合起来计算更新后的计数结果，如图 8-3 所示。

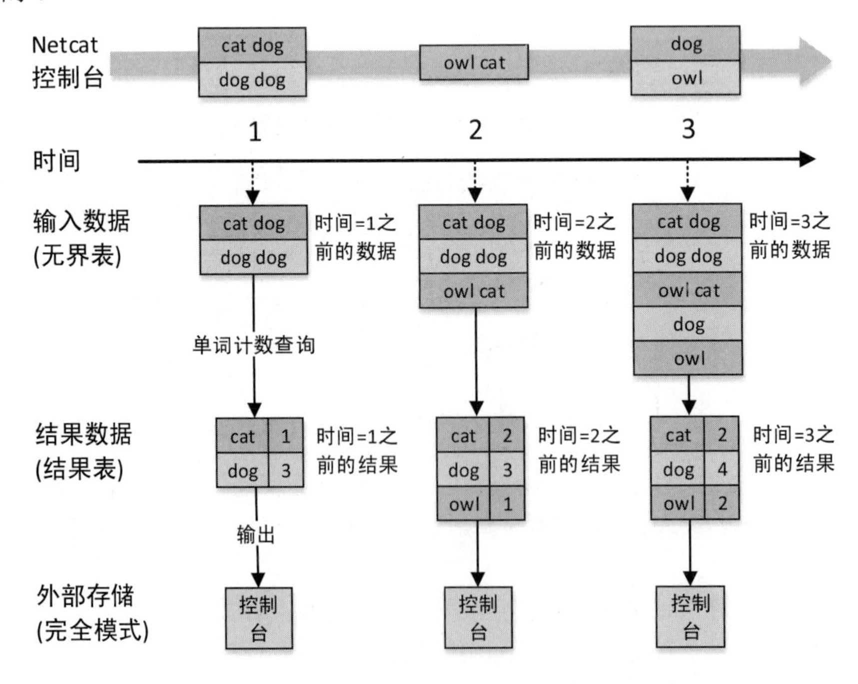

图 8-3　单词计数程序编程模型

注意 Structured Streaming 并不管理整个表。它从流数据源读取最新可用数据，增量地处理并更新结果，然后丢弃源数据。它仅仅会保留很小的必要中间状态数据用来更新结果。

8.4　Structured Streaming 查询输出

在 Structured Streaming 程序中完成了对最终结果 Dataset/DataFrame 的定义后，剩下的就是进行启动流计算。启动流计算的同时需要指定几个关键要素：

- 输出到外部存储的详细信息：包括数据格式、存储位置等。
- 输出模式：控制输出的内容。
- 查询名称（可选）：指定一个唯一的查询名称。
- 触发间隔（可选）：指定触发间隔。如果没有指定，那么系统将在前面的处理完成后立即检查新的数据。如果由于前一个处理未完成而错过了触发时间，那么当前一个处理完成后系统将立即触发处理。
- 检查点位置：对于一些可以保证端到端容错的外部存储系统，需要指定检查点目录。最好是一个与 HDFS 兼容的容错文件系统中的目录。

下面对几个关键要素进行详细讲解。

1. 输出模式

Structured Streaming 计算结果的输出有 3 种不同的模式，且不同类型的流式查询支持不同的输出模式。3 种模式分别如下：

- 完全模式（Complete Mode）：更新后的整个结果表将被写入外部存储。如何处理整个表的写入由存储连接器决定。
- 追加模式（Append Mode）：默认模式。自上次触发后，只将结果表中追加的新行写入外部存储。这只适用于已经存在于结果表中的现有行不期望被改变的查询，如 select、where、map、flatMap、filter、join 等操作支持该模式。
- 更新模式（Update Mode）：只有自上次触发后在结果表中更新（包括增加）的行才会写入外部存储（自 Spark 2.1.1 起可用）。这与完全模式不同，该模式只输出自上次触发以来更改的行。如果查询不包含聚合，就等同于追加模式。

在 8.2 节的单词计数程序中，结果的输出使用的是完全模式，可以将计数结果与之前的批次进行累加输出。若改为更新模式，则需将结果输出部分修改为以下代码：

```
val query = wordCounts.writeStream
  .outputMode("update")       // 等同于.outputMode(OutputMode.Update)
  .format("console")
  .start()
```

运行修改后的单词计数程序，在 Netcat 中分 4 次发送以下内容（每次发送一行）：

```
$ nc -lk 9999
```

```
I love Beijing
love Shanghai
Beijing good
Shanghai good
```

查看 IDEA 控制台输出结果如下：

```
-------------------------------------------
Batch: 1
-------------------------------------------
+-------+-----+
|  value|count|
+-------+-----+
|Beijing|    1|
|   love|    1|
|      I|    1|
+-------+-----+

-------------------------------------------
Batch: 2
-------------------------------------------
+--------+-----+
|   value|count|
+--------+-----+
|    love|    2|
|Shanghai|    1|
+--------+-----+
-------------------------------------------
Batch: 3
-------------------------------------------
+-------+-----+
|  value|count|
+-------+-----+
|Beijing|    2|
|   good|    1|
+-------+-----+

-------------------------------------------
Batch: 4
-------------------------------------------
+--------+-----+
|   value|count|
+--------+-----+
|    good|    2|
|Shanghai|    2|
+--------+-----+
```

可以看到，每个批次的输出结果只显示了与之前所有批次结果相比更新（包括新增）的单词（在 8.5 节的窗口操作中将对更新模式进行更加详细的讲解）。

如果将 8.2 节的单词计数改为追加模式，那么是否将结果输出部分修改为以下代码即可？

```
val query = wordCounts.writeStream
  .outputMode("append")        // 等同于.outputMode(OutputMode.Append)
  .format("console")
  .start()
```

运行修改后的单词计数程序，发现控制台报以下异常信息：

```
Exception in thread "main" org.apache.spark.sql.AnalysisException: Append output
mode not supported when there are streaming aggregations on streaming DataFrames/DataSets
without watermark;;
```

该异常信息表明，当在流式 DataFrame/DataSet 上使用聚合操作且没有设置水印时，不支持追加模式。也就是说，单词计数程序要想使用追加模式，需要设置水印。关于水印，在 8.5.3 节将详细讲解。

2. 外部存储

Structured Streaming 支持将计算结果输出到多种外部存储，常用的外部存储如下：

（1）文件

将计算结果以文件的形式输出到指定目录中。默认文件格式为 Parquet，也支持 ORC、JSON、CSV 等格式，例如以下代码，将结果输出到 Parquet 文件：

```
writeStream
    .format("parquet")
    .option("path", "path/to/destination/dir")
    .start()
```

（2）Kafka

将计算结果输出到 Kafka 的一个或多个主题。例如，将结果输出到 Kafka 主题 myTopic 中，代码如下：

```
writeStream
    .format("kafka")
    .option("kafka.bootstrap.servers", "host1:port1,host2:port2")
    .option("topic", "myTopic")
    .start()
```

（3）控制台

将计算结果输出到控制台，用于小量数据的调试，代码如下：

```
writeStream
    .format("console")
    .start()
```

（4）内存

将计算结果作为内存中的表存储在内存中，用于小量数据的调试，代码如下：

```
writeStream
    .format("memory")
    .queryName("tableName")
    .start()
```

此外，还支持使用 foreach 和 foreachBatch 对流查询的输出进行任意操作。它们的用法略有不同，foreach 允许在输出的每一行上自定义输出逻辑，而 foreachBatch 允许对每个微批次的输出进行任意操作和自定义输出逻辑。

3. 检查点

如果机器发生故障导致宕机，那么可以使用检查点恢复先前查询的进度和状态，并从中断处继续。配置检查点后，查询将保存所有进度信息（每次触发所处理的偏移范围）和运行聚合（例如8.2节单词计数示例中的单词数量）到检查点目录中。检查点目录必须是与HDFS兼容的文件系统中的路径。检查点的设置代码如下：

```
aggDF.writeStream
     .outputMode("complete")
     .option("checkpointLocation", "path/to/HDFS/dir")//检查点路径
     .format("memory")
     .start()
```

8.5 Structured Streaming 窗口操作

使用Structured Streaming基于事件时间（Event Time）滑动窗口上的聚合非常简单，并且与分组聚合非常相似。

8.5.1 事件时间

在Structured Streaming的编程模型中，事件指的是无界输入表中的一行，而事件时间是行中的一个列值，指该行数据的产生时间。事件时间可以嵌入数据本身，是数据本身带有的时间，而不是Spark的接收时间。例如，一个用户在10:00使用物联网设备按下了一个按钮，系统产生了一条日志并记录日志的产生时间为10:00。接下来，这条数据被发送到Kafka，然后使用Spark进行处理，当数据到达Spark时，Spark的系统时间为10:02。10:02指的是处理时间（Process Time），而10:00则是事件时间。如果想要获得物联网设备每分钟生成的事件数量，那么可能需要使用数据生成的时间（嵌入数据中的事件时间），而不是Spark的处理时间。

有了事件时间，基于窗口的聚合（例如，每分钟的事件数量）只是事件时间列上的一种特殊的分组和聚合——每个时间窗口是一个组，每一行可以属于多个窗口/组（针对滑动窗口，多个窗口可能有重合的数据）。

修改前面8.2节的单词计数例子，无界输入表中的每一行包含生成该行的时间，假设需要每5分钟统计一次10分钟内的单词数，也就是说，统计在12:00-12:10、12:05-12:15、12:10-12:20等10分钟窗口内接收的单词数。注意，12:00-12:10是一个窗口，表示数据在12:00之后、12:10之前产生。对于12:07产生的单词，这个单词在12:00-12:10和12:05-12:15两个窗口中都要被统计。窗口的聚合模型如图8-4所示。

由于这种窗口聚合与分组类似，因此在代码中可以使用groupBy()和window()操作来表示窗口聚合，代码如下：

```
import spark.implicits._
//流数据 DataFrame 的 schema: { timestamp: Timestamp, word: String }
val words = ...
```

```
//将数据按窗口和单词分组，并计算每组的数量
val windowedCounts = words.groupBy(
  window($"timestamp", "10 minutes", "5 minutes"), //窗口
  $"word" //单词
).count()
```

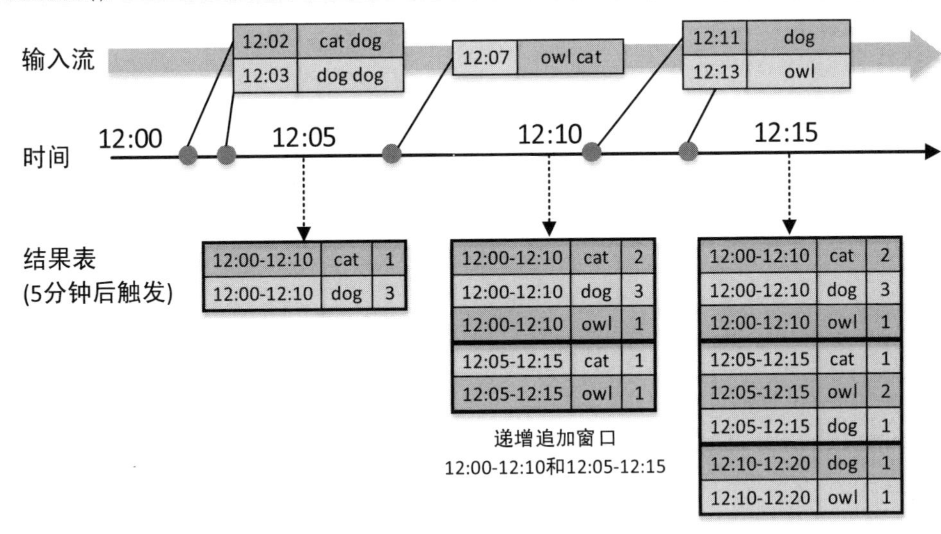

图 8-4　单词计数窗口聚合模型

上述代码表示按照窗口（格式：开始时间－结束时间）和单词两列进行分组，统计每一组的数量就是每个窗口中各个单词的数量。

下一节将详细讲解基于窗口聚合的单词计数程序。

8.5.2　窗口聚合单词计数

使用 Structured Streaming 编写窗口聚合单词计数程序，每隔 5 秒计算前 10 秒的单词数量，完整代码如下：

```
import java.sql.Timestamp
import org.apache.spark.sql.SparkSession
import org.apache.spark.sql.functions._

/**
 * Structured Streaming 窗口聚合单词计数
 * 每隔 5 秒计算前 10 秒的单词数量
 */
object StructuredNetworkWordCountWindowed {

  def main(args: Array[String]) {

    //得到或创建 SparkSession 对象
    val spark = SparkSession
      .builder
      .appName("StructuredNetworkWordCountWindowed")
```

```
      .master("local[*]")
      .getOrCreate()
    //设置日志级别为 WARN
    spark.sparkContext.setLogLevel("WARN")
    //滑动间隔必须小于等于窗口长度。若不设置滑动间隔，则默认等于窗口长度
    val windowDuration = "10 seconds" //窗口长度
    val slideDuration = "5 seconds"       //滑动间隔
    import spark.implicits._
    //从 Socket 连接中获取输入流数据并创建 DataFrame
   //从网络中接收的每一行数据都带有一个时间戳（数据产生时间），用于确定该行数据所属的窗口
    val lines = spark.readStream ❶
      .format("socket")
      .option("host", "centos01")
      .option("port", 9999)
      .option("includeTimestamp", true)   //指定包含时间戳
      .load()
    lines.printSchema()
    // root
    // |-- value: string (nullable = true)
    // |-- timestamp: timestamp (nullable = true)
    //将每一行分割成单词，保留时间戳（单词产生的时间）❷
    val words = lines.as[(String, Timestamp)].flatMap(line =>
      line._1.split(" ").map(word => (word, line._2))
    ).toDF("word", "timestamp")
    //将数据按窗口和单词分组，并计算每组的数量
    val windowedCounts = words.groupBy( ❸
      window($"timestamp", windowDuration, slideDuration),
      $"word"
    ).count().orderBy("window")
    //执行查询，并将窗口的单词数量打印到控制台
    val query = windowedCounts.writeStream ❹
      .outputMode("complete")
      .format("console")
      .option("truncate", "false")    //如果输出太长是否截断（默认为 true）
      .start()
    //等待查询终止
    query.awaitTermination()
  }
}
```

上述代码解析如下：

❶ 创建一个流式 DataFrame，它表示从监听 centos01:9999 的服务器接收的文本数据。lines DataFrame 相当于一张包含流文本数据的无界表。该表默认只有一列，列名为 value，流文本数据中的每一行都是表中的一行。把 includeTimestamp 选项设置为 true，将在该表中自动添加一列，列名默认为 timestamp，记录每一行数据的事件时间（数据产生时间）。

❷ 使用 as[(String,Timestamp)]将 lines DataFrame 中的元素转换为(String,Timestamp)形式的元组，返回一个 Dataset；然后可以应用 flatMap()操作将每一行分割成多个单词，将每一个单词应用

map()操作转换为(word,timestamp)形式的元组；最后使用 toDF("word", "timestamp")将 Dataset 转为 DataFrame，便于后续进行聚合操作。

❸ 将 words DataFrame 使用 groupBy()进行分组。该方法可以传入多个 Column 类型的分组列，此处根据窗口和单词两列进行分组，因此传入了两个参数：window()函数和$"word"列。window()函数用于根据指定的时间列将行分解为多个时间窗口，$符号用于取得 DataFrame 中的某一列。window()函数的源码如下：

```
/**
 * 给定指定列的时间戳，将行分解为一个或多个时间窗口。窗口数据看起来如下：
 *   09:00:00-09:01:00
 *   09:00:10-09:01:10
 *   09:00:20-09:01:20 ...
 *
 * 窗口开始时间包括在内，但窗口结束时间不包括在内
 * 例如，12:05 将在窗口[12:05,12:10)中，但不在[12:00,12:05)中
 * 窗口可以支持微秒精度，不支持按月份顺序排列的窗口
 *
 * @param timeColumn 要用作时间窗口的时间列或表达式。注意，时间列必须是 TimestampType 类型的
 * @param windowDuration 窗口长度。例如 10 秒，使用 10 seconds 表示
 * @param slideDuration 窗口滑动时间间隔，例如 5 minute。每个滑动间隔将生成一个新的窗口，滑动时间间隔必须小于等于窗口长度
 */
def window(timeColumn: Column, windowDuration: String, slideDuration: String):
  Column = {
  window(timeColumn, windowDuration, slideDuration, "0 second")
}
```

分组后使用 count()计算每一组的数量，即每一组的单词数量，然后使用 orderBy("window")将结果按照窗口升序排列。

❹ 使用start()启动流计算，在每次更新计数集时将计算结果打印到控制台，并使用完全模式进行输出。最后使用query对象的awaitTermination()方法等待查询的终止，以防止在查询进行时进程退出。

运行上述窗口聚合单词计数程序，在 Netcat 中分两次输入以下内容（每次输入一行）：

```
$ nc -lk 9999
hello hadoop spark
hello scala
```

查看 IDEA 控制台的输出结果如下：

```
-------------------------------------------
Batch: 1
-------------------------------------------
+------------------------------------------+------+-----+
|window                                    |word  |count|
+------------------------------------------+------+-----+
|[2022-07-19 19:13:50, 2022-07-19 19:14:00]|hello |1    |
|[2022-07-19 19:13:50, 2022-07-19 19:14:00]|hadoop|1    |
```

```
|[2022-07-19 19:13:50, 2022-07-19 19:14:00]|spark |1    |
|[2022-07-19 19:13:55, 2022-07-19 19:14:05]|hello |1    |
|[2022-07-19 19:13:55, 2022-07-19 19:14:05]|hadoop|1    |
|[2022-07-19 19:13:55, 2022-07-19 19:14:05]|spark |1    |
+------------------------------------------+------+-----+

-------------------------------------------
Batch: 2
-------------------------------------------
+------------------------------------------+------+-----+
|window                                    |word  |count|
+------------------------------------------+------+-----+
|[2022-07-19 19:13:50, 2022-07-19 19:14:00]|hello |1    |
|[2022-07-19 19:13:50, 2022-07-19 19:14:00]|hadoop|1    |
|[2022-07-19 19:13:50, 2022-07-19 19:14:00]|spark |1    |
|[2022-07-19 19:13:55, 2022-07-19 19:14:05]|hello |1    |
|[2022-07-19 19:13:55, 2022-07-19 19:14:05]|hadoop|1    |
|[2022-07-19 19:13:55, 2022-07-19 19:14:05]|spark |1    |
|[2022-07-19 19:14:10, 2022-07-19 19:14:20]|scala |1    |
|[2022-07-19 19:14:10, 2022-07-19 19:14:20]|hello |1    |
|[2022-07-19 19:14:15, 2022-07-19 19:14:25]|scala |1    |
|[2022-07-19 19:14:15, 2022-07-19 19:14:25]|hello |1    |
+------------------------------------------+------+-----+
```

从输出结果可以看出，每个批次的结果分为 3 列：window、word、count。第二批次的结果中包含了第一批次的结果，对每个窗口中的数据进行了完全地计数并输出。由于 Netcat 中两次输入的数据时间间隔不同，因此计算结果中的窗口开始结束时间也不同。

再举个例子，每隔 10 秒钟计算 1 分钟内的股票平均价格，需要根据窗口和股票 ID 两列进行分组，然后统计每一组的股票平均价格，就能得出每个窗口的股票平均价格，代码如下：

```
//schema => timestamp: TimestampType, stockId: StringType, price: DoubleType
val df = ...
df.groupBy(window($"time", "1 minute", "10 seconds"), $"stockId")
  .agg(mean("price"))
```

上述代码中的 mean()函数用于取得组中指定列的平均值。

8.5.3　延迟数据和水印

我们来思考一个问题，如果其中一个事件延迟到达 Structured Streaming 应用程序时会发生什么？例如，在 12:04 生成的单词在 12:11 被应用程序接收。应用程序应该使用 12:04 这个时间去更新窗口 12:00-12:10 中的单词计数，而不是 12:11。Structured Streaming 可以在很长一段时间内维护部分聚合的中间状态，以便延迟数据可以正确更新旧窗口的聚合，如图 8-5 所示。

延迟数据 dog，在 12:11 才被应用程序接收到，事实上，它在 12:04 已经产生。它在 12:05 和 12:10 的结果表中都未被统计（因为还没有到达），但是在 12:15 的结果表中进行了更新。在这次更新的过程中，Structured Streaming 引擎一直维持中间数据状态，直到延迟数据到达，并统计到结果表中。

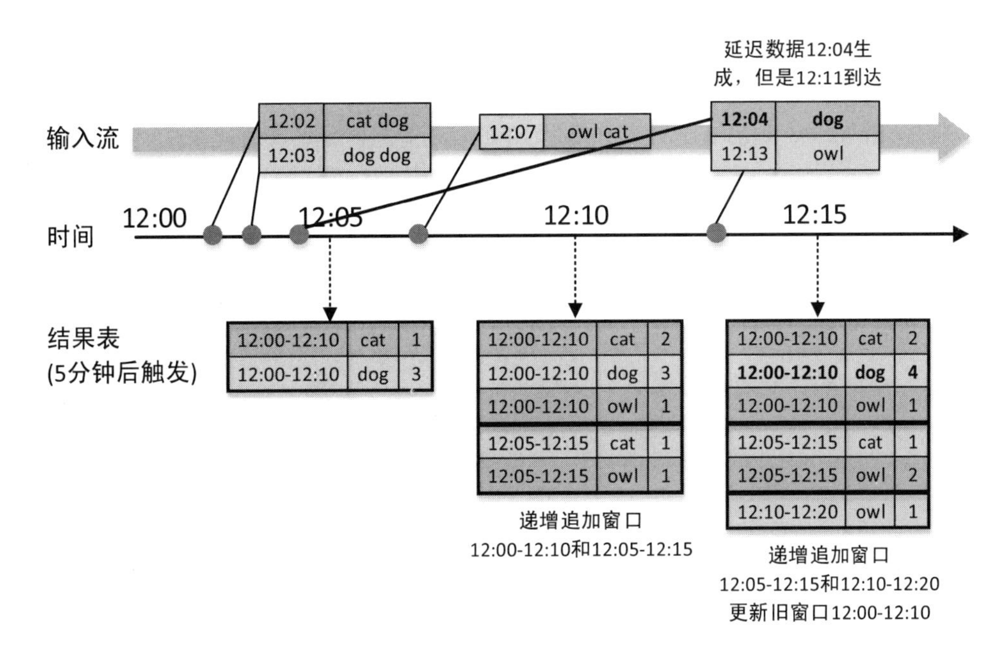

图 8-5　窗口聚合中的延迟数据处理

但是，要连续数天运行上述窗口聚合，系统必须限制它所累积的中间状态在内存中的数量。这意味着系统需要知道旧的聚合何时可以从内存状态中删除，因为应用程序将不再接收该聚合的延迟数据。为了实现这一点，在 Spark 2.1 中引入了水印（Watermarking），它允许引擎自动跟踪数据中的当前事件时间，并尝试相应地清理旧状态。

水印表示某个时刻（事件时间）以前的数据将不再更新，因此水印指的是一个时间点。每次触发窗口计算的同时会进行水印的计算：首先统计本次聚合操作的窗口数据中的最大事件时间，然后使用最大事件时间减去所能容忍的延迟时间就是水印。当新接收的数据事件时间小于水印时，该数据不会进行计算，在内存中也不会维护该数据的状态。

可以通过指定事件时间列和数据预期延迟的阈值（允许延迟的时间）来定义查询的水印。对于在 T 时刻结束的特定窗口，引擎将维护该窗口的状态并允许后期数据更新状态，直到“当前最大事件时间－延迟阈值>T”，引擎将不再维护该状态。换句话说，阈值内的延迟数据将被聚合，但是晚于阈值的数据将被丢弃。可以使用如下的 withWatermark()方法在 8.5.2 节的单词计数示例上轻松定义水印：

```
import spark.implicits._
//流数据 DataFrame 的 schema: { timestamp: Timestamp, word: String }
val words =
//将数据按窗口和单词分组，并计算每组的数量
val windowedCounts = words
    .withWatermark("timestamp", "10 minutes")
    .groupBy(
       window($"timestamp", "10 minutes", "5 minutes"),
       $"word")
    .count()
```

上述代码中，withWatermark()方法的第一个参数用于指定事件时间列的列名，第二个参数用于指定延迟阈值。

如果上述窗口聚合查询在更新模式下运行，那么引擎将不断更新结果表中窗口的计数，直到该窗口超出了水印的设置规则。

接下来看一个例子，每隔 5 分钟计算最近 10 分钟的数据，延迟阈值为 10 分钟，输出模式为更新模式，如图 8-6 所示。

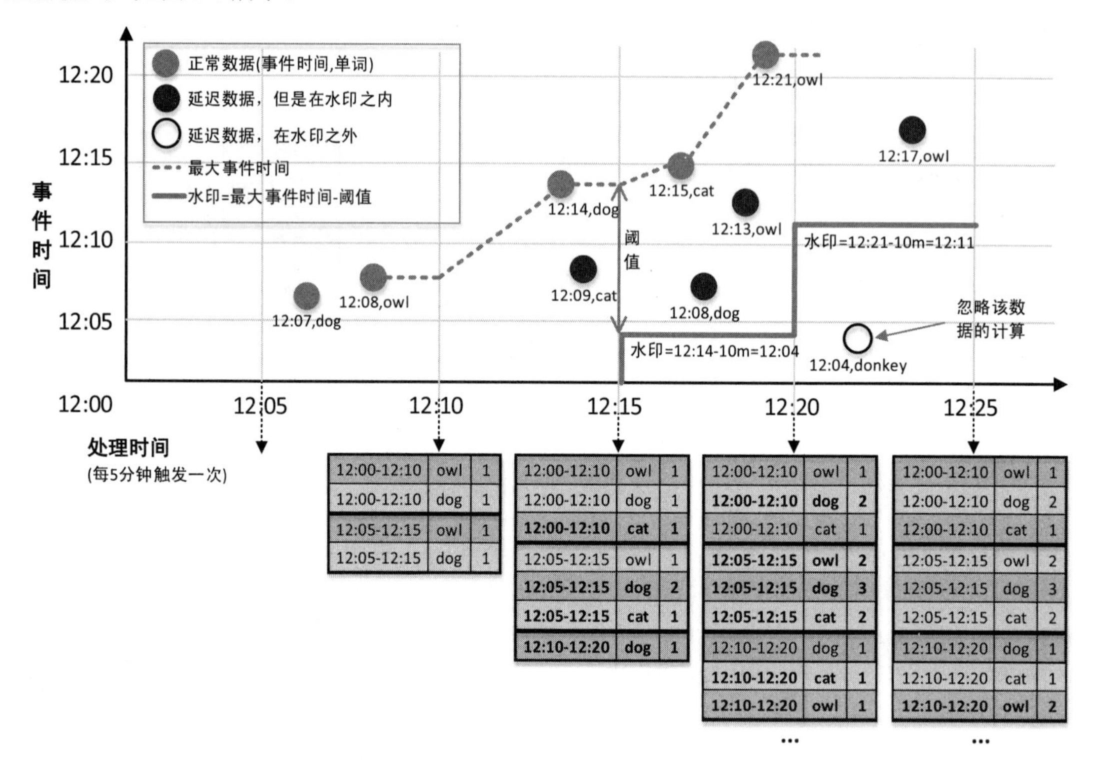

图 8-6　使用水印进行窗口聚合计算（更新模式）

图 8-6 中各元素的含义如下：

- 横坐标表示数据处理时间，每 5 分钟触发一次计算，Spark 从数据源获取相应时长的数据，根据事件时间将数据分发到对应的窗口中进行计算。
- 纵坐标表示数据的事件时间。
- 虚线表示当前接收的数据中的最大事件时间。例如，12:10 触发计算时，接收的数据中的最大事件时间是 12:08；12:15 触发计算时，接收的数据中的最大事件时间是 12:14；12:20 触发计算时，接收的数据中的最大事件时间是 12:21。
- 实线表示水印的时间走向，每当触发计算时，Spark 将根据设置的阈值更新水印（此处指下一次触发计算所使用的水印）。水印的计算方法是，截至触发点，收到的数据的最大事件时间减去延迟阈值，即减去 10 分钟。
- 灰色实心圆点表示正常到达的数据。
- 黑色实心圆点表示延迟到达的数据，但是在延迟阈值范围内，因此可以被处理。
- 空心圆点表示延迟到达的数据，但是在延迟阈值范围外，因此不会被处理。例如，12:25 触发计算时，上一个批次（12:15 - 12:20）计算得到的水印等于最大事件时间 12:21 减去设定的延迟阈值 10 分钟，即等于 12:11。由于数据（12:04,donkey）小于 12:11，在水印之外（延迟阈值范围外），因此将丢弃该数据。

- 结果表中加粗的行表示被更新的数据，这部分数据将会被输出。

有些外部存储（例如文件）可能不支持更新模式，不过没关系，Spark 还支持追加模式，其中只有最终计算结果才会被输出到外部存储，如图 8-7 所示。

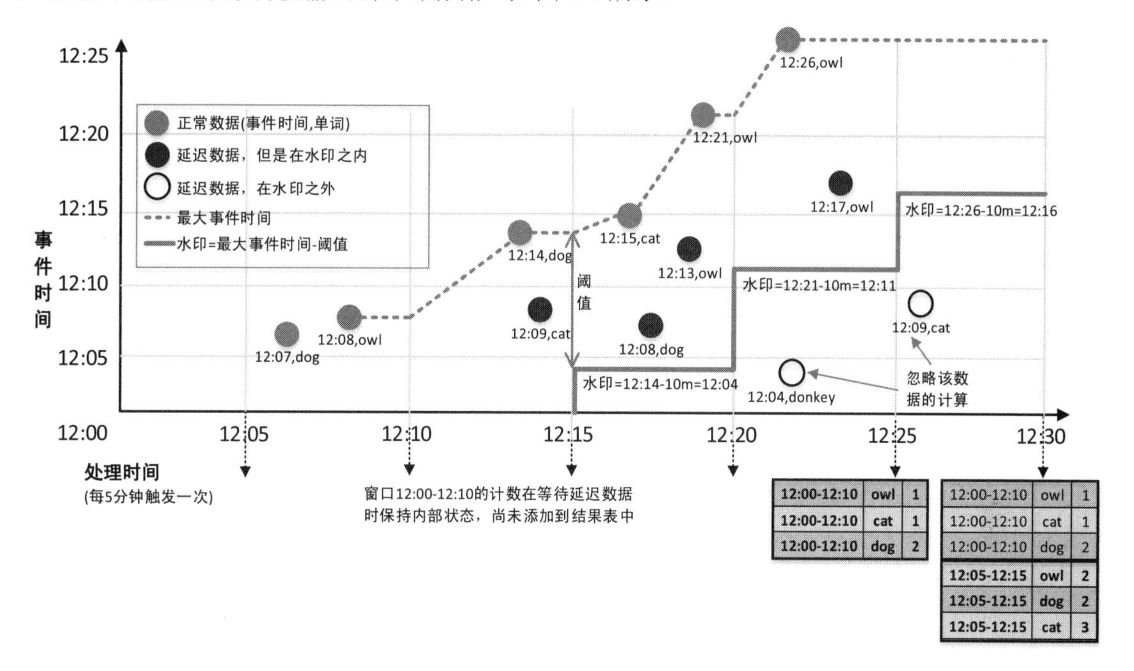

图 8-7 使用水印进行窗口聚合计算（追加模式）

与前面的更新模式类似，Spark 引擎维护每个窗口的中间计数。但是，部分计数不会更新到结果表，也不会写入外部存储。Spark 引擎会等待“10 分钟”以计算延迟数据，当确定不再更新窗口时，会将最终的计数追加到结果表/外部存储中，并删除窗口数据的中间状态，这样保证每个窗口的数据只会输出一次。例如，12:20-12:25 批次使用的水印是 12:11，超过了窗口 12:00-12:10 中的最大事件时间，该窗口数据的中间状态将被删除且不再更新，因此该窗口的最终计数在水印更新到 12:11 之后（12:20 更新下一次触发使用的水印为 12:11）被添加到结果表中。

需要注意的是，在聚合查询中，使用水印删除聚合数据中间状态必须满足以下条件：

- 输出模式必须为追加或更新。完全模式要求保留所有聚合数据，因此不能使用水印来删除中间状态。
- 聚合必须具有事件时间列或者基于事件时间列上的窗口。
- withWatermark()指定的水印列需要与聚合列是同一列。例如，df.withWatermark("time", "1 min").groupBy("time2").count()在追加输出模式下是无效的，因为水印列 time 与聚合列 time2 是不同的列。
- 使用 withWatermark()指定水印列必须在聚合之前调用，不能放入聚合后面。例如，df.groupBy("time").count().withWatermark("time", "1 min")在追加输出模式下是无效的。

8.6 案例分析：Structured Streaming 整合 Kafka 实现单词计数

Structured Streaming 与 Kafka 整合，需要 Kafka 的版本在 0.10.0 以上。以 Kafka 为数据源，实现单词计数程序的操作步骤如下：

1. 导入依赖库

在 Maven 项目的 pom.xml 中导入以下依赖库：

```
<!--Spark 核心库-->
<dependency>
   <groupId>org.apache.spark</groupId>
   <artifactId>spark-core_2.12</artifactId>
   <version>3.2.1</version>
</dependency>
<!--Spark SQL 依赖库-->
<dependency>
   <groupId>org.apache.spark</groupId>
   <artifactId>spark-sql_2.12</artifactId>
   <version>3.2.1</version>
</dependency>
<!-- Structured Streaming 针对 Kafka 的工具库-->
<dependency>
   <groupId>org.apache.spark</groupId>
   <artifactId>spark-streaming-kafka-0-10_2.12</artifactId>
   <version>3.2.1</version>
</dependency>
```

上述依赖库中的 2.12 指的是 Scala 的版本。

2. 编写程序

在 Spark 项目中新建程序类 StructuredKafkaWordCount.scala，该类的完整代码如下：

```
import org.apache.spark.sql.SparkSession
/**
  * 从 Kafka 的一个或多个主题中获取消息并计算单词数量
  */
object StructuredKafkaWordCount {
  def main(args: Array[String]): Unit = {

    //得到或创建 SparkSession 对象
    val spark = SparkSession
      .builder
      .appName("StructuredKafkaWordCount")
      .master("local[*]")
```

```
      .getOrCreate()

    import spark.implicits._
    //从 Kafka 中获取数据并创建 Dataset ❶
    val lines = spark
      .readStream
      .format("kafka")
      .option("kafka.bootstrap.servers",
         "centos01:9092,centos02:9092,centos03:9092")
      .option("subscribe", "topic1")            //指定主题，多个使用逗号分隔
      .load()
      .selectExpr("CAST(value AS STRING)")     //使用 SQL 表达式将消息转为字符串
      .as[String]                              //转为 Dataset，便于后面进行转换操作

      lines.printSchema()                      //打印 Schema 信息
      // root
      // |-- value: string (nullable = true)

    //计算单词数量，根据 value 列分组
    val wordCounts = lines.flatMap(_.split(" ")).groupBy("value").count()

    //启动查询，打印结果到控制台 ❷
    val query = wordCounts.writeStream
      .outputMode("complete")
      .format("console")
      .option("checkpointLocation", "hdfs://centos01:9000/kafka-checkpoint")
//指定检查点目录
      .start()

    //等待查询终止
    query.awaitTermination()
  }

}
```

上述代码解析如下：

❶ 从 Kafka 中读取流数据。使用 option()指定 Kafka 的连接属性，常用的连接属性解析如表 8-1 所示。

表8-1 常用的Kafka连接属性

属 性	值	含 义
assign	JSON 字符串，格式：{"topicA":[0,1],"topicB":[2,4]}	指定订阅的特定主题分区。assign、subscribe和subscribePattern三者只能使用其中一个
subscribe	以逗号分隔的主题列表	指定要订阅的主题列表。assign、subscribe和subscribePattern三者只能使用其中一个
subscribePattern	Java正则表达式字符串	用于匹配订阅的主题。assign、subscribe和subscribePattern三者只能使用其中一个
kafka.bootstrap.servers	以逗号分隔的host:port列表	Kafka集群连接地址

使用 selectExpr()传入 SQL 表达式将消息的数据类型转为字符串。获取的每一条消息都包含如表 8-2 所示的 Schema。

表8-2 获取的Kafka消息的Schema

列	类 型	含 义
key	binary	消息记录的键，可以为空
value	binary	消息记录的内容
topic	string	消息记录所在的Kafka主题
partition	int	消息记录所在的Kafka分区
offset	long	消息记录在对应Kafka分区中的偏移量
timestamp	long	消息记录在Kafka中生成的时间戳
timestampType	int	时间戳的类型，取值0和1。目前Kafka支持的时间戳类型有两种：0表示CreateTime，即生产者创建这条消息的时间；1表示 LogAppendTime，即Broker服务器接收到这条消息的时间

❷ 使用 checkpointLocation 属性指定检查点的目录。如果没指定，就默认为/tmp 中随机生成的目录。

3. 运行程序

程序的运行可以参考 7.8 节的内容，此处不再详细讲解。直接在本地 IDEA 中运行上述单词计数程序后，分两次向 Kafka 生产者控制台发送消息，如图 8-8 所示。

```
[hadoop@centos02 kafka_2.12-3.1.0]$ bin/kafka-console-producer.sh \
> --broker-list centos01:9092,centos02:9092,centos03:9092 \
> --topic topictest
>hello spark
>hello scala
```

图 8-8 向 Kafka 生产者控制台发送消息

查看 IDEA 控制台的输出结果如下：

```
-------------------------------------------
Batch: 0
-------------------------------------------
+-----+-----+
|value|count|
+-----+-----+
+-----+-----+

-------------------------------------------
Batch: 1
-------------------------------------------
+-----+-----+
|value|count|
+-----+-----+
|hello|    1|
|spark|    1|
+-----+-----+

-------------------------------------------
Batch: 2
```

```
-------------------------------------------
+-----+-----+
|value|count|
+-----+-----+
|hello|    2|
|scala|    1|
|spark|    1|
+-----+-----+
```

可以看到，最新批次的输出结果在上一批次结果的基础上进行了累加。

8.7　动手练习

使用 Structured Streaming 完成“双十一”当天实时统计商品交易额的业务需求。实时数据的格式如下（从左到右依次为订单 ID、订单商品分类、订单金额）：

```
1001,办公,82.13
1002,乐器,32.04
1003,女装,91.35
1004,户外,65.83
1005,女装,83.11
1006,家具,1.85
1007,办公,59.08
1008,家具,21.45
```

具体要求如下：

（1）每隔 1 秒计算一次当天 00:00:00 截止到当前时间各个分类的订单总额。

（2）每隔 1 秒计算一次全网（所有分类）的销售总额。

（3）每隔 1 秒计算一次各个分类销售总额的 Top3。

第 9 章 GraphX 图计算引擎

本章首先讲解 GraphX 的基本概念、数据结构，然后讲解常用的 GraphX 图操作，最后通过实际案例讲解 GraphX 在社交网络中的应用。

本章学习目标

- 了解 GraphX 的基本概念及使用场景
- 掌握 GraphX 应用程序的编写、数据结构及常用图形操作
- 掌握 GraphX 在实际社交领域中的应用

9.1 什么是 GraphX

GraphX 是 Spark 中的一个分布式图计算框架，是对 Spark RDD 的扩展。这里所说的图并不是图片，而是一个抽象的关系网。例如，社交应用、微信、QQ、微博等用户之间的好友、关注等存在错综复杂的联系，这种联系构成了一张巨大的关系网，我们把这个关系网称为图。

GraphX 目前适用于微信、微博、社交网络、电子商务等类型的产品，也越来越多地应用于推荐领域的人群划分、年龄预测、标签推理等。

GraphX 图由顶点（Vertex）和边（Edge）组成，且都有各自的属性。例如，可以把用户 Tom 定义为一个顶点，该顶点的属性有姓名、年龄等；可以把用户与用户之间的关系定义为边，边的属性有朋友、同事、父亲等。如图 9-1 所示，描述了一张 GraphX 图，该图由 6 个人组成，每个人都有姓名和年龄两种属性，他们之间的关系分为关注和喜欢。

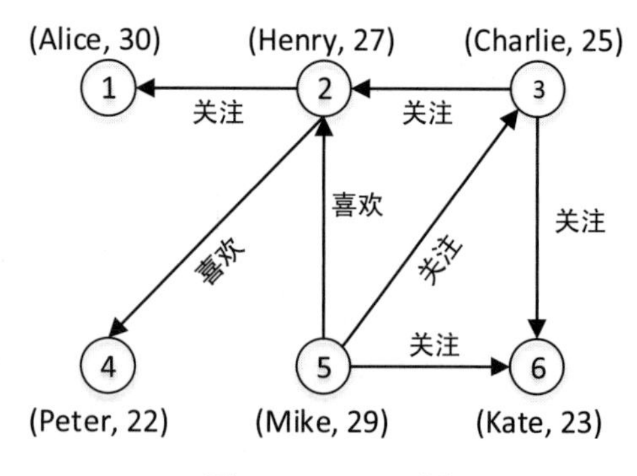

图 9-1 GraphX 图

GraphX 实现了图和表的统一。例如，将图 9-1 的图转为以表的方式进行描述，可以分成两张表：顶点表和边表，如图 9-2 所示。

GraphX 的图和表之间是可以相互转换的，所有操作的基础都是图操作和表操作。

顶点表

ID	属性
1	("Alice", 30)
2	("Henry", 27)
3	("Charlie", 25)
4	("Peter", 22)
5	("Mike", 29)
6	("Kate", 23)

边表

源ID	目标ID	属性
2	1	关注
2	4	喜欢
3	2	关注
3	6	关注
5	2	喜欢
5	3	关注
5	6	关注

图 9-2　GraphX 表

9.2　第一个 GraphX 程序

现需要计算图 9-1 中年龄大于 25 的顶点(用户)有哪些,应该如何编写代码呢？要编写 GraphX 应用程序，首先需要在 Maven 项目中引入 GraphX 的依赖库，内容如下：

```
<!--Spark 核心库-->
<dependency>
   <groupId>org.apache.spark</groupId>
   <artifactId>spark-core_2.12</artifactId>
   <version>3.2.1</version>
</dependency>
<!--Graphx 的依赖库-->
<dependency>
   <groupId>org.apache.spark</groupId>
   <artifactId>spark-graphx_2.12</artifactId>
   <version>3.2.1</version>
</dependency>
```

然后在 IDEA 中编写 GraphX 应用程序，代码如下：

```
import org.apache.spark.graphx.{Edge, Graph}
import org.apache.spark.rdd.RDD
import org.apache.spark.{SparkConf, SparkContext}
/**
  * GraphX 计算年龄大于 25 的顶点（用户）
  */
object GraphxTest {
   def main(args: Array[String]): Unit = {
      //创建 SparkConf 对象
      val conf = new SparkConf()
      conf.setAppName("Spark-GraphXDemo")
      conf.setMaster("local[2]");
      //创建 SparkContext 对象
      val sc = new SparkContext(conf);
      //设置日志级别
```

```
        sc.setLogLevel("WARN")

        //1. 创建顶点集合和边集合，注意顶点集合和边集合都是元素类型为元组的 Array
        //创建顶点集合
        val vertexArray = Array( ❶
            (1L,("Alice", 30)),
            (2L,("Henry", 27)),
            (3L,("Charlie", 25)),
            (4L,("Peter", 22)),
            (5L,("Mike", 29)),
            (6L,("Kate", 23))
        )
        //创建边集合
        val edgeArray = Array( ❷
            Edge(2L, 1L, "关注"),
            Edge(2L, 4L, "喜欢"),
            Edge(3L, 2L, "关注"),
            Edge(3L, 6L, "关注"),
            Edge(5L, 2L, "喜欢"),
            Edge(5L, 3L, "关注"),
            Edge(5L, 6L, "关注")
        )
        //2. 构造顶点 RDD 和边 RDD ❸
        val vertexRDD:RDD[(Long,(String,Int))] = sc.parallelize(vertexArray)
        val edgeRDD:RDD[Edge[String]] = sc.parallelize(edgeArray)
        //3. 构造 GraphX 图
        val graph:Graph[(String,Int),String] = Graph(vertexRDD, edgeRDD) ❹
        println("图中年龄大于 25 的顶点:")
        //过滤图中满足条件的顶点
        graph.vertices.filter(v => v._2._2>25).collect.foreach { ❺
            v => println(s"${v._2._1} 年龄是 ${v._2._2}")
        }
    }
}
```

上述代码解析如下：

❶ 顶点集合需要放在一个数组中，数组的元素类型是元组。元组的第一个值是顶点 ID（Long 类型）；第二个值是顶点属性，顶点属性可以有多个，多个属性需放在一个元组中。

❷ 边集合也需要放入一个数组中，数组的元素类型是 Edge。Edge 是 Spark 包 org.apache.spark.graphx 中的一个样例类，需要向该类中传入 3 个值：源顶点 ID、目标顶点 ID、边属性，以便可以将两个顶点进行连接，绘制成一条边。Edge 类的定义源码及参数说明如下：

```
/**
  * 由源顶点 ID、目标顶点 ID 和与边关联的数据组成的单一有向边
  * @tparam ED 边属性的类型
  *
  * @param srcId 源顶点的顶点 ID
  * @param dstId 目标顶点的顶点 ID
  * @param attr 与边关联的属性
```

```
 */
case class Edge[@specialized(Char, Int, Boolean, Byte, Long, Float, Double) ED] (
   var srcId: VertexId = 0, //别名为 VertexId 的 Long 类型
   var dstId: VertexId = 0,
   var attr: ED = null.asInstanceOf[ED])
  extends Serializable {

}
```

上述代码中的 VertexId 是指一个 64 位的顶点标识符，唯一地标识图中的一个顶点。它除了需要遵循唯一性以外，不需要遵循任何顺序或任何约束。VertexId 在源码中的定义如下：

```
type VertexId = Long
```

type 关键字用于声明一个 Scala 类型。除了在定义 class、trait、object 时会产生类型外，还可以通过 type 关键字来声明类型，相当于声明一个类型的别名。例如，声明一个 String 类型别名 S，代码如下：

```
type S = String                                //声明类型
val list:List[S]=List("tom","Peter")         //使用类型
```

❸ 在构造图之前，需要将顶点集合和边的集合转为 RDD，以便进行分布式计算。

❹ 使用顶点 RDD 和边 RDD 构造一张图。

❺ 使用 graph.vertices 获取图中的顶点 RDD，类型是 VertexRDD[(String,Int)]，继承了 RDD 类；然后使用 filter()算子过滤顶点 RDD 中年龄大于 25 的顶点，并循环输出顶点的属性（姓名和年龄）。也可以使用样例类作为 filter()算子中函数的参数，对顶点 RDD 进行过滤，可以实现同样的结果，代码如下：

```
graph.vertices.filter{case(id,(name,age)) => age>25}.collect.foreach {
   case(id,(name,age)) => println(s"$name 年龄是 $age")
}
```

在 IDEA 中直接运行上述 GraphX 应用程序，输出结果如下：

```
Henry 年龄是 27
Alice 年龄是 30
Mike 年龄是 29
```

至此，一个 GraphX 应用程序就完成了。

接下来继续完善上面的例子，输出图中所有人物关系，代码如下：

```
for(triplet <- graph.triplets.collect){
   println(s"${triplet.srcAttr._1} ${triplet.attr} ${triplet.dstAttr._1}")
}
```

其中的 graph.triplets 得到的是一个边三元体 RDD（三元体由边及其相邻顶点组成，在 9.3 节将详细讲解），该 RDD 中的元素类型是 EdgeTriplet，每个 EdgeTriplet 包含边及其相邻顶点的顶点属性。

执行上述代码的输出结果如下：

```
Henry 关注 Alice
Henry 喜欢 Peter
```

```
Charlie 关注 Henry
Charlie 关注 Kate
Mike 喜欢 Henry
Mike 关注 Charlie
Mike 关注 Kate
```

9.3 GraphX 数据结构

我们已经知道了 GraphX 中主要的两个数据结构：顶点和边。顶点包含顶点 ID、顶点属性；边包含源顶点 ID、目标顶点 ID、边属性。除此之外，还有一个重要的数据结构：三元体。三元体是 GraphX 特有的数据结构，包含源顶点 ID、源顶点属性、目标顶点 ID、目标顶点属性、边属性。相当于在边的基础上存储了边的源顶点和目标顶点的属性。GraphX 的数据结构如图 9-3 所示。

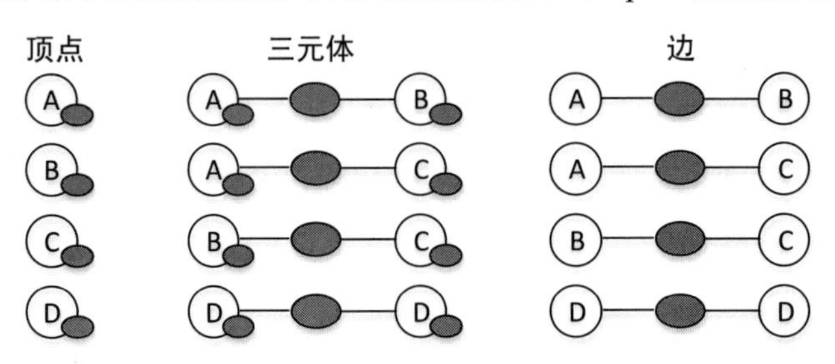

图 9-3 GraphX 的数据结构

9.4 GraphX 图操作

正如 RDD 具有 map()、filter()、reduceByKey()等基本操作一样，GraphX 图也有一系列基本操作，使用这些操作可以产生变换后的新 GraphX 图。

本节仍然以 9.2 节构建的 GraphX 图为例讲解 GraphX 图的操作。

9.4.1 基本操作

1. 入度、出度、度

入度指的是一个顶点入边的数量；出度指的是一个顶点出边的数量；度指的是一个顶点所有边的数量。

例如，计算 GraphX 图中每个顶点的入度，代码如下：

```
//计算每个顶点的入度
val inDegrees: VertexRDD[Int] = graph.inDegrees
//循环打印到控制台
inDegrees.collect().foreach(println)
```

上述代码使用 graph.inDegrees 计算每个顶点的入度，返回的结果为顶点 RDD（VertexRDD），该 RDD 中存储了每个顶点的入度值，入度为 0 的顶点不在返回结果中。上述代码的执行结果如下：

```
(4,1)
(6,2)
(2,2)
(1,1)
(3,1)
```

上述结果表示，顶点 ID 为 4 的顶点的入度为 1，顶点 ID 为 6 的顶点的入度为 2，以此类推。

计算每个顶点的出度，代码如下：

```
//计算每个顶点的出度
val outDegrees: VertexRDD[Int] = graph.outDegrees
//循环打印到控制台
outDegrees.collect().foreach(println)
```

执行结果如下（出度为 0 的顶点不包含在结果中）：

```
(2,2)
(3,2)
(5,3)
```

计算每个顶点的度，代码如下：

```
//计算每个顶点的度
val degrees: VertexRDD[Int] = graph.degrees
//循环打印到控制台
degrees.collect().foreach(println)
```

执行结果如下：

```
(4,1)
(6,2)
(2,4)
(1,1)
(3,3)
(5,3)
```

计算最大入度和最大出度，代码如下：

```
//定义比较函数
def max(a:(VertexId,Int), b:(VertexId,Int)):(VertexId,Int) = {
  if (a._2>b._2) a else b
}
println("最大入度:" + graph.inDegrees.reduce(max))
println("最大出度:" + graph.outDegrees.reduce(max))
println("最大度数:" + graph.degrees.reduce(max))
```

执行结果如下：

```
最大入度:(2,2)
最大出度:(5,3)
最大度数:(2,4)
```

2. 顶点、边、三元体

例如，找出图中年龄是 25 的所有顶点数据，代码如下：

```
graph.vertices.filter{case(id,(name,age)) => age==25}.collect.foreach {
  println(_)
}
```

执行结果如下：

```
(3,(Charlie,25))
```

上述代码使用 Graph 对象的 vertices 属性获取一个包含顶点及其相关属性的 RDD，类型为 VertexRDD[(String, Int)]，继承了 RDD 类；然后使用 filter()算子对年龄进行过滤。

计算源顶点 ID 大于目标顶点 ID 的边的数量，代码如下：

```
val count=graph.edges.filter(e => e.srcId > e.dstId).count
println(count)
```

或者：

```
val count=graph.edges.filter { case Edge(src, dst, prop) => src > dst }.count
println(count)
```

执行结果为 4。

上述代码中，使用 srcId 属性获取源顶点的顶点 ID，使用 dstId 属性获取目标顶点的顶点 ID。

计算边属性为“喜欢”的数量，代码如下：

```
val count=graph.edges.filter {
  case Edge(src, dst, prop) => prop=="喜欢"
}.count
println(count)
```

描述图中的所有关系，代码如下：

```
val facts: RDD[String] = graph.triplets.map(triplet =>
  triplet.srcAttr._1 + triplet.attr + triplet.dstAttr._1)
facts.collect.foreach(println(_))
```

执行结果如下：

```
Henry 关注 Alice
Henry 喜欢 Peter
Charlie 关注 Henry
Charlie 关注 Kate
Mike 喜欢 Henry
Mike 关注 Charlie
Mike 关注 Kate
```

上述代码使用 Graph 对象的 triplets 属性得到的是一个边三元体 RDD，类型是 RDD[EdgeTriplet[(String, Int), String]]，每个 EdgeTriplet 包含边及其相邻顶点的顶点属性。EdgeTriplet 类中的 srcAttr 存储了源顶点属性；dstAttr 存储了目标顶点属性；attr 存储了边属性。通过调用 srcAttr._1 获取源顶点的第一个属性（姓名）；调用 dstAttr._1 获取目标顶点的第一个属性（姓名）；调用 attr 获取边属性（喜欢或关注）。

9.4.2 属性操作

GraphX 图常用的属性操作函数有 mapVertices、mapEdges、mapTriplets。使用这些函数可以对原图的顶点和边属性进行修改，生成一个新的图，并且图形结构不受影响，它允许生成的图重用原图的结构索引，以便提高计算效率。

1. mapVertices

修改图中的所有顶点属性，生成一个新的图。例如，将图中所有顶点的年龄加 10，代码如下：

```
//保持每个顶点的第一个属性不变，第二个属性加 10，attr 表示某个顶点的所有属性
val newGraph = graph.mapVertices((id, attr) => (attr._1,(attr._2+10)))
newGraph.vertices.collect().foreach(println(_))
```

也可以使用以下代码代替，但生成的新图不会保留原图的结构索引，从而不会继承原图的优化效果：

```
//修改顶点 RDD 的年龄属性
val newVertices = graph.vertices.map { case (id, attr) =>
   (id,(attr._1,(attr._2+10)))
}
//组合成一个新图
val newGraph = Graph(newVertices, graph.edges)
newGraph.vertices.collect().foreach(println(_))
```

执行结果如下：

```
(4,(Peter,32))
(6,(Kate,33))
(2,(Henry,37))
(1,(Alice,40))
(3,(Charlie,35))
(5,(Mike,39))
```

2. mapEdges

修改图中的所有边属性，生成一个新的图。如果需要在修改边属性的同时获取与该边相邻的两个顶点属性，就应该使用 mapTriplets 函数。

例如，使用 mapEdges 函数将所有边的属性改为“喜欢”，代码如下：

```
val newGraph=graph.mapEdges( edge => "喜欢" )
newGraph.edges.collect().foreach(println(_))
```

上述代码的边对象 edge 中不包括相邻顶点的属性。

执行结果如下：

```
Edge(2,1,喜欢)
Edge(2,4,喜欢)
Edge(3,2,喜欢)
Edge(3,6,喜欢)
Edge(5,2,喜欢)
```

```
Edge(5,3,喜欢)
Edge(5,6,喜欢)
```

使用 mapEdges 函数将所有边的属性由字符串变为元组，即添加一个日期属性，代码如下：

```
val newGraph=graph.mapEdges( edge => (edge.attr,"2019-12-12") )
newGraph.edges.collect().foreach(println(_))
```

执行结果如下：

```
Edge(2,1,(关注,2019-12-12))
Edge(2,4,(喜欢,2019-12-12))
Edge(3,2,(关注,2019-12-12))
Edge(3,6,(关注,2019-12-12))
Edge(5,2,(喜欢,2019-12-12))
Edge(5,3,(关注,2019-12-12))
Edge(5,6,(关注,2019-12-12))
```

3. mapTriplets

修改图中的所有边属性，生成一个新的图，并且可以在修改边属性的同时获取与该边相邻的两个顶点属性。如果不需要获取顶点属性，那么使用 mapEdges 函数即可。例如，修改所有边属性，将边属性改为前后拼接用户姓名，即拼接相邻顶点的第一个属性，代码如下：

```
val newGraph4=graph.mapTriplets(edge =>
   //源顶点的第一个属性+边属性+目标顶点的第一个属性
   edge.srcAttr._1 + edge.attr + edge.dstAttr._1)
newGraph4.edges.collect().foreach(println(_))
```

执行结果如下：

```
Edge(2,1,Henry 关注 Alice)
Edge(2,4,Henry 喜欢 Peter)
Edge(3,2,Charlie 关注 Henry)
Edge(3,6,Charlie 关注 Kate)
Edge(5,2,Mike 喜欢 Henry)
Edge(5,3,Mike 关注 Charlie)
Edge(5,6,Mike 关注 Kate)
```

9.4.3 结构操作

GraphX 常用的结构操作主要有 reverse、subgraph、groupEdges 等几种函数。下面分别进行讲解。

1. reverse

reverse 函数用于将图中所有边的方向进行反转，返回一个新图。例如以下代码：

```
var newGraph = graph.reverse
```

2. subgraph

subgraph 函数在原图的基础上进行过滤，返回一个新图，要求顶点满足函数 vpred 的过滤条件，边满足函数 epred 的过滤条件。例如，找出图中年龄大于 25，用户关系为“喜欢”的所有顶点数据，代码如下：

```
val subGraph = graph.subgraph(
   vpred = (id, attr) => attr._2>25,
   epred= e=>e.attr=="喜欢"
)
subGraph.vertices.collect().foreach(println(_))
```

执行结果如下：

```
(2,(Henry,27))
(1,(Alice,30))
(5,(Mike,29))
```

3. groupEdges

groupEdges 函数合并一个图中的多条平行边，即将两个顶点之间的多条边（重复边）合并为一条边。在许多应用程序中，可以将平行边添加（合并它们的权重）到单个边中，从而减小图形的大小。例如以下代码：

```
//创建顶点集合和边集合，注意顶点集合和边集合都是元素类型为元组的 Array
//创建顶点集合
val vertexArray = Array(
   (1L,("Alice", 30)),
   (2L,("Henry", 27)),
   (3L,("Charlie", 25)),
   (4L,("Peter", 22)),
   (5L,("Mike", 29)),
   (6L,("Kate", 23))
)

//创建边集合
val edgeArray = Array(
   Edge(2L, 1L, "关注"),
   Edge(2L, 1L, "喜欢"),//此为重复边
   Edge(2L, 4L, "喜欢"),
   Edge(3L, 2L, "关注"),
   Edge(3L, 6L, "关注"),
   Edge(5L, 2L, "喜欢"),
   Edge(5L, 3L, "关注"),
   Edge(5L, 6L, "关注")
)

//构造顶点 RDD 和边 RDD
val vertexRDD:RDD[(Long,(String,Int))] = sc.parallelize(vertexArray)
val edgeRDD:RDD[Edge[String]] = sc.parallelize(edgeArray)

//构造 GraphX 图
val graph:Graph[(String,Int),String] = Graph(vertexRDD, edgeRDD)
//合并重复边，传入合并函数，指定边属性的合并方式
val resultGraph =graph.groupEdges((a, b) => a +"和"+ b)
//输出合并后的图的顶点和边数据
resultGraph.vertices.collect().foreach(println(_))
resultGraph.edges.collect().foreach(println(_))
```

上述代码执行结果如下：

```
(4,(Peter,22))
(6,(Kate,23))
(2,(Henry,27))
(1,(Alice,30))
(3,(Charlie,25))
(5,(Mike,29))
Edge(2,1,关注和喜欢)
Edge(2,4,喜欢)
Edge(3,2,关注)
Edge(3,6,关注)
Edge(5,2,喜欢)
Edge(5,3,关注)
Edge(5,6,关注)
```

从执行结果可以看出，边 Edge(2L, 1L, "关注")和 Edge(2L, 1L, "喜欢")最终合并成了一条边 Edge(2,1,关注和喜欢)。

9.4.4　连接操作

在许多情况下，有必要将外部集合（RDD）中的数据与图连接起来。例如，可能有额外的用户属性想要与现有的图形合并，或者可能需要从一张图选取一些顶点属性到另一张图。这些需求可以使用连接操作函数 joinVertices 和 outerJoinVertices 来完成，这两个函数都类似 MySQL 数据库中的左连接 LEFT JOIN。

1. joinVertices

joinVertices 函数用于将输入 RDD 中的数据与原图根据顶点 ID 进行连接操作，产生一张新图，且新图的顶点 ID 与原图一致，顶点属性可以在原图的基础上根据输入 RDD 中的属性进行修改。若输入 RDD 中的顶点 ID 在原图中不存在，则保持原图的顶点 ID 及属性不变。

9.2 节的 GraphX 程序构建的图中描述了用户的姓名、年龄以及他们之间的关系（关注或喜欢），现需要给每个人增加一个家庭地址属性，此时就需要定义一个 RDD 来存储地址信息，代码如下：

```
//构建用户地址 RDD
val userWithAddress: RDD[(VertexId, String)] =sc.parallelize(
  Array(
     (3L, "北京"),//顶点 ID、地址
     (4L, "上海"),
     (5L, "山东"),
     (6L, "江苏"),
     (7L, "河北")
  )
)
```

上述代码定义了顶点 ID 值 3~7 的用户地址 RDD，而原图的顶点 ID 为 1~6。将原图顶点属性和用户地址 RDD 看成是两张表，如图 9-4 所示。

顶点表

ID	属性
1	("Alice", 30)
2	("Henry", 27)
3	("Charlie", 25)
4	("Peter", 22)
5	("Mike", 29)
6	("Kate", 23)

地址表

ID	地址
3	北京
4	上海
5	山东
6	江苏
7	河北

图 9-4　两张表进行左连接

使用 joinVertices 函数相当于将两张表进行左连接，代码如下：

```
val newGraph = graph.joinVertices(userWithAddress) {
  (id, attr, address) => { ❶
    (attr._1 + "&" + address, attr._2) ❷
  }
}
newGraph.vertices.collect.foreach(println)
```

上述代码解析如下：

❶ attr 为原图的顶点属性对象，address 为用户地址。原图与用户地址 RDD 中具有相同顶点 ID 的顶点属性和用户地址将被输入该函数中。

❷ 函数返回的数据类型必须与原图顶点属性的数据类型一致，即（String,Int）。此处在原图的姓名属性后面使用“&”符号拼接上了具有相同顶点 ID 的用户地址属性。

执行结果如下：

```
(4,(Peter&上海,22))
(6,(Kate&江苏,23))
(2,(Henry,27))
(1,(Alice,30))
(3,(Charlie&北京,25))
(5,(Mike&山东,29))
```

从上述执行结果可以看出，由于原图的顶点 ID 值 1 和 2 在输入 RDD 中不存在，因此保持原图的顶点 ID 及属性不变。输入 RDD 中存在顶点 ID 值 7，而原图中不存在此顶点 ID，因此该顶点被过滤掉了（顶点 ID 以原图为准，保持不变）。

joinVertices 函数的源码如下：

```
/**
  * 将图的顶点数据与 RDD 进行连接，并将顶点和 RDD 数据应用于指定的函数
  * 输入 RDD 的每个顶点最多只能包含一个属性，若未包含任何属性，则直接使用原图顶点属性
  * @tparam U 需要更新的顶点属性的类型（输入 RDD 中顶点属性的类型）
  * @param table 输入 RDD（与图中顶点进行连接的表），表中每个顶点最多只能包含一个属性
  * @param mapFunc 用于计算新顶点值的函数
  *
  */
```

```
def joinVertices[U: ClassTag](table: RDD[(VertexId, U)])(mapFunc: (VertexId, VD,
U) => VD)
    : Graph[VD, ED] = {
      val uf = (id: VertexId, data: VD, o: Option[U]) => {
        o match {
          //若两张表中有相同的顶点 ID，则调用传入的函数
          case Some(u) => mapFunc(id, data, u)
          //否则使用原图的顶点属性
          case None => data
        }
      }
      //调用 outerJoinVertices 函数
      graph.outerJoinVertices(table)(uf)
    }
```

从上述源码可以看出，joinVertices 函数实际上最终调用了 outerJoinVertices 函数。

2. outerJoinVertices

使用 outerJoinVertices 函数对上述的两张表进行连接操作，代码如下：

```
val newGraph = graph.outerJoinVertices(userWithAddress) {
   (id, attr, address) => {
     address match {
       //若两张表中有相同的顶点 ID，则修改原图属性，添加一个地址属性
       case Some(address) => (attr._1, attr._2, address)
       //否则使用原图的顶点属性
       case None => (attr._1, attr._2)
     }
   }
}
newGraph.vertices.collect.foreach(println)
```

执行结果如下：

```
(4,(Peter,22,上海))
(6,(Kate,23,江苏))
(2,(Henry,27))
(1,(Alice,30))
(3,(Charlie,25,北京))
(5,(Mike,29,山东))
```

从上述执行结果可以看出，在原图的基础上增加了一个顶点属性（地址），原图的顶点 ID 值 1 和 2 在输入 RDD 中不存在，因此保持原图的顶点 ID 及属性不变。

根据对 joinVertices、outerJoinVertices 函数的使用和执行结果可以总结出以下两点：

（1）原图的顶点 ID 为 1~6，而输入 RDD 的顶点 ID 为 3~7，但是这两个函数的执行结果中的顶点 ID 都为 1~6，因此都相当于 MySQL 的左连接。

（2）outerJoinVertices 函数在连接过程中可以通过函数对属性进行修改，返回的新图的顶点属性可以是任意类型，并且可以添加属性数量；而 joinVertices 函数返回的新图的顶点属性类型只能与原图一致，不能修改，不能添加属性数量。

9.4.5 聚合操作

GraphX中的核心聚合操作是aggregateMessages函数。该函数需要传入用户定义的两个函数作为参数：第一个函数应用于图中的每个边三元体，类似MapReduce中的map函数，负责将每个顶点属性以消息的形式发送到目标或源顶点中；第二个函数类似MapReduce中的reduce函数，负责聚合每个顶点发送过来的消息。aggregateMessages函数的源码如下：

```
/**
  * 将每个顶点的属性以消息的形式发往目标或源顶点，并聚合每个顶点接收到的消息
  * 用户定义的sendMsg函数将在图的每个边三元体上调用,生成0个或多个消息以发送到该边的任一顶点。然后mergeMsg函数用于合并所有发往同一顶点的消息
  *
  * @tparam A 要发送到每个顶点的消息的类型
  * @param sendMsg 在每个边上运行该函数，并使用EdgeContext将消息发送到相邻的顶点（源顶点或目标顶点）
  * @param mergeMsg 用于合并sendMsg发送过来的消息
  * @param tripletFields 哪些字段应该传递给sendMsg函数（应该将哪些字段作为消息发送出去）。如果不需要所有字段，那么指定此项可以提高性能
  *
  */
def aggregateMessages[A: ClassTag](
                         sendMsg: EdgeContext[VD, ED, A] => Unit,
                         mergeMsg: (A, A) => A,
                         tripletFields: TripletFields = TripletFields.All)
: VertexRDD[A] = {
   aggregateMessagesWithActiveSet(sendMsg, mergeMsg, tripletFields, None)
}
```

aggregateMessages函数的返回类型为VertexRDD[A]或RDD[(VertexId, A)]，其中A指的是消息的数据类型，也是消息聚合后的类型。由于VertexRDD[VD]继承了RDD[(VertexId, VD)]，因此VertexRDD[A]中实际上已经包含接收消息的顶点ID（VertexId）。

例如，使用aggregateMessages函数计算每个顶点的入度，代码如下：

```
//计算每个顶点的入度
val inDeg: RDD[(VertexId, Int)] = graph.aggregateMessages[Int]( ❶
   ctx => ctx.sendToDst(1), ❷
   _+_ ❸
)
```

上述代码解析如下：

❶ 调用aggregateMessages函数时使用[Int]指定发送的消息类型。函数的返回数据类型RDD[(VertexId, Int)]中的VertexId为顶点ID的类型（Long），Int为该顶点接收到的消息聚合后的类型，消息的类型和聚合后的类型必须保持一致，此处为Int。

❷ 第一个函数（map函数），将消息1发送到每个顶点的目标顶点。ctx是一个EdgeContext对象，将自动实例化。

❸ 第二个函数（reduce函数），聚合每个顶点接收到的消息，此处将所有消息进行累加。

使用aggregateMessages函数计算每个顶点的出度，代码如下：

```
//计算每个顶点的出度
val outDeg: RDD[(VertexId, Int)] = graph.aggregateMessages[Int](
  ctx => ctx.sendToSrc(1),    //将消息 1 发送到每个顶点的源顶点
  _+_                         //聚合每个顶点接收到的消息
)
```

9.5 案例分析：使用 GraphX 计算社交网络中粉丝的平均年龄

在社交网络中，人与人之间的联系是必不可少的，就如现实生活中，每个人都有自己的人脉一样。在 GraphX 中，每个人可以看作是一个独立的顶点，人与人之间的联系即所谓的边。每个人都拥有不同的属性，比如姓名、年龄等。

本节仍然以 9.2 节构建的 GraphX 图为例，计算每个人的所有粉丝（如果 A 关注或喜欢 B，就认为 A 是 B 的粉丝）的平均年龄。

使用 aggregateMeqssages 函数的顶点聚合功能，对图中每个顶点的所有粉丝的年龄进行累加，然后除以粉丝数量，即可得出平均年龄，具体实现步骤如下。

1. 计算每个顶点的粉丝数量以及粉丝年龄总和

将每个顶点的年龄属性发送到目标顶点，然后进行聚合操作，返回聚合后的 VertexRDD，代码如下：

```
//调用 aggregateMessages 函数，并指定消息的类型为(Int, Double)
val olderFollowers: VertexRDD[(Int, Double)] = graph.aggregateMessages[(Int, 
Double)](
  //map 函数
  //发送消息(每个顶点的年龄)到目标顶点，消息内容为(1,年龄)
  triplet => {
    triplet.sendToDst((1, triplet.srcAttr._2))
  },
  //reduce 函数
  //聚合每个顶点所有发送过来的消息，返回(粉丝数量,总年龄)
  (a, b) => (a._1 + b._1, a._2 + b._2)       //a、b 指接收到的消息
)
//输出结果
olderFollowers.collect.foreach(println(_))
```

上述代码中的 srcAttr._2 指获取源顶点的第二个属性，即年龄。

执行结果如下：

```
(4,(1,27.0))
(6,(2,54.0))
(2,(2,54.0))
(1,(1,27.0))
(3,(1,29.0))
```

上述结果中的第一行表示：顶点 ID 为 4 的顶点的粉丝数量为 1，粉丝平均年龄为 27。

2. 计算每个顶点的粉丝平均年龄

使用 mapValues 函数计算聚合后的 VertexRDD 中每个元素的平均年龄，代码如下：

```
//使用粉丝总年龄除以粉丝人数，得到粉丝平均年龄
val avgAgeOfOlderFollowers: VertexRDD[Double] = olderFollowers.mapValues(
   (id, value) =>      //value 代表 olderFollowers 中每个顶点的属性
      value match {
        //将每个顶点属性值修改为平均年龄，数据类型将由元组修改为 Double
        case (count,totalAge)=>totalAge/count
      }
)
//输出结果
avgAgeOfOlderFollowers.collect.foreach(println(_))
```

执行结果如下：

```
(4,27.0)
(6,27.0)
(2,27.0)
(1,27.0)
(3,29.0)
```

上述执行结果已经显示出了每个顶点 ID 对应的粉丝平均年龄，无粉丝的顶点不包含在结果中。若需要更加详细地显示结果，即在结果中包含顶点属性，则可使用 outerJoinVertices 函数与原图进行连接查询。

3. 连接查询显示详细结果

将原图与计算结果使用 outerJoinVertices 函数进行连接查询，代码如下：

```
val resultGraph2 = graph.outerJoinVertices(avgAgeOfOlderFollowers) {
   (id, attr, avgAge) => {
      avgAge match {
         //若两张表中有相同的顶点 ID，则修改原图属性为字符串，并拼接上粉丝平均年龄
         case Some(avgAge) => (attr._1 + "的粉丝平均年龄为" + avgAge)
         //否则同样修改原图属性为字符串，并指明没有粉丝
         case None => (attr._1 + "没有粉丝")
      }
   }
}
//打印结果
resultGraph2.vertices.collect.foreach(println(_))
```

执行结果如下：

```
(4,Peter 的粉丝平均年龄为 27.0)
(6,Kate 的粉丝平均年龄为 27.0)
(2,Henry 的粉丝平均年龄为 27.0)
(1,Alice 的粉丝平均年龄为 27.0)
(3,Charlie 的粉丝平均年龄为 29.0)
(5,Mike 没有粉丝)
```

将上述连接查询的两个 RDD 以表结构的方式显示，如图 9-5 所示。

顶点表

ID	属性
1	("Alice", 30)
2	("Henry", 27)
3	("Charlie", 25)
4	("Peter", 22)
5	("Mike", 29)
6	("Kate", 23)

平均年龄结果表

ID	粉丝平均年龄
1	27
2	27
3	29
4	27
6	27

图 9-5　两张表进行连接查询

9.6 动手练习

依照本章的 9.5 节，使用 GraphX 计算社交网络中每个人所有粉丝中的最大年龄（要求编写应用程序并运行成功）。